Einfach führen

Jochen Gabrisch ist – nach Stationen bei Korn/Ferry, Samsung und Towers Perrin – selbstständiger Karriere- und Managementberater in Frankfurt am Main (www.career-consult.net), spezialisiert auf die Auswahl, Beurteilung und Entwicklung von Fach- und Führungskräften. Von ihm ist bisher erschienen: *Die Besten entdecken. Erfolgreiche Auswahlgespräche mit Fach- und Führungskräften* (München, 2003).

Claudia Krüger ist Diplom-Psychologin und als wissenschaftliche Mitarbeiterin und Dozentin an der Ruhr-Universität Bochum mit den Schwerpunkten Berufseignungsdiagnostik, Arbeits- und Organisationspsychologie tätig. Sie arbeitet zudem als freiberufliche Beraterin für Personalauswahl und -entwicklung.

Jochen Gabrisch
Claudia Krüger

Einfach führen

Wie sich Personalentwicklung in den Alltag integrieren lässt

Campus Verlag
Frankfurt/New York

Bibliografische Information der Deutschen Bibliothek
Die Deutsche Bibliothek verzeichnet diese Publikation in der Deutschen Nationalbibliografie. Detaillierte bibliografische Daten sind im Internet über http://dnb.ddb.de abrufbar.
ISBN 3-593-37689-X

Umschlaggestaltung: Guido Klütsch, Köln
Umschlagmotiv: Getty Image Deutschland, München
Satz: Publikations Atelier, Dreieich
Druck und Bindung: Druckhaus »Thomas Müntzer«, Bad Langensalza
Gedruckt auf säurefreiem und chlorfrei gebleichtem Papier.
Printed in Germany

Besuchen Sie uns im Internet: www.campus.de

Inhalt

Vorwort 9

Teil I
Personalentwicklung ist Chefsache

Personalentwicklung zahlt sich für Sie aus 15

Personalentwicklung in der Praxis 19

Wollen Mitarbeiter überhaupt Leistung bringen? 22

Gibt es Alternativen zur »Chefsache Personalentwicklung«? 24

Warum Personalentwicklung ein Schattendasein führt: Fünf Hindernisse 26

Keine Zeit für Personalentwicklung 26

Die Personalabteilung ist zuständig 27

Die Leistung kommt zu kurz 29

Harte Ziele – weiche Ressourcen 29

Fehlendes Instrumentarium 31

Personalentwicklung ist möglich 33

Lassen sich Mitarbeiter motivieren? 34

Praktizieren Sie einen fördernden Führungsstil? 36

Teil II
Personalentwicklung mit der Triple-A-Methode

Die Triple-A-Methode in der Praxis 45

So nutzen Sie die Triple-A-Methode 46

Aufmerksamkeit ... 51
Lernen Sie Ihre Mitarbeiter besser kennen ... 52
Mit Kommunikation zum Ziel ... 67
Personalentwicklung beginnt bei Ihnen ... 74

Anerkennung ... 79
Die Grundlagen des professionellen Feedbacks ... 81
Positives Feedback ... 84
Kritisches Feedback ... 89

Anregung ... 99
Implizite Anregung ... 100
Explizite Anregung ... 113

Teil III
Kompetenzbasierte Personalentwicklung mit der Triple-A-Methode

So nutzen Sie die Kernkompetenzen ... 133

Arbeitsverhalten ... 135
Entscheidungskompetenz ... 135
Organisation und Planung ... 141
Ergebnisorientierung ... 147
Initiative und Verantwortung ... 152
Belastbarkeit ... 156
Fachkenntnis ... 163

Auftreten und Interaktion ... 169
Networking ... 169
Überzeugungskraft und Durchsetzungsstärke ... 174
Konfliktfähigkeit ... 178
Teamfähigkeit ... 184

Geschäfts- und Marktorientierung ... 191
Wettbewerbskenntnis ... 191

Kundenorientierung 197
Innovations- und Veränderungsfähigkeit 203
Kostenmanagement 208

Nachwort: Die Triple-A-Methode im Alltag 212

Anhang

Danksagung 217

Weiterführende Literatur 218

Register 224

Vorwort

Werde also nicht müde, deinen Nutzen zu suchen,
indem du anderen Nutzen gewährst.

Marc Aurel

Unter welchen Bedingungen gehen Mitarbeiter motiviert und engagiert an die Arbeit? Und wie lassen sie sich zu Höchstleistungen anspornen? Stellt man diese Fragen einmal nicht den Führungskräften oder Personalexperten, sondern den Mitarbeitern selbst, erhält man im Kern relativ einhellige Antworten: Ihre Führungskraft unterstützt sie dabei, einen »tollen Job« zu machen und fördert sie in ihrer beruflichen, aber auch persönlichen Entwicklung. Das verwundert kaum, wenn man davon ausgeht, dass Mitarbeiter Leistung erbringen und einen Mehrwert für ihr Unternehmen erzeugen wollen, bei alledem allerdings auch ihre eigene Entwicklung und Karrierechancen im Blick behalten. Denn das Gehalt stellt nur einen kleinen Teil der Gegenleistung dar, die Mitarbeiter heute für persönliches Engagement und exzellente Arbeit erwarten. Der weitaus wichtigere Teil besteht aus interessanten und herausfordernden Aufgaben, Anerkennung, Lernchancen, Entwicklungsmöglichkeiten, Teamkultur und so weiter. Diese (Gegen-)Leistungen zu erbringen, also die Personalentwicklung, fällt in den Verantwortungsbereich der Führungskraft.

Gerade in Zeiten, in denen die Leistungsfähigkeit von Unternehmen zunehmend durch die Fähigkeiten und das Engagement der Mitarbeiter bestimmt wird, ist es von entscheidender Bedeutung, dass Sie als Führungskraft alle Anstrengungen daransetzen, ein Umfeld zu schaffen, in dem Ihre Mitarbeiter mit vollem Einsatz ans Werk gehen. Personalentwicklung spielt dabei eine herausragende Rolle. Sie haben es in der Hand, durch Personalentwicklung sowohl das Wissen und die Fähigkeiten, als auch die Motivation und das Engagement Ihrer Mitarbeiter positiv zu beeinflussen und zu fördern. Die Leistung Ihres Teams wird sich dadurch verbessern, was letztlich Ihnen zugute kommt: Ihr Team »trägt« Sie nach oben, wie es die Personalberater James M. Citrin und Richard A. Smith formulieren. Indem Sie Ihre Mitarbeiter zielgerichtet unterstützen und fördern, erhöhen Sie die Wahrscheinlichkeit, Ihre eigenen Ziele zu erreichen und sogar noch zu übertreffen, um ein Vielfaches. Zudem werden Sie durch gezielte Personalentwicklung die besten Mitarbeiter für Ihr Team gewinnen und halten.

Die zentrale Frage, um die es in diesem Buch deshalb geht, lautet also: Wie können Sie Ihr Team und jeden Ihrer Mitarbeiter dabei unterstützen und fördern, erfolgreich zu sein?

Diese Frage mag für viele ungewohnt klingen, weil sie in der Praxis kaum gestellt wird und weil sie von einem anderen Rollenverständnis einer Führungskraft ausgeht, als dies gemeinhin der Fall ist. Doch um es mit den Worten von Marc Aurel zu sagen: Eine Führungskraft ist dazu da, ihren Mitarbeitern Nutzen zu gewähren. Denn diejenige Führungskraft, die ihre Mitarbeiter fördert und unterstützt, sich ihnen mithin zu Diensten macht, wird durch sie ihren eigenen Erfolg erlangen.

Im ersten Teil dieses Buches erfahren Sie daher zunächst, wie dieser Erfolg aussehen kann, warum sich Personalentwicklung für Sie lohnt und welchen Mehrwert Sie daraus für sich generieren können. Wir betrachten, wenn Sie so wollen, die Wirtschaftlichkeit von Personalentwicklung für Sie als Führungskraft und werden zeigen, warum Sie den vermeintlichen Mehraufwand auf sich nehmen sollten. Ein anschließender Blick auf die Praxis der Personalentwicklung und das Mitarbeiterengagement in deutschen Unternehmen lässt die Führungskräfte – so viel sei hier schon einmal vorweggenommen – leider in keinem guten Licht stehen. Am Ende dieses Buchteils haben Sie die Gelegenheit, anhand eines kurzen Tests festzustellen, inwiefern Sie selbst bereits einen fördernden und unterstützenden Führungsstil praktizieren.

Im zweiten Teil lernen Sie mit der Triple-A-Methode eine pragmatische Vorgehensweise kennen, wie Sie Personalentwicklung in Ihre tägliche Führungsarbeit integrieren können. Die drei »A« der Triple-A-Methode, die für Aufmerksamkeit, Anerkennung und Anregung stehen, lassen schon erkennen, dass wir unter Personalentwicklung weit mehr verstehen als das jährliche Mitarbeitergespräch oder die Auswahl eines Seminars zur Weiterbildung. Vielmehr ist Personalentwicklung in unserem Verständnis in die Führungstätigkeit eingebettet, ist Teil der täglichen Arbeit und tritt oft in Form von kleinen »Interventionen« auf: als anerkennendes »Gut gemacht«, improvisiertes Brainstorming, interessiertes Nachfragen, hilfreicher Tipp, kritische Feedback-Runde oder als gemeinsames Überlegen der nächsten Aufgabe. Es ist häufig die Summe dieser kleinen, regelmäßigen Dinge, die zu außergewöhnlichem Engagement und somit zu exzellenter Leistung Ihrer Mitarbeiter führt. Eine zentrale Rolle nimmt dabei immer das Gespräch mit Ihren Mitarbeitern ein. Durch die zahlreichen Übungen im zweiten Teil können Sie die Triple-A-Methode umgehend anwenden und sofort nutzen. Damit Ihnen die Umsetzung in Ihrem Führungsalltag noch leichter fällt, können Sie zusätzlich unseren E-Mail-Coach abonnieren, der im Preis des Buches bereits enthalten ist – den Zugangscode erfahren Sie auf Seite 216.

Im dritten Teil schließlich finden Sie ganz praktische Tipps, wie Sie 14 ausgewählte Kernkompetenzen in Ihrem Team stärken können. Für jede einzelne dieser Kernkompetenzen gibt es hier Hinweise, wie Sie Ihre Mitarbeiter fördern beziehungsweise diese dabei unterstützen können, sich selbst weiterzuentwickeln. Dabei bezieht sich Entwicklung einerseits auf den fachlichen und methodischen Bereich, richtet sich aber auch in starkem Maße auf die individuelle Persönlichkeit. Um Ihnen Ihre Arbeit zu erleichtern, finden Sie in jedem Kapitel Anhaltspunkte für die positiven und negativen Ausprägungen der einzelnen Kompetenzen, vorformulierte Fragen und Anregungen für das Gespräch mit Ihren Mitarbeitern sowie auf die einzelnen Kompetenzen abgestimmte Tipps zur Gestaltung der Arbeitsbedingungen in Ihrem Team. Damit haben Sie einen umfangreichen Katalog an der Hand, wie Sie Personalentwicklung in Ihre Führungsarbeit integrieren können, wie Sie *einfach führen*.

Jetzt wünschen wir Ihnen eine interessante Lektüre und vor allem viel Erfolg beim Ausprobieren der hier vorgestellten Hinweise und Tipps. Wir würden uns freuen, wenn sie Ihnen Ihren Job als »Personalentwickler« ein wenig leichter machen und Sie vielleicht sogar ein wenig Spaß daran finden. Wir sind uns sicher: Ihr Einsatz wird sich lohnen!

Jochen Gabrisch und *Claudia Krüger*
Frankfurt, Bochum, im Sommer 2005
www.career-consult.net

Teil I

Personalentwicklung ist Chefsache

Für die meisten Führungskräfte stellt das Thema Personalentwicklung in einem ohnehin mehr als angefüllten Arbeitstag nur eine zusätzliche Belastung dar, und gerade in Großunternehmen verorten viele Führungskräfte sie deshalb eher in der Personalabteilung als bei sich selbst. Allenfalls das alljährliche Mitarbeitergespräch wird zähneknirschend im eigenen Pflichtenheft geduldet. Aber es geht auch anders: Vielleicht haben Sie ja schon am Ende dieses ersten Teils ein positiveres Bild von Personalentwicklung. Lassen Sie uns also gleich damit beginnen, warum sich die Anfangsinvestitionen für Sie lohnen und was letztlich für Sie als Führungskraft bei der ganzen Angelegenheit herausspringt.

Kapitel 1

Personalentwicklung zahlt sich für Sie aus

Die Förderung und Entwicklung Ihrer Mitarbeiter verfolgt keinen hehren Selbstzweck, etwa damit diese »zufrieden« seien. Vielmehr lässt sich beweisen, dass Sie als Führungskraft einen ordentlichen Return-on-Investment realisieren, wenn Sie einen Schwerpunkt Ihrer Führungsarbeit darauf legen, Ihre Mitarbeiter optimal zu unterstützen und zu fördern.

Stellen Sie sich vor, Sie hören von Ihren Kollegen, Mitarbeitern, Vorgesetzten und auch Kunden immer öfter Aussagen wie die folgenden:

- Die Produktivität in Ihrer Abteilung wird immer besser, wie machen Sie das?
- Bei Ihnen ist immer so eine gute Stimmung, und der Output stimmt auch noch.
- Aus Ihrer Abteilung kommen ja auffällig viele marktfähige Innovationen, können Sie darüber nicht mal einen Vortrag bei den Kollegen halten?
- Sie wirken in letzter Zeit gar nicht mehr so gehetzt, nehmen sich sogar mal die Zeit für einen Plausch, scheint ja gut zu laufen bei Ihnen.
- Es ist wirklich toll, für Sie zu arbeiten.
- Ihre Kundenzufriedenheit steigt seit langem kontinuierlich, wie stellen Sie das bloß an?
- Sie bekommen in letzter Zeit so viele Initiativbewerbungen, da müssen wir kaum noch Recruiting machen.
- Bei Ihnen gibt es kaum noch Fluktuation, haben Sie da ein Geheimrezept?
- Ihr Service ist ja kaum noch zu toppen, da stehen Ihre Wettbewerber nicht so gut da – das kann ich Ihnen versichern.
- Wie haben Sie nur den Change-Prozess hinbekommen, ohne dass Ihre Leute murren? Hut ab!
- Wir finden, Sie sind eine klasse Führungskraft.

- Ich werde auf dem Flur immer öfter angesprochen, dass wir als tolles Team rüberkommen.
- Wenn ich mir überlege, wer den Job des Bereichsleiters am besten machen könnte, fallen Sie mir ein. Bei Ihnen läuft fast alles wie am Schnürchen und Ihr Nachfolger steht auch schon in den Startlöchern.

Sie merken, dass die Auswirkungen eines Führungsstils, der darauf ausgerichtet ist, Mitarbeiter zu fördern, mannigfaltig sind. Sie reichen von der Mitarbeitergewinnung und -bindung über die Kundenzufriedenheit bis hin zur Arbeitserleichterung für Sie selbst. Und schließlich wird ein fördernder Führungsstil Ihrem Team einen Erfolg bescheren, der auch Ihnen als Chef oder Chefin zugeschrieben wird.

Für diesen Erfolg gibt es eine ganz offensichtliche Basis: Je besser Sie Ihre Mitarbeiter bei der Leistungserbringung unterstützen, desto besser wird Ihre gemeinsame Leistung sein, desto zufriedener der Kunde, desto besser die Ergebnisse Ihres Teams. Denn die Brücke zwischen Ihnen und Ihrem Erfolg sind Ihre Mitarbeiter. Das gilt umso mehr in Zeiten, in denen sich die übrigen Ressourcen, wie beispielsweise die verfügbare Technik, weltweit immer mehr einander angleichen und gleichsam universell verfügbar sind. Ihren Mitarbeitern kommt dadurch eine zunehmend größere Bedeutung zu, wenn es darum geht, Wettbewerbsvorteile zu realisieren.

Das sind alles natürlich noch keine Beweise dafür, dass ein fördernder Führungsstil auch tatsächlich wirksam ist. Doch Studien von John P. Kotter und James L. Heskett (Harvard University) sowie von Robert Cooke (University of Illinois) zeigen den Zusammenhang von konstruktiven Unternehmenskulturen und Unternehmensergebnissen auf. Konstruktive Kulturen, in denen die Führungskräfte über die Interessen der Aktionäre und Kunden hinaus den Belangen der Mitarbeiter große Beachtung schenken, haben eine direkte, positive Wirkung auf das Unternehmensergebnis. In diesen konstruktiven Kulturen …

… herrscht ein Standard-of-Excellence, (Kunden-)Probleme werden tatsächlich gelöst, den Interessen der Stakeholder wird Beachtung geschenkt.

… wird den Mitarbeitern die Möglichkeit gegeben, das zu tun, was sie gut können, eigenständig zu denken und auch ausgefallene Wege zu verfolgen, immer mit dem Ziel, hochwertige Produkte und Services herzustellen. Risiken werden dafür in Kauf genommen.

… werden die Mitarbeiter dazu angehalten, sich gegenseitig zu unterstützen und zu helfen, es herrscht ein kooperatives Arbeitsklima.
… spielt ein freundliches und für Veränderungen offenes Klima eine hervorgehobene Rolle und wird aktiv gefördert.

In einer elfjährigen Studie von Kotter und Heskett entwickelte sich beispielsweise der Umsatz von Unternehmen, die diese Merkmale erfüllen, mehr als viermal besser als der solcher Unternehmen, deren Führungskräfte keine konstruktive Unternehmenskultur pflegten. Der Aktienkurs entwickelte sich etwa zwölfmal besser und der Gewinn 756-mal besser.

Abbildung 1: **Auswirkungen konstruktiver Kulturen**

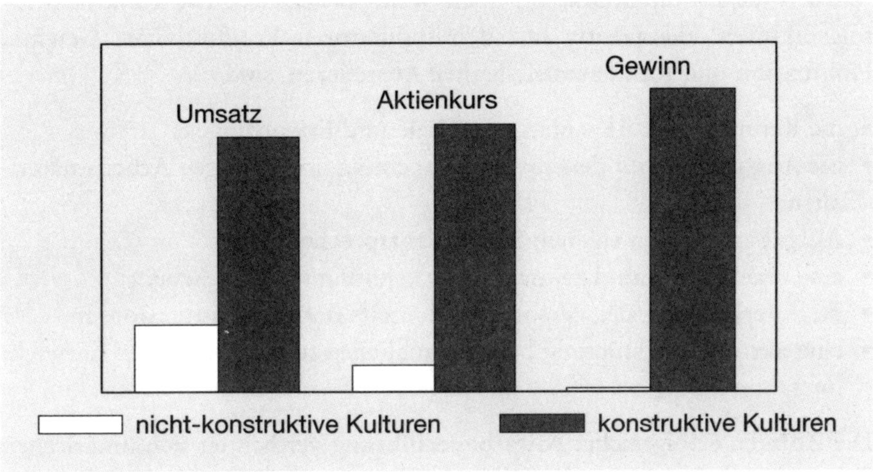

Ein fördernder Führungsstil zahlt sich also im wahrsten Sinne des Wortes für Sie aus: Sie haben durch engagierte Mitarbeiter zufriedene Kunden und dadurch eine erfolgreiche Leistungsbilanz, ganz zu schweigen von der Anerkennung, den Aufstiegschancen, einem gut gefüllten Portemonnaie und – dem Spaß an der Arbeit.

Zu ganz ähnlichen Ergebnissen kommen auch die Berater des Gallup Instituts in einer Studie, in der sie in 24 Unternehmen die Parameter Produktivität, Gewinn, Fluktuation und Kundenzufriedenheit mit der Qualität der Mitarbeiterführung in Form der Mitarbeiterzufriedenheit abglichen. Die wesentliche Erkenntnis der Gallup-Berater, nachzulesen in dem Buch *Erfolgreiche Führung gegen alle Regeln*, besteht darin, dass die Zufriedenheit der Mitarbeiter ganz wesentlich vom direkten Manager abhängt und nicht vom Arbeitgeber. Oft hören wir allerdings, dass sich Führungskräfte selbst beschweren, dass die Dinge im Unternehmen nun einmal so und so seien, dass man (!) doch sowieso nichts machen könne, die Kultur – und schon gar nicht das Top-Management – kaum zu ändern sei und so weiter. Doch die Ergebnisse der Gallup-Studie machen Mut: Die Führungskraft hat die zentrale Rolle inne für das Engagement und letztlich die Zufriedenheit ihrer Mitarbeiter. Es lohnt sich also für Sie, die Dinge selbst in die Hand zu nehmen: *Sie als Führungskraft* können den Umgang mit Ihren Mitarbeitern entscheidend beeinflussen – nicht der Vorstand oder die Geschäftsführung, nicht eine abstrakte, irgendwie gesetzte Unternehmenskultur und schon gar nicht »das Unternehmen«.

Doch die Gallup-Studie hat noch Weiteres ergeben. Die konkreten Erfolgsfaktoren, die positiv mit den Indikatoren Produktivität, Gewinn, Fluktuation und Kundenzufriedenheit korrelieren, sind

- die Kenntnis und Akzeptanz der Ziele und Erwartungen;
- die Ausstattung mit den zur Zielerreichung notwendigen Arbeitsmaterialien;
- Aufgaben, die den eigenen Stärken entsprechen;
- eine regelmäßige und zeitnahe Anerkennung für gute Arbeit;
- die Anerkennung der Person auch jenseits der Arbeitssituation und
- eine aktive Unterstützung bei der fachlichen und persönlichen Entwicklung.

Die Zutaten erfolgreicher Mitarbeiterführung verdichten sich und drehen sich ausnahmslos darum, den Mitarbeiter bei seiner Aufgabenerfüllung zu unterstützen. Darüber hinaus besteht ein direkter Zusammenhang zwischen einem unterstützenden und fördernden Führungsstil einerseits und den Performance-Indikatoren eines Unternehmens andererseits. Die Frage, woran man eine fördernde Führungskraft im Alltag erkennt, lässt sich somit also noch auf eine andere Weise beantworten: An ihrem Erfolg!

Kapitel 2

Personalentwicklung in der Praxis

So einleuchtend und gut belegt die bisherige Argumentation auch ist, in der Praxis sieht es doch häufig ganz anders aus. Das wird schnell deutlich, wenn das Thema Führungskräfte zur Sprache kommt. Ob im privaten oder geschäftlichen Kontext: Man kann sicher sein, dass eine interessante und angeregte Diskussion entsteht, bei der es mitunter hoch hergeht und bei der so gut wie jeder etwas aus eigener Erfahrung beitragen kann. Meistens allerdings sind es keine Lobpreisungen, die den Chefs zuteil werden. »Eigentlich läuft es am besten, wenn er nicht da ist«, ist noch eine der schmeichelhaftesten Aussagen. Und nach unten ist die Skala offen.

Weitaus seltener hört man hingegen positive Erfahrungen wie: »Unser Chef nimmt sich immer genug Zeit, Ziele mit uns zu vereinbaren.« Oder: »Meine Chefin ist immer für uns da. Und wenn es mal Ärger gibt, steht sie vor ihrer Abteilung, auch wenn es dann intern zur Sache geht.« Oder: »Unser Abteilungsleiter holt wirklich aus jedem das Beste raus. Er hat zwar absolut hohe Anforderungen und ist überhaupt nicht leicht zufrieden zu stellen, aber die Arbeit macht Spaß.« Oder auch schlicht und ergreifend: »Für den arbeite ich gerne.« Fehlt solche Begeisterung, sind unter anderem Demotivation, abnehmende Leistungsbereitschaft und nach oben schnellende Fehlerquoten die Folge.

Doch was versteht der durchschnittliche Mitarbeiter schon von Führung, könnte man fragen? Will er mit seiner Kritik am Chef nicht vielmehr von seinem eigenen Unvermögen ablenken? Kann er überhaupt beurteilen, was eine gute Führungskraft ausmacht? Wir denken schon. Denn der Mitarbeiter bekommt die Führungsleistung seines Vorgesetzten, sozusagen als dessen Kunde, tagtäglich zu spüren und kann bestens einschätzen, ob ihn diese Leistung bei seiner Arbeit eher behindert oder aber fördert. Ein Kunde kann schließlich durchaus beurteilen, ob sich beispielsweise das neue Auto gut fährt oder eben nicht. Auch wenn er selbst keines zusammenbauen oder die erspürten Mängel in Fachtermini spezifizieren könnte. Vielleicht wird er sagen: »Das Auto läuft leicht aus der Spur.« Oder: »Hier geht es aber beengt zu.« Oder auch: »Die Scheinwerfer sind falsch eingestellt, ich kann kaum sehen, wo ich hinfahre.« Ganz ähnlich verhält es sich mit dem Verhältnis eines Mitarbeiters zu seiner Führungskraft. Natürlich kann der Mitarbeiter beurteilen, ob seine Ziele verständlich formuliert sind, ob ihm die notwendigen Ressourcen zur Verfügung stehen, ob er an interessanten und herausfordernden Aufgaben arbeitet und Ähnliches. Alles in allem kann er sich also sehr wohl eine fundierte Meinung darüber bilden, wie gut er geführt wird.

Wir möchten Sie nun zu einem kleinen Experiment einladen: Beurteilen Sie Ihre bisherigen Führungskräfte doch einmal selbst aus der Perspektive eines Mitarbeiters, der (inzwischen) selbst über Führungserfahrung verfügt. Welche Ihrer eigenen Führungskräfte haben Sie in sehr guter Erinnerung, welche haben Ihnen als Mitarbeiter einen wirklichen Mehrwert bei Ihrer Arbeit und Ihrer beruflichen sowie persönlichen Entwicklung geliefert? Welche haben kaum geschadet, aber auch wenig genützt, waren also eher mittelmäßig? Und welche schätzen Sie als geradezu kontraproduktiv in Sachen Arbeitsklima und Zielerreichung ein? Unserer Erfahrung nach fällt deutlich weniger als ein Drittel in die erstgenannte Kategorie sehr guter Führungskräfte.

Bevor wir im nächsten Kapitel zu den Ursachen dieser Führungspraxis kommen, werfen wir noch einen Blick auf ihre fatalen Folgen. Die großen Management-Beratungen haben sich des Themas Mitarbeiterengagement in verschiedenen Studien angenommen. Die Ergebnisse sind ernüchternd: Viele Mitarbeiter in Deutschland gehen nur noch halbherzig zur Arbeit. So kommt der »Gallup Engagement Index« 2004 wie schon in den Vorjahren zu dem Schluss, dass sechs von sieben Mitarbeitern in Deutschland alles andere als begeistert zur Arbeit gehen. Ähnlich schlechte Werte der Mitarbeitermotivation kommen im »Towers Perrin Talent Report 2004« zutage: Mehr als drei Viertel der deutschen Befragten sind nicht oder nur moderat engagiert. Übertragen Sie diese Ergebnisse einmal auf Ihr Team: Etwa 80 Prozent Ihrer Mitarbeiter machen demnach »Dienst nach Vorschrift« und zeigen darüber hinaus wenig Engagement, sich für die Unternehmensziele, also auch für Ihre Belange, ins Zeug zu legen.

Abbildung 2: **Nur zwei von zehn Mitarbeitern sind mit Engagement bei der Arbeit**

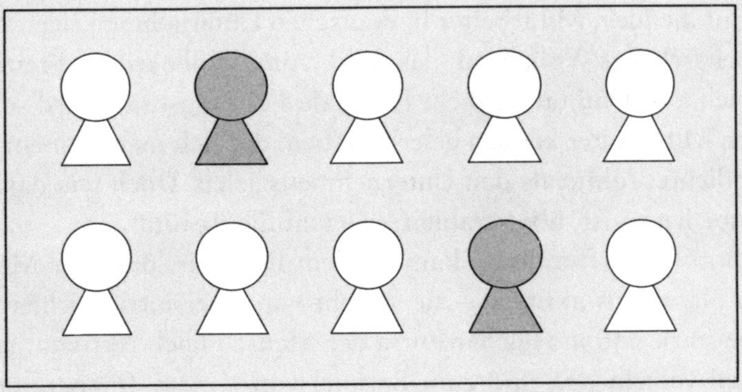

Die Folgen dieses fehlenden Engagements sind beispielsweise:

- Arbeiten werden zwar vermeintlich fertig gestellt, doch sind sie mit vielen Fehlern behaftet.
- Kunden müssen häufig nachfragen und sind mit den erbrachten Leistungen nicht 100-prozentig zufrieden.
- Es besteht die Tendenz, dass jeder Mitarbeiter sein eigenes Süppchen kocht.
- Privattermine haben Vorrang vor Firmeninteressen.
- Von den Mitarbeitern kommen kaum Anregungen für Verbesserungen.
- Mitarbeiter halten ihr fachliches Know-how nicht auf dem Laufenden.

Hier schlummert also ein großes Leistungspotenzial, das es zu wecken gilt. Stellen Sie sich vor, nur die Hälfte Ihrer derzeit unmotivierten Mitarbeiter würde plötzlich nicht nur halbherzig *zur*, sondern (wieder) mit Elan *an die* Arbeit gehen. Welche Auswirkungen hätte das auf die Performance Ihres Bereichs?

Bleibt noch die Frage zu klären, ob die schlechte Motivation und das mangelnde Engagement der Mitarbeiter tatsächlich auf die Führungsleitung zurückzuführen sind. Vielleicht liegt es ja auch an den Mitarbeitern selbst?

Wollen Mitarbeiter überhaupt Leistung bringen?

Betrachtet man die Ergebnisse der vorgestellten Studien, kommt man schnell auf die Idee, Mitarbeiter in deutschen Unternehmen seien ein ziemlich arbeitsscheues Volk und das Bild vom »kollektiven Freizeitpark« drängt sich auf. Und tatsächlich: Fast jede Führungskraft wird schon einmal einen Mitarbeiter kennen gelernt haben, der sich mehr seinem Vergnügen verpflichtet fühlte als den Unternehmenszielen. Doch wie das mit Negativbeispielen so ist, überstrahlen sie leicht die Realität.

Die Motivationsforschung kam zu dem Ergebnis, dass der Mensch an sich von Natur aus aktiv ist – sie spricht von einer intrinsischen Motivation. Wie stark und in welcher Form der Mensch nach Aktivität strebt, ist individuell verschieden und zum Beispiel von seinem Temperament oder den Rahmenbedingungen abhängig (siehe dazu auch das Kapitel »Aufmerksamkeit« in Teil II). Die Aussage, der Mensch sei faul im Sinne von passiv, ist auf jeden Fall wissenschaftlich nicht haltbar. Die Frage ist vielmehr, wann, wo und wie er aktiv ist.

Auch der Flow-Forscher Mihaly Csikszentmihalyi kommt zu der Schlussfolgerung, dass der Mensch Herausforderungen sucht und nach mehr Komplexität strebt. Antrieb dafür ist die menschliche Neugierde. Befinden sich Anforderungen und Fähigkeiten im Gleichgewicht, erlebt man den so genannten Flow. Diese Erfahrung ist eine sehr positive, sodass Menschen danach streben: Die ganze Aufmerksamkeit ist auf die Tätigkeit fokussiert, Ablenkungen werden ausgeblendet und jedes Zeitgefühl geht verloren. Sind die Anforderungen zu hoch gesteckt, entsteht Angst, sind sie zu niedrig, empfindet man Langeweile. Die Schlussfolgerungen für die Personalentwicklung liegen auf der Hand (siehe dazu auch das Kapitel »Anregung« in Teil II).

Aber machen Sie doch einmal selbst die Probe aufs Exempel: Welchem Ihrer Mitarbeiter würden Sie Unwilligkeit oder Faulheit unterstellen? Sollte sich tatsächlich solch ein Mitarbeiter eingeschlichen haben, wird das sicher die Ausnahme sein. Und auch unsere Erfahrung zeigt: Kaum ein Mitarbeiter ist per se arbeitsunwillig oder faul. Nicht jeder hat es natürlich darauf abgesehen, Karriere zu machen und sich, auf Kosten anderer Lebensbereiche, primär im Unternehmen zu engagieren. Die meisten Mitarbeiter – egal in welcher Funktion – sind allerdings durchaus daran interessiert, die bestmögliche Leistung zu erbringen. Sie haben es in aller Regel nicht darauf abgesehen, den Arbeitstag Däumchen drehend zu verbringen. Das merken Sie spätestens, wenn Sie die Mitarbeiter nach ihren Erfolgen fragen, die sie im Unternehmen oder eben auch außerhalb, beispielsweise in einem Verein oder einem anderen Unternehmen, bewirkt haben. Dann kommen viele Mitarbeiter ganz schnell ins Schwärmen und der Stolz auf die erbrachte Leistung wird spürbar.

Abbildung 3: **Flow-Erlebnis nach Mihaly Csikszentmihalyi**

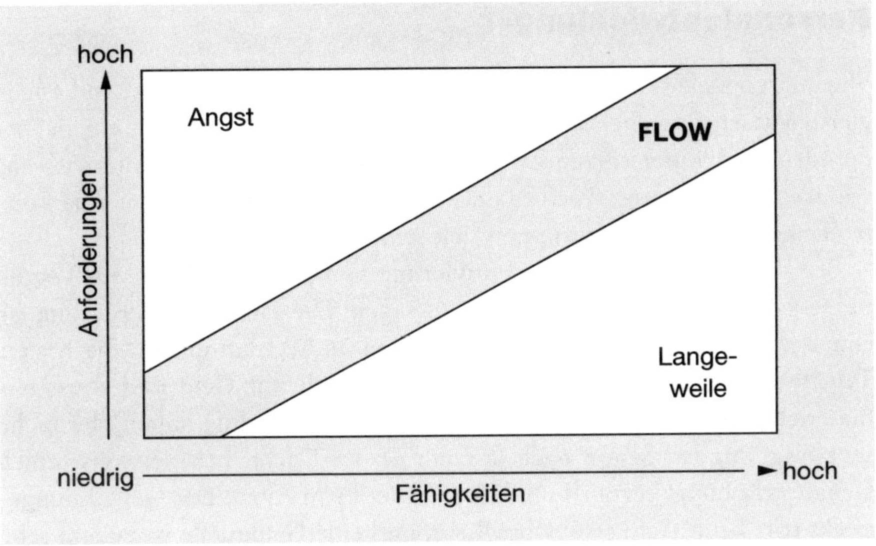

Auch die Gallup-Studie bestätigt unsere Erfahrung: Über 70 Prozent der befragten Arbeitnehmer würden auch im Falle einer substanziellen Erbschaft weiter arbeiten, auch wenn sie dies finanziell gar nicht mehr nötig hätten. Arbeit hat eben für die meisten Menschen über die Notwendigkeit des Broterwerbs hinaus eine Sinn stiftende Funktion.

Somit haben wir auf die eingangs gestellte Frage, woher das geringe Engagement der Mitarbeiter rührt, noch keine zufrieden stellenden Anhaltspunkte. Doch die Autoren der zitierten Studien bleiben nicht bei der Bestandsaufnahme stehen, sondern liefern die Antwort gleich mit: Zum allergrößten Teil ist es die mäßige Führungsleistung der jeweiligen Vorgesetzten, welche die Mitarbeiter demotiviert. So meint der Gallup-Berater Marco Nink in der *Süddeutschen Zeitung* auf eben die Frage nach den Gründen für fehlendes Engagement der Mitarbeiter ganz klar: »Das liegt an schlechter Führung.« Denn die direkte Führungskraft besitzt einen großen

Einfluss auf das Arbeitsumfeld, sei es direkt im Verhältnis zu ihren Mitarbeitern oder indirekt durch widrige Arbeitsbedingungen, unzureichende Entwicklungsmöglichkeiten oder ein nicht zuträgliches Betriebsklima.

Gibt es Alternativen zur »Chefsache Personalentwicklung«?

Nur mit engagierten Mitarbeitern werden Sie erfolgreich sein. Und engagierte Mitarbeiter »bekommen« Sie wiederum am ehesten mit einem fördernden und unterstützenden Führungsstil. Vermeintliche Alternativen, wie die Incentivierung, Performance-Management-Systeme oder eine kontrollierende Führung, entpuppen sich schnell als wirkungslos.

Betrachten wir kurz die Incentivierung von Leistung durch ein Vergütungssystem. Um es gleich vorweg zu sagen: Die Höhe der Vergütung ist eine der Variablen, die stimmen muss, um im Wettkampf um die besten Talente überhaupt mitspielen zu können. Doch mit Geld und sonstigen materiellen Anreizen werden Sie nur kurzfristigen Erfolg haben, der nicht sehr tragfähig ist. Schon nach kurzem ist der Effekt, beispielsweise einer Gehaltserhöhung, verpufft und alles wieder beim Alten. Der Gewöhnungseffekt tritt beim Geld sehr schnell ein, und eine Geldquelle ist zudem sehr leicht austauschbar. Wer wegen Geld kommt, geht auch wegen Geld, hat es Reinhard K. Sprenger treffend formuliert.

Darüber hinaus beschreiten Sie mit der Motivation über finanzielle Anreize einen Weg, auf dem Sie die Abstimmung und den Austausch mit Ihrem Mitarbeiter auf quantitative Ziele richten und qualitative Aspekte oder auch persönliche Belange leicht vernachlässigen. Im Extremfall heißt das: Hauptsache, bestimmte Ziele werden erreicht, egal wie. Ein Paradebeispiel hierfür sind Boni, die bei Erreichen bestimmter Verkaufszahlen fällig werden. Das kann sich langfristig sogar negativ auswirken, wenn nämlich der Mitarbeiter nur auf die kurzfristige Erreichung seiner bonifizierten Ziele achtet und dabei andere wichtige Aspekte ignoriert. Und nicht zuletzt hat die Vergütung in den Augen der Mitarbeiter selbst eher zu vernachlässigende Auswirkungen auf Motivation und Engagement. Sorgen Sie also in Sachen Vergütung für interne wie externe Gerechtigkeit, dafür dass die richtigen Ziele bonifiziert werden und wenden Sie sich wichtigeren Führungsaufgaben zu.

Auch Performance-Management-Systeme produzieren keine motivierten Mitarbeiter, am wenigsten das jährliche Mitarbeitergespräch. Wie auch, wenn im übrigen Jahr (denn das ist häufig die Folge) recht wenig in Richtung Mitarbeiterentwicklung geschieht? Da verwundert es kaum, dass wir in der Praxis nur selten Führungskräfte oder Mitarbeiter treffen, die von guten Erfahrungen mit dem Mitarbeitergespräch berichten. Alle Beteiligten zermartern sich das Hirn darüber, wie denn die Ziele fürs nächste Jahr zu fixieren seien. Der Chef versucht mehr oder weniger verzweifelt, sich zu erinnern, was im letzten Jahr passiert ist. Und der Mitarbeiter sammelt eifrig Argumente, die schlechte Leistung relativieren sollen und solche, die für die nächste Gehaltserhöhung als Argumentationsfutter taugen. Denn das ist ja oft der eigentliche Zweck von Mitarbeitergesprächen: die Zahl auszuwürfeln, um die sich das Gehalt erhöhen soll. Und nicht selten strengen sich die Mitarbeiter in den Wochen vor den Mitarbeitergesprächen ganz besonders an, weil sie genau wissen, dass sich die meisten Führungskräfte hauptsächlich auf diesen kurzen Beobachtungszeitraum stützen, wenn es um die Beurteilungsgrundlage für das Gespräch geht. Durch diesen »Nikolauseffekt« verfehlen Mitarbeitergespräche ihren erwünschten Nutzen oft gänzlich.

Eine straffe Führung, also Kontrolle, von Mitarbeitern mag manchen als Alternative erscheinen. Doch abgesehen davon, dass das in aller Regel schon aus Gründen der Arbeitsbelastung nicht machbar ist, wird jegliche Initiative schon im Ansatz erstickt. Wer will schon bei allem, was er tut, kontrolliert werden? Es entsteht schnell ein Klima des Misstrauens und der Angst, etwas falsch zu machen. Und ganz praktisch betrachtet, verlangt Kontrolle nach ständiger Anwesenheit des Vorgesetzten. Unweigerlich drängt sich einem das Bild des Bürovorstehers auf, der, leicht erhöht thronend, die »Seinen« ständig im Blick hat. Das ist Schnee von vorgestern.

Zusammenfassend lässt sich sagen: Personalentwicklung kann Ihnen niemand abnehmen, weder eine Vergütungsstruktur, noch ein Performance-Management-System und schon gar kein Motivationsmodell, das auf enger Kontrolle aufbaut. Der Trend geht vielmehr in genau die entgegengesetzte Richtung: Personalentwicklung wird zunehmend zu einer Aufgabe der Führungskräfte, zu einem elementaren Teil ihrer Führungsaufgabe.

Kapitel 3

Warum Personalentwicklung ein Schattendasein führt: Fünf Hindernisse

Gerade wegen der fehlenden Alternativen und der Vorteile eines fördernden Führungsstils für alle Seiten haben wir uns die Frage gestellt: Warum kommt er nicht häufiger zum Einsatz? Weshalb führt Personalentwicklung bei den Führungskräften ein solches Schattendasein? Auch vor dem Hintergrund, dass es Literatur und Seminare zum Thema in Hülle und Fülle gibt, erscheint dieser Umstand mehr als verwunderlich. Wir sind dieser Frage nachgegangen und haben fünf Hindernisse ausgemacht, die der Personalentwicklung im Weg stehen:

- mangelnde Zeit,
- das Abschieben (etwas gewählter: Outsourcing) von Personalentwicklung an die Personalabteilung,
- die Kluft zwischen harten Zielen und weichen Ressourcen,
- die Befürchtung, die Leistung könnte zu kurz kommen, und
- mangelnde Vertrautheit mit dem Instrumentarium.

Keine Zeit für Personalentwicklung

»Das Tagesgeschäft hat nun mal Vorrang, gerade in schwierigen Zeiten.« Hinter dieser Aussage, die oft benutzt wird, um sich die Aufgabe der Personalentwicklung vom Hals zu halten, versteckt sich die Haltung, dass dies eigentlich eine Nebensache ist, meist eine lästige obendrein. Wie die Zeit für ein Mitarbeitergespräch finden, wenn der Kunde wartet? Wozu über die Entwicklung des Mitarbeiters sprechen, wo er doch zufrieden scheint und es gilt, drängende Aufgaben zu erledigen? Wie bei dieser Auftragsflut auch noch Ziele im Detail abstimmen? Drängende Fachaufgaben rufen, woher die Zeit nehmen, den Mitarbeiter damit vertraut zu machen?

Die Liste der Entschuldigungen ließe sich noch fortsetzen. Doch diese Argumentation greift eindeutig zu kurz, denn sie zeugt von einem falschen Verständnis der Führungsaufgabe und des Stellenwerts der Mitarbeiter. Die Mitarbeiter gehören, ebenso wie die anderen Produktionsfaktoren, beispielsweise die Maschinen, zum Kapital eines Unternehmens. Durch die umstrittene Kür des »Humankapitals« zum Unwort des Jahres 2004 ist diese Tatsache allgegenwärtig. Greift man diesen Gedanken auf, sieht man die Führungskraft recht schnell in der Rolle eines »Wartungsbeauftragten« für seine Mitarbeiter. Das ist vielleicht nicht besonders freundlich ausgedrückt, aber inhaltlich kaum von der Hand zu weisen.

Wenn Sie Ihrer Führungsaufgabe also mehr Zeit einräumen, dann wird es für den folgenden Satz bald keine Verwendung mehr geben: »Für Personalentwicklung habe ich zu wenig Zeit, ich muss mich um die Erledigung der fachlichen Aufgaben (alternativ: die Ausarbeitung der Strategie, den Kunden und so weiter) kümmern.« Sie werden bald merken, dass Sie die Zeit, die Sie für Mitarbeiterentwicklung aufwenden, nach einer gewissen Anschubfinanzierung mit Zinsen zurückbekommen. Denn indem Sie Ihre Mitarbeiter fördern und unterstützen, werden diese zunehmend mehr und weiter reichende Aufgaben selbstständig übernehmen. Sie sind besser qualifiziert, spürbar motivierter und bringen in größerem Umfang eigene Ideen ein. In Zeiten, in denen die Personaldecke in vielen Unternehmen immer dünner wird, kommt es besonders darauf an, alle verfügbaren Leistungsreserven ausnahmslos zu mobilisieren.

Die Personalabteilung ist zuständig

Nicht wenige Manager delegieren schon das Recruiting gerne vollständig an die Personalabteilung, vielleicht noch begleitet von einem lockeren »Sie wissen schon, was wir brauchen«. Und dabei ist das »Und jetzt belästigen Sie mich nicht länger mit irgendwelchen Anforderungsprofilen und machen Sie sich an die Arbeit« natürlich mitzudenken. Geht es um Termine für Vorstellungsgespräche, haben Kundentermine und Meetings oft Priorität. Nicht selten sind die besten Kandidaten dann schon wieder abgesprungen, bis endlich ein Termin zustande kommt (was natürlich der Personalabteilung angelastet wird: »Die könnten sich ja wirklich mal besser organisieren.«).

Ist der neue Mitarbeiter erst einmal an Bord, sorgt eine ganze Batterie von Tools, Programmen und Performance-Management-Systemen dafür, dass die Mitarbeiterführung vielfach komplett in den Händen der hauptamtlich Personalverantwortlichen ruht. Ein »Induction Program« übernimmt die Integration des Mitarbeiters, seine Fähigkeiten lässt die Personalabteilung durch eine nahezu wissenschaftliche Potenzialanalyse erfassen, und seine Leistung wird einmal jährlich anhand des standardisierten Performance-Review beurteilt. Das Motto dabei lautet: Hauptsache der Bogen ist ausgefüllt und der Mitarbeiter wieder einmal zu (irgend-) einem Seminar angemeldet. Mitzudenken ist in diesem Fall: »Dann stiehlt mir der Personalreferent wenigsten nicht mehr den letzten Nerv, dass ich die Bögen nicht bearbeite.« Und wer diese oft seitenlangen Beurteilungsbögen aus eigener Erfahrung kennt, wird sich über eine solche Einstellung nicht wundern.

Egal, wie gut die zur Verfügung gestellten Programme, Tools und Systeme auch sein mögen, sie werden immer nur ein Hilfsmittel bleiben. Die wahre Führungsaufgabe einer fördernden Führungskraft, nämlich Mitarbeiterentwicklung, bleibt dabei auf der Strecke. Vordergründig hegt man jedoch das beruhigende Bewusstsein, der Pflicht Genüge getan zu haben.

Die im Ansatz gute Idee, Personalentwicklung zu professionalisieren, verkehrt sich ins Gegenteil, indem sie zunehmend institutionalisiert wird. Einhergehend mit dem allgegenwärtigen Zeitproblem verlangt dieses instabile System beständig nach neuen Ideen, immer ausgefeilteren Programmen und Instrumenten.

Dabei ist die Lösung so einfach: Personalentwicklung gehört wieder in größerem Umfang in die Hände der Linienmanager. Es muss das Bewusstsein wachsen, dass eine Führungskraft eben vor allem eines zu tun hat, nämlich ihre Mitarbeiter Tag für Tag zu fördern und zu unterstützen. Dazu gehört, um nur einige wenige Beispiele zu nennen, dass die Personalauswahl oberste Priorität hat, dass sich eine Führungskraft die Zeit nimmt, die speziellen Stärken jedes einzelnen Mitarbeiters selbst herauszufinden, dass das Task-Assignment individuelle Fähigkeiten und Entwicklungsmöglichkeiten berücksichtigt, und dass die Führungskraft zeitnahes Feedback gibt, im Guten wie im Schlechten. Erst wenn diese (und eine Fülle anderer) Kriterien erfüllt sind, kann man guten Gewissens von einer Führungskraft sprechen.

Die Leistung kommt zu kurz

Oft hören wir von Führungskräften Bedenken, ihre Abteilung würde sich in ein »Kaffeekränzchen« oder einen »Streichelzoo« verwandeln, wenn sie sich auf die Förderung ihrer Mitarbeiter konzentrierten. Und vor lauter »Nett sein« würde die Arbeit nicht mehr erledigt. Diese Vorbehalte sind verständlich, denn auf Führungskräften lastet ein zunehmend größer werdender Erfolgsdruck. Schnell kommt man in Verruf, so denken nicht wenige Führungskräfte, wenn man sich allzu sehr auf die Belange der Mitarbeiter einlässt, anstatt eine »harte Linie« zu fahren. Und wer will schon gern als »Weichei« gelten?

Diese Bedenken sind bei genauerem Hinsehen aber unbegründet und unhaltbar. Denn Führungskräfte, die ihre Mitarbeiter unterstützen, sind nicht einfach nur »nett«. Sie sind freundlich und angenehm im Umgang, sie unterstützen ihre Mitarbeiter, doch das ist nur die eine Seite der Personalentwicklung. Schließlich ist die Förderung und Entwicklung von Mitarbeitern immer auf ein großes Ziel ausgerichtet: den Erfolg des Unternehmens. Und um das zu erreichen, müssen die gesetzten Ziele tatsächlich erreicht werden.

Harte Ziele – weiche Ressourcen

»Harte« Ziele bestimmen Ihren Arbeitstag: Bottom-Line-Revenues, Ebitda, Durchlaufzeiten, Reklamationsquoten, Time-to-Market, EVA, Qualitätstoleranzen, Umsatzsteigerungen und so weiter. Zur Erreichung dieser Ziele stehen Ihnen, wenn Sie nicht gerade eine vollautomatisierte Fertigungshalle leiten, allerdings hauptsächlich »weiche« Ressourcen zur Verfügung, nämlich Ihre Mitarbeiter. Und auf dem Weg von den harten Zielen in die Köpfe Ihrer Mitarbeiter gibt es eine wesentliche Barriere: die unterschiedlichen »Sprachen«, die in den unterschiedlichen »Welten« des Unternehmens gesprochen werden.

An der Oberfläche, in der »harten« Welt der Leistungsziele und Ergebnismessung, ist dies, zumindest in Reinkultur, die Sprache der logischen Analyse, der kühlen Berechnung, des stringenten Ursache-Wirkung-Denkens, der glasklaren Maßstäbe, der sauber definierten Prozesse und Strukturen et cetera. Umsätze müssen um einen definierten Betrag wachsen,

Kosten müssen um einen zweistelligen Prozentsatz gesenkt werden, die Produktivität ist kontinuierlich zu steigern. Diese Realitäten gehören zum Unternehmensalltag.

Auf der weichen Seite, wenn Mitarbeiter untereinander sprechen und natürlich auch in der Kommunikation zwischen Führungskräften und Mitarbeitern, sieht es in den meisten Fällen ganz anders aus. Hier funktioniert die »harte« Sprache nur bedingt, denn unter der Oberfläche geht es immer auch um Sympathien, Befindlichkeiten, Ränkespiele, Werte, Interessen, persönliche Beweggründe, Neigungen und Talente.

Abbildung 4: Zwei Sprachwelten im Unternehmen

Sprache der Zahlen & Ziele		Sprache der Mitarbeiter
25 Prozent Wachstum	----►	Wie schaffe ich das?
Kostensenkungsprogramm	----►	Was bedeutet das für mich?
Umstrukturierung	----►	Habe ich morgen noch einen Arbeitsplatz?
Umsatz verdoppeln	----►	Jetzt kann ich zeigen, was ich kann.
Effizienzsteigerung	----►	Klasse, mein Vorschlag zeigt Wirkung.
125 Prozent plus	----►	Wie kommen die gerade darauf?

Es bedarf einer anderen Sprache, um harte Ziele und weiche Ressourcen zu vereinbaren. Jede Führungskraft muss einen ziemlichen Spagat leisten, um die beiden Welten miteinander zu verbinden. Wenn man so will, ist die Führungskraft gleichzeitig ein Simultandolmetscher. Situationen wie die folgende kennen Sie sicher: Stellen Sie sich vor, Sie vermitteln einem Ihrer Mitarbeiter sein neues Leistungsziel, beispielsweise die Umsätze mit Bestandskunden binnen Jahresfrist um mindestens 10 Prozent zu steigern. Eine klare Ansage, doch Ihr Mitarbeiter mag das ganz anders sehen. Wir haben einmal drei mögliche Szenarien ausgewählt.

Sicher ist das ein Extrembeispiel. Dennoch kennen wir aus der Praxis viele Beispiele, in denen genau solche Missverständnisse eine große Rolle dabei spielen, wenn Ziele nicht erreicht werden. Es ist also notwendig, dass Führungskräfte die Sprache der Ziele und Ergebnisse um eine etwas

»weichere« Sprache ergänzen, welche die persönlichen Belange der Mitarbeiter und natürlich auch die eigenen hinreichend mit einbezieht.

Abbildung 5: **Mehrere Bedeutungen einer Nachricht**

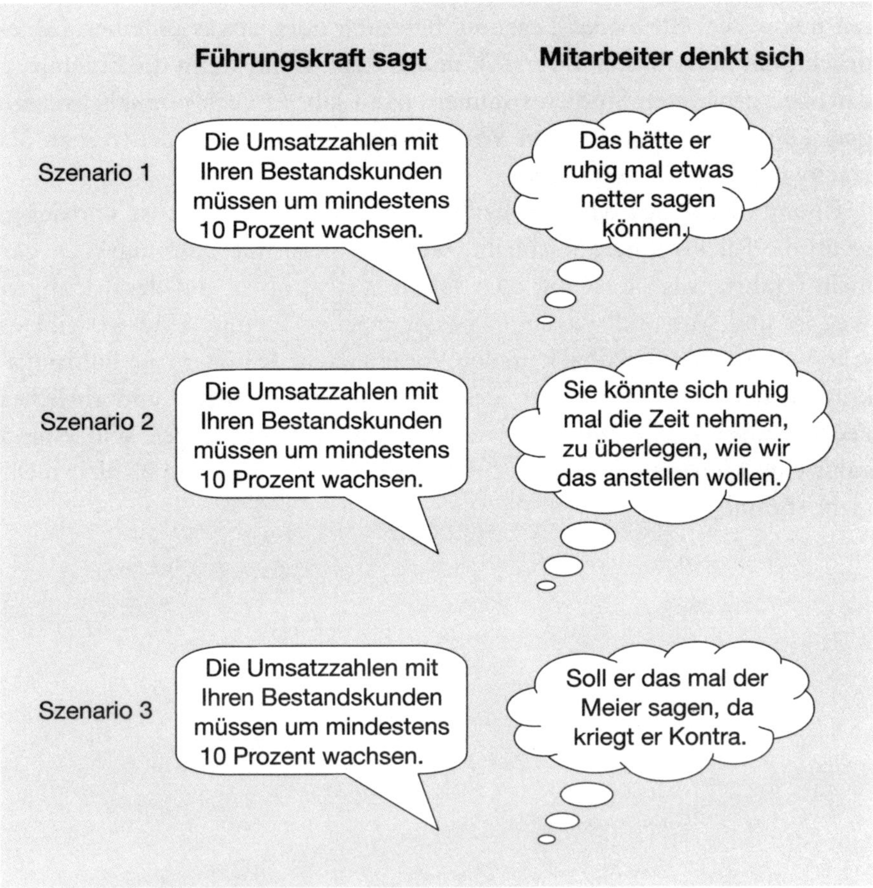

Fehlendes Instrumentarium

Will man als Arzt praktizieren, braucht man dafür eine intensive Ausbildung und muss mehrere Staatsexamen erfolgreich bestehen. Selbst fürs Autofahren braucht man einen Führerschein. Für Personalführung und -entwicklung gibt es allerdings keine (formale) Ausbildung. So genannte

Führungskräftetrainings werden zum einen nur wenigen zuteil und sie meistern darüber hinaus nur selten den Transfer der Inhalte in den Führungsalltag.

Zur Führungskraft wird man in der Regel aufgrund fachlicher Expertise, guter Leistungen oder Erfahrung ernannt, doch all das hilft beim Führen nur wenig. Bleibt das Learning-by-doing oder, etwas unfeiner ausgedrückt, das Lernen durch Versuch und Irrtum. Denn wenn die Ergebnisse der oben genannten Studien stimmen, dann gibt es auch nur sehr wenige gute Führungskräfte, die zum Vorbild gereichen und von denen man als Nachwuchskraft lernen könnte.

Übung macht den Meister, heißt es so schön. Doch das ist schwierig, wenn die Rückmeldung ausbleibt, wenn die lernende Führungskraft gar nicht erfährt, was sie richtig oder falsch macht, ob sie auf dem richtigen Weg ist und was und wie sie es besser machen könnte. Und wo gibt es schon das ehrliche Feedback an den Vorgesetzten? Je höher eine Führungskraft in der Hierarchie steigt, desto seltener wird offenes und ehrliches Feedback, sei es von Mitarbeitern oder von Kollegen. Gegen Widerstand stößt eine Führungskraft in der Regel erst dann, wenn die Zahlen nicht mehr stimmen.

Kapitel 4

Personalentwicklung ist möglich

Nach diesem eher verhalten optimistischen Blick auf die Praxis der Personalentwicklung und so vielen »guten Gründen«, die es Führungskräften erschweren, Personalentwicklung in ihre Führungsarbeit zu integrieren, wollen wir den Blick gegen Ende des ersten Teils wieder nach vorne richten und uns der Umsetzung von Personalentwicklung nähern. Denn schließlich ist es unser Anliegen, diesen viel beklagten Zustand zu verbessern und vor allem, Sie als Führungskraft dabei zu unterstützen, Personalentwicklung erfolgreich in Ihren Alltag zu integrieren, eben *einfach zu führen*.

Personalentwicklung – wir haben es schon angedeutet – ist weit mehr als das jährliche Mitarbeitergespräch oder die Auswahl eines Trainings aus dem Seminarkatalog. Die Wirkungszusammenhänge zwischen sehr guter Leistung, dem Ziel von Personalentwicklung, und den Maßnahmen, um diese zu erreichen, sind weitaus komplexer, als sich das beispielsweise mit einem Training oder anspruchsvoll gesetzten Zielen alleine erreichen ließe. Einzelmaßnahmen mögen partiell ihren Zweck erfüllen, doch Personalentwicklung ist immer das Zusammenspiel vielfältiger Faktoren, die im Spannungsfeld von Mitarbeiter, Position und Führungskraft angesiedelt sind (siehe Abbildung 6). Diese drei »Akteure« und deren Interaktion gilt es im Blick zu behalten, wenn wir im nächsten Teil die Triple-A-Methode vorstellen. Immer mit dem Ziel, die Leistungserbringung zu fördern und den Teamerfolg zu gewährleisten.

Das hört sich im ersten Moment vielleicht nach einer gewaltigen Aufgabe an – ist es aber nicht. Der Rahmen, auf den sich Personalentwicklung mit der Triple-A-Methode bezieht, erweitert sich zwar, doch der Schwierigkeitsgrad der damit verbundenen Aktivitäten nimmt nicht zu. Eher im Gegenteil, denn wenn Sie an den richtigen Hebeln ansetzen, werden Sie schneller und einfacher die gewünschten Erfolge erzielen.

Abbildung 6: **Personalentwicklung im Spannungsfeld von Mitarbeiter, Position und Führungskraft**

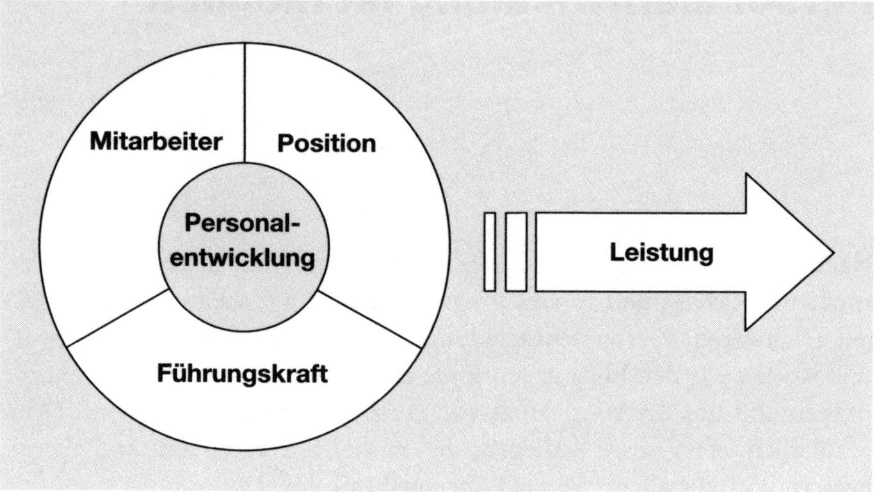

Lassen sich Mitarbeiter motivieren?

In dem Begriff Personalentwicklung schwingt, quasi als notwendige Voraussetzung für deren Gelingen, immer auch der Gedanke mit, man könne Mitarbeiter dazu veranlassen, gute Leistung zu erbringen. Die Motivationsfrage gehört zu den Evergreens der Führungslehre: Wie können Sie es als Führungskraft erreichen, dass Ihre Mitarbeiter engagiert und motiviert arbeiten? Und gleich mitzufragen ist natürlich: Kann man Mitarbeiter überhaupt motivieren? Denn spätestens seit Reinhard Sprenger ist *Motivation* nicht mehr als ein Mythos: Mitarbeiter sind eigentlich gar nicht motivierbar.

Wir sind davon überzeugt, dass Motivation machbar ist. Sei es im Sprengerschen Sinn durch das Vermeiden von Demotivation oder aber durch das aktive und gezielte Herbeiführen von günstigen Rahmenbedingungen – was letztlich nur zwei Seiten derselben Medaille sind. Um uns dem Thema Motivation weiter anzunähern, möchten wir Sie jetzt gerne zu einer kurzen, provokativen Reflexion einladen und das Pferd sozusagen von hinten aufzäumen.

Was müssten Sie tun, damit die Leistung Ihrer Mitarbeiter »in den Keller geht«, sich die Stimmung in Ihrem Team merklich verschlechtert und möglichst viele Mitarbeiter Ihr Team verlassen wollen?
Nehmen Sie sich einige Minuten Zeit, um über diese Frage nachzudenken. Vielleicht wollen Sie sich auch ein paar Stichpunkte dazu machen. Hilfreich kann es sein, wenn Sie sich Situationen in Erinnerung rufen, in denen Ihre Mitarbeiter in der Tat (leicht) verärgert waren, Ihnen unverständlich reagiert haben und/oder sich die Stimmung nach einem bestimmten Ereignis merklich verschlechtert hat. Oder denken Sie einfach an Ihren eigenen Chef und daran, was Sie an seinem Verhalten Ihnen gegenüber stört.

Zum Vergleich einige Antworten aus unserer Praxis. Finden sich Ihre Antworten hier wieder?

- Die Mitarbeiter über größere Zusammenhänge im Unklaren lassen.
- Mitarbeiter nur unzureichend in Entscheidungen einbinden.
- Durch ständige Kontrollen ein Klima des Misstrauens schaffen.
- Mitarbeiter gegeneinander ausspielen und so ein Klima der Konkurrenz schaffen.
- Ziele häufig und willkürlich ändern.
- Schlecht erreichbar sein und einen gehetzten Eindruck machen.
- Manche Mitarbeiter bevorzugt behandeln.
- Den Mitarbeitern kaum Feedback zu ihren Leistungen geben.
- Kein Interesse an der Person des Mitarbeiters über das Arbeitsverhältnis hinaus zeigen.
- Nicht darauf achten, dass sich die Mitarbeiter durch ihre Aufgaben weiterentwickeln.
- Die Mitarbeiter »an der kurzen Leine« halten, damit sie den Chef nicht übertrumpfen.
- Die Mitarbeiter nicht unterstützen, wenn sie Hilfe brauchen.
- Die Mitarbeiter öffentlich kritisieren.
- Relevante Informationen nicht oder nur unzureichend und verspätet weiterleiten.
- Die Mitarbeiter nicht entsprechend ihrer Fähigkeiten einsetzen.
- Kaum Anerkennung für gute Arbeitsergebnisse zollen.
- Den Mitarbeitern die notwendige Ausstattung nicht zur Verfügung stellen.

Wenn Sie die genannten Demotivatoren und diejenigen, die Ihnen selbst eingefallen sind, nun ins Positive kehren, haben Sie schon einige gute Anhaltspunkte dafür, worauf Personalentwicklung im Detail abzielt.

Sie werden feststellen, dass Personalentwicklung kein unüberwindbarer, großer Berg ist. Es muss nicht immer, eigentlich in den allerwenigsten Fällen, ein aufwändiges Zielsetzungs-, Feedback- oder Kritikgespräch sein. Mitarbeiterentwicklung kommt eher leise und unauffällig daher, in Form von vielen kleinen Aktionen, die sich über den Tag verteilen. Es ist genau diese Kleinschrittigkeit, die Personalentwicklung so einfach in der Anwendung macht. Sie müssen zwar etwas dafür tun, aber eben keine unüberwindbaren Schritte, sondern nur viele kleine. Diese sind leichter zu gehen als solche, für die man Siebenmeilenstiefel braucht.

Praktizieren Sie einen fördernden Führungsstil?

Bevor wir Ihnen im nächsten Teil mit der Triple-A-Methode eine konkrete Vorgehensweise vorstellen, wie Sie das Konzept der fördernden Führungskraft in Ihren Führungsalltag integrieren können, bieten wir Ihnen hier noch die Gelegenheit, eine Standortbestimmung in eigener Sache durchzuführen und festzustellen, inwiefern Sie schon einen fördernden Führungsstil praktizieren.

Lesen Sie bitte die einzelnen Aussagen durch und beantworten Sie sie anhand des folgenden Schemas. Sie können für jede Aussage bis zu 4 Punkten vergeben, umso mehr, je mehr Sie der Aussage zustimmen.

Ihre Antwort	Punkte
Trifft nicht/nie zu	0
Trifft kaum/selten zu	1
Trifft etwas/manchmal zu	2
Trifft gut/oft zu	3
Trifft voll und ganz/immer zu	4

Schreiben Sie die Punkte jeweils neben die Aussage in die rechte Spalte des Fragebogens. Vergeben Sie die Punkte spontan und ohne lange zu überlegen. Und bedenken Sie, niemand außer Ihnen wird Ihre Antworten sehen. Je ehrlicher Sie hierbei sind, umso mehr profitieren Sie von dieser Selbsteinschätzung.

Hinweise zur Auswertung und zu Ihrem Ergebnis finden Sie im Anschluss an den Fragebogen.

Unser Tipp: Kopieren Sie den Fragebogen vor dem Ausfüllen. Dann können Sie ihn in Abständen immer wieder bearbeiten.

	Aussage	Punkte
1.	Aus Gesprächen mit meinen Mitarbeitern gehe ich mit neuen Ideen heraus.	
2.	Ich kann die Stärken meiner Mitarbeiter differenziert benennen.	
3.	Meine Mitarbeiter würden von mir sagen, ich sei leicht erreichbar.	
4.	Bevor ich einem Mitarbeiter etwas lange erklären muss, mache ich es lieber selbst.	
5.	Wenn ich einen Konflikt in meinem Team bemerke, vertraue ich darauf, dass er sich ohne mein Zutun klärt.	
6.	Ich gebe gerne und offen zu, dass meine Mitarbeiter in fachlichen Fragen besser sind als ich.	
7.	Meine Mitarbeiter würden von mir sagen, ich sei ein guter Beobachter.	
8.	Ich hole mir regelmäßig Feedback darüber ein, wie ich auf andere wirke.	
9.	Ohne mich könnte der Laden dicht machen.	

	Aussage	Punkte
10.	Ich lasse meine Mitarbeiter spüren, wen ich mag und wen nicht.	
11.	Ich weiß, welcher meiner Mitarbeiter ein Händchen für detaillierte Analysen hat und welcher nicht.	
12.	Meine Mitarbeiter würden von mir sagen, ich sei ein guter Zuhörer.	
13.	Ich verbringe einen großen Teil meiner Arbeitszeit in Gesprächen mit meinen Mitarbeitern.	
14.	Im Umgang mit meinen Mitarbeitern fällt es mir schwer, mich jeweils individuell auf sie einzustellen.	
15.	Es kommt vor, dass ich mit einzelnen Mitarbeitern zwei bis drei Tage kein Gespräch führe.	
16.	In meinem Team feiern wir Erfolge.	
17.	Auch außerhalb der offiziellen Mitarbeitergespräche erhalten meine Mitarbeiter regelmäßig Rückmeldung von mir.	
18.	Im Feedbackgespräch frage ich meinen Mitarbeiter nach seiner Einschätzung der Dinge.	
19.	Es fällt mir schwer, den richtigen Ton zu treffen, wenn ich einen Mitarbeiter auf einen Fehler hinweise.	
20.	Leider bleibt meine Kritik hin und wieder ohne Wirkung.	
21.	Die Fehler meiner Mitarbeiter nehme ich außerhalb des Teams auf meine Kappe.	
22.	Hat sich einer meiner Mitarbeiter eine besondere Auszeichnung verdient, weiß ich, womit ich ihm eine besondere Freude machen kann.	

	Aussage	Punkte
23.	Meine Mitarbeiter würden sagen, ich sei ein fairer Kritiker.	
24.	Wenn ich ehrlich bin, bekommen meine Mitarbeiter von mir deutlich mehr negatives Feedback als positives.	
25.	Ich werde spürbar ärgerlich, wenn ich einen Fehler entdecke.	
26.	Es gelingt mir in Feedbackgesprächen sehr gut, die Sichtweise meines Mitarbeiters nachzuvollziehen.	
27.	Werden meine Mitarbeiter von Personen, die nicht zu meinem Team gehören, gelobt, reiche ich diese Anerkennung weiter.	
28.	In Feedbackgesprächen liegt der größte Redeanteil bei meinem Mitarbeiter.	
29.	Kritik vor den Augen anderer kann sehr heilsam sein.	
30.	Meinen Ärger über schlechte Leistung trage ich lange mit mir herum, ohne die betreffenden Mitarbeiter direkt anzusprechen.	
31.	Ich bekomme von Personen außerhalb meines Teams das Feedback, in meinem Bereich herrsche eine positive Stimmung.	
32.	Auch bei Fehlern gehe ich mit gutem Beispiel voran und gebe meine eigenen offen zu.	
33.	In meinem Team weiß jeder Mitarbeiter, worauf wir hinarbeiten.	
34.	Ich schaue meinen Mitarbeitern regelmäßig »über die Schulter«, um die Qualität der Ergebnisse sicherzustellen.	
35.	Mir bleibt nicht die Zeit, meine Mitarbeiter kontinuierlich und umfassend über das Geschehen im Unternehmen zu informieren.	

	Aussage	Punkte
36.	Meine Mitarbeiter kennen nicht nur das Ziel, sie wissen auch, wie es zu erreichen ist.	
37.	Bei der Delegation von Aufgaben berücksichtige ich die individuellen Stärken und Persönlichkeiten meiner Mitarbeiter.	
38.	Ich überprüfe kontinuierlich, ob mein alltägliches Verhalten meiner Vorbildfunktion als Führungskraft gerecht wird.	
39.	Mein enger Zeitplan führt dazu, dass ich mich bei Besprechungen mit meinen Mitarbeitern verspäte.	
40.	Meine Mitarbeiter wissen, dass ich es nicht so meine, wenn ich drauflos poltere.	
41.	Ich sorge dafür, dass sich meine Mitarbeiter durch anspruchsvolle Aufgaben fachlich und persönlich entwickeln können.	
42.	Wir überlegen im Team gemeinsam, wie wir Fehler das nächste Mal vermeiden können.	
43.	Wenn ich merke, dass ein Mitarbeiter Schwierigkeiten mit seiner Arbeit hat, biete ich ihm Unterstützung an.	
44.	Wenn ich einige Zeit nicht im Büro bin, mache ich mir Gedanken, ob meine Mitarbeiter ihren Aufgaben gewachsen sind.	
45.	Zeitdruck und andere Umstände zwingen mich, ungenügende Arbeitsergebnisse durchgehen zu lassen.	

Auswertung

Um Ihr persönliches Ergebnis zu ermitteln, addieren Sie die Werte in der rechten Spalte, wobei Sie die graue Unterlegung der Zeilen wie folgt berücksichtigen: Addieren Sie zunächst nur die Punkte in den hellen Zeilen und notieren Sie die Summe in der folgenden Tabelle. Anschließend zählen Sie die Punkte in den dunklen Zeilen zusammen und übertragen den Wert ebenfalls in die Tabelle. Dort können Sie Ihr Gesamtergebnis errechnen, indem Sie vom Grundwert (90) ausgehend die Punktzahl aus den hellen Zeilen addieren und die Punktzahl aus den dunklen Zeilen subtrahieren.

Zeilen		Ihre Punkte
Grundwert		90
Helle Zeilen	+	
Dunkle Zeilen	-	
Gesamt	=	

Die folgende Aufstellung liefert Ihnen einen Ansatz zur Interpretation Ihres Ergebnisses. Wählen Sie in der linken Spalte den Punktebereich, der Ihr Gesamtergebnis enthält. In der dazugehörigen rechten Spalte finden Sie Informationen, in welchem Umfang Sie schon einen fördernden und unterstützenden Führungsstil nach der Triple-A-Methode praktizieren. Hinweise wie Sie Ihr Ergebnis detailliert im Hinblick auf die drei Bereiche der Triple-A-Methode – Aufmerksamkeit, Anerkennung und Anregung – auswerten können, finden Sie in den jeweiligen Kapiteln in Teil II.

Punkte	**Bedeutung**
< 85	Sie sind an einem guten Führungsstil interessiert, in der Praxis stoßen Sie allerdings häufiger auf Probleme bei der Umsetzung. Nutzen Sie das Buch ganz gezielt, um sich dafür Unterstützung zu holen. Vielleicht ist es hilfreich, wenn Sie sich zu einzelnen Fragen auch einen Gesprächspartner suchen, der Ihre Entwicklung begleitet.

86 – 135	Es ist noch einiges zu tun, aber die Basis stimmt. Die Lektüre dieses Buches empfiehlt sich, um Ihren Führungsstil zu festigen und um an einigen Punkten aktiv zu arbeiten. Das eine oder andere Kapitel werden Sie wahrscheinlich eher oberflächlich lesen, weil Ihnen die Inhalte vertraut erscheinen. Bei anderen Kapiteln sollten Sie sich allerdings länger aufhalten und diese aktiv durcharbeiten.
136 – 175	Ein sehr ordentliches Ergebnis. Nutzen Sie das Buch vor allem punktuell, um an einzelnen Themenstellungen zu arbeiten. Aber wahrscheinlich werden Sie es dennoch in Gänze lesen, weil Sie sich stark für das Thema Führung interessieren und es Ihnen ein Anliegen ist, Ihren Führungsstil beständig zu verbessern.
> 175	Wenn Sie alle Fragen ehrlich beantwortet haben, steht mit Ihrem Führungsstil alles zum Besten. Vielleicht wollen Sie sich von Kollegen, Mitarbeitern oder Vorgesetzten einmal Feedback zu Ihrem Führungsstil einholen, um Ihre eigene Einschätzung mit der anderer Personen abzugleichen.

Teil II

Personalentwicklung mit der Triple-A-Methode

Mit der Triple-A-Methode geben wir Ihnen eine strukturierte und pragmatische Toolbox mit auf den Weg. Die drei »A« Aufmerksamkeit, Anerkennung und Anregung liefern Ihnen Ansatzpunkte für Ihren Führungsalltag, mit deren Hilfe Sie ganz leicht als Entwickler und Förderer Ihrer Mitarbeiter aktiv werden können. Mittels einer Vielzahl von Beispielen und kleinen Übungen zeigen wir Ihnen in diesem Teil, dass es sich dabei um wenig aufwändige und alltagstaugliche Aktionen handelt.
Einfach führen: So geht's!

Kapitel 5

Die Triple-A-Methode in der Praxis

Triple-A steht für die drei Komponenten der Methode: Aufmerksamkeit, Anerkennung und Anregung. Da diese Begriffe Bestandteil unserer Alltagssprache sind und eine recht breite Bedeutung haben, wollen wir Missverständnissen vorbeugen und kurz umreißen, was sie für die Triple-A-Methode beinhalten.

Abbildung 7: **Die Komponenten der Triple-A-Methode**

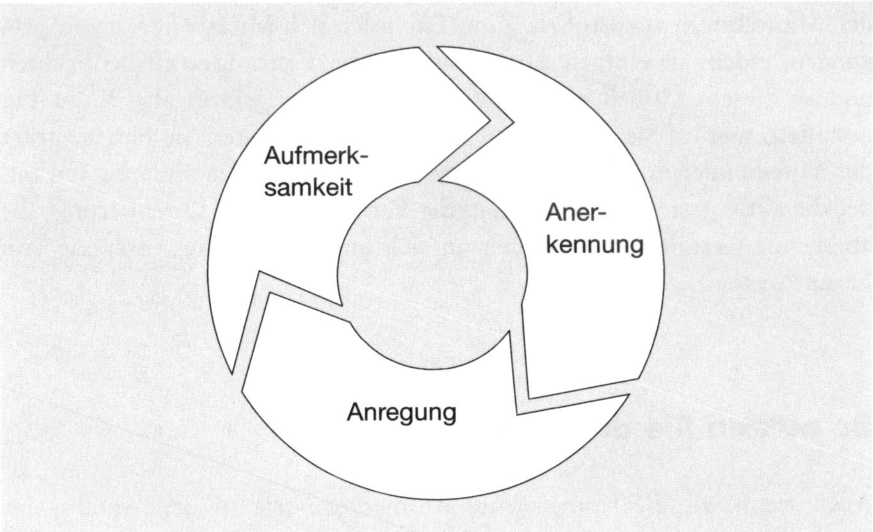

Aufmerksamkeit ist die Basis erfolgreicher Mitarbeiterentwicklung. Denn um Mitarbeiter fördern zu können, ist eine gute Kenntnis ihrer Fähigkeiten, Stärken und Talente notwendig. Darüber hinaus bezieht sich Aufmerksamkeit auch auf Ihre Person als Führungskraft, weil Personalentwicklung mehr ist als die Anwendung einer bestimmten Technik und eine offene Interaktion zwischen Ihnen und Ihren Mitarbeitern erfordert.

Bei *Anerkennung* geht es zunächst um die vordergründige Bedeutung des Begriffs im Sinne von positivem Feedback, sodass der Mitarbeiter in seinem Verhalten bestärkt wird. Doch auch die andere Seite der Medaille gehört dazu: Verhalten so zu kritisieren, dass der Mitarbeiter das Gespräch nicht um »einen Kopf kürzer« verlässt, sondern es beim nächsten Mal besser machen kann und will. Über positives und negatives Feedback hinaus ist es zudem wichtig, den Begriff Anerkennung noch weiter zu fassen: Was Sie als Führungskraft und genauso jeder Ihrer Mitarbeiter *aufmerksam* beobachten, ist zunächst sehr subjektiv. Um die gesammelten Informationen bewerten und vor allem, um sie in konsequente Handlungen münden zu lassen, ist es erforderlich, diese Beobachtungen gegenseitig *anzuerkennen*. Folglich stehen das Gespräch und das gemeinsame Erörtern von Situationen im Mittelpunkt von Anerkennung.

Unter *Anregung* verstehen wir jenes Verhalten der Führungskraft, das dazu beiträgt, eine zielgerichtete Entwicklung im Team und bei den einzelnen Mitarbeitern anzustoßen. Zum Teil holen sich Mitarbeiter diese Anregungen, indem sie einfach das Verhalten ihrer Führungskraft beobachten und an diesem Modell lernen. Wie Sie als Führungskraft also Ihren Tag gestalten, worauf Sie achten und welche Gewohnheiten Sie haben, prägt das Miteinander in Ihrem Team ganz entscheidend. Den anderen Teil bildet die aktiv gesteuerte Anregung: die Vermittlung von Orientierung, die anregende Gestaltung der Arbeit an sich und die gezielte Anregung von Lernprozessen.

So nutzen Sie die Triple-A-Methode

Auch wenn wir die Komponente Aufmerksamkeit an den Anfang der Triple-A-Methode gestellt haben, handelt es sich um ein Kreislaufmodell ohne festen Anfangspunkt und selbstverständlich ohne Endpunkt. Die drei Komponenten greifen immer wieder ineinander. So werden Sie in einem Fall zum Beispiel zuerst Entwicklungsziele mit Ihren Mitarbeitern vereinbaren (Anregung), den Lernerfolg beobachten (Aufmerksamkeit) und dann ein entsprechendes Feedback geben (Anerkennung), das vielleicht in weitere Entwicklungsmaßnahmen (Anregung) mündet. In einem anderen Fall bemerken Sie vielleicht einen Konflikt in Ihrem Team (Aufmerksamkeit), sprechen diesen mit den betreffenden Kollegen an (Anerkennung) und suchen gemeinsam nach Lösungsmöglichkeiten (Anregung).

Deshalb stellt sich die Frage, an welcher Stelle der Methode Sie mit der Lektüre beginnen sollten. Eine Möglichkeit ist, die einzelnen Komponenten einfach der Reihe nach durchzuarbeiten, so wie sie hier aufgeführt sind. Sie können sich aber natürlich auch derjenigen Komponente zuerst widmen, die Sie am meisten interessiert oder bei der Sie vermuten, dass Sie am meisten davon profitieren werden.

Das Gesetz des Minimums

Die drei Komponenten der Triple-A-Methode stehen gleichberechtigt nebeneinander und jeder Teil ist von gleich großer Bedeutung. Ist eines der drei »A« bei Ihnen weniger ausgeprägt als die anderen, ist es sinnvoll, wenn Sie mit diesem Teil starten. Denn nach dem Gesetz des Minimums, das Sie vielleicht noch aus dem Biologieunterricht kennen, wird das Wachstum einer Pflanze von jenen Nährstoffen begrenzt, die am wenigsten vorhanden sind.

Dasselbe gilt auch für die Triple-A-Methode: Wenn Sie beispielsweise sehr stark im Bereich Anregung sind, aber darüber den Bereich Anerkennung vernachlässigen, wird letzterer immer die Förderung Ihrer Mitarbeiter ausbremsen. Wenn also die Richtung und Ihre Erwartungen klar sind, Ihre Mitarbeiter aber selten ein Feedback zu ihrer Arbeit erhalten, werden sie in ihrer Leistung nachlassen. Gute Personalentwicklung erfordert demzufolge, dass Sie Ihre Stärken und Schwächen hinsichtlich der drei »A« kennen und bereit sind, sie kontinuierlich zu entwickeln. Genau hierbei steht Ihnen die Triple-A-Methode zur Seite.

Um Ihre persönliche Ausprägung der drei Bereiche festzustellen, nehmen Sie noch einmal die Standortbestimmung am Ende von Teil I zur Hand. Die 45 Aussagen des Tests setzen sich aus drei Blöcken zusammen: Der erste Teil (Aussagen 1 bis 15) bezieht sich auf die Aufmerksamkeit, der mittlere Teil (Aussagen 16 bis 30) behandelt die Anerkennung und der letzte Teil (Aussagen 31 bis 45) die Anregung. Um Ihr Detailergebnis zu ermitteln, nutzen Sie bitte die Hinweise zur Auswertung in Teil I und die folgende Tabelle.

Spalte		Aufmerksamkeit	Anerkennung	Anregung
Grundwert		30	30	30
helle Zeilen	+			
dunkle Zeilen	-			
Gesamt	=			

Die maximale Punktzahl beträgt jeweils 66. Wir empfehlen Ihnen bei der Lektüre auf diejenige Komponente das größte Augenmerk zu legen, bei der Sie die geringste Punktzahl erreicht haben.

Machen Sie mit

Im Laufe dieses zweiten Teils werden Sie eine ganze Reihe von kurzen Arbeitsfragen und kleinen Aufgaben finden. Da wir Ihnen mit der Triple-A-Methode kein theoretisches Modell vorstellen, sondern Ihnen konkrete Hinweise für Ihren Führungsalltag liefern, empfehlen wir Ihnen, diese kleinen Aufgaben auch tatsächlich zu bearbeiten. Sie sind kurz und überschaubar und zugleich die ersten Schritte zur Optimierung Ihrer Personalentwicklung.

Vielleicht besorgen Sie sich eine Kladde, die Sie nutzen, um sich zu den einzelnen Fragen ein paar Stichpunkte zu machen. Denn wir sind sicher, dass Sie beim Nachdenken über die Fragen eine Menge guter Ideen bekommen werden, wie sich die Triple-A-Methode für Sie im Alltag nutzen lässt.

Beim Durcharbeiten der einzelnen Fragestellungen werden Sie ein gutes Gespür dafür bekommen, wie Sie die Triple-A-Methode in Ihre Führungspraxis einbinden wollen. Nehmen Sie sich deshalb genügend Zeit für die Aufgaben. Denn auch wenn wir Ihnen hier eine »Methode« zur Verfügung stellen, ist sie kein Rezeptbuch, das Sie nur 1:1 in Ihrem Führungsalltag umzusetzen bräuchten. Sie werden selbst entscheiden müssen, was davon genau Sie in welchem Umfang übernehmen. Dieser Praxistransfer wird Ihnen leichter fallen, wenn Sie die Arbeitselemente, die wir Ihnen anbieten, selbst ausprobieren.

Hierbei unterstützen wir Sie zusätzlich durch unseren E-Mail-Coach, den Sie mit dem Zugangscode auf Seite 213 gratis beziehen können. Über einen Zeitraum von drei Monaten erhalten Sie 30 E-Mails mit praktischen Aufgaben und Tipps rund um die Triple-A-Methode. Das sind in der Regel Fragen und Übungen, die sich am Schreibtisch und ohne großen Aufwand erledigen lassen. Auf diese Weise erinnern wir Sie auch immer wieder an die Umsetzung der Inhalte, denn bei vielen Elementen der Triple-A-Methode geht es einfach nur darum, sie zur guten Gewohnheit werden zu lassen.

Steter Tropfen ...

Die Triple-A-Methode anzuwenden bedeutet in der Praxis, viele kleine und recht einfache, unspektakuläre Schritte zu machen: ein aufmunterndes Wort zum Mitarbeiter, ein kurzer Entwicklungshinweis oder auch ein privater Plausch über die Kinder. Die (vielen) kleinen Dinge haben, um mit Albert Schweitzer zu sprechen, eine bei weitem größere Wirkung als die (wenigen) großen. Um noch einmal das Mitarbeiterjahresgespräch, das wir schon im ersten Teil thematisiert haben, zu bemühen: Ob Sie das nun, für sich genommen, durchführen oder nicht, hat wenig Einfluss auf den allergrößten Teil Ihrer Arbeit und ebenso wenig auf die Arbeit Ihrer Mitarbeiter (wenn man einmal von den Kopfschmerzen absieht, die es den meisten Beteiligten bereitet). Schließlich findet es mit jedem Mitarbeiter nur einmal im Jahr für vielleicht eine Stunde statt. Das macht beispielsweise bei zehn Mitarbeitern einen Anteil an Ihrer Arbeitszeit von etwa einem halben Prozent aus. Im Gegensatz dazu macht es einen großen Unterschied, wenn Sie jedem dieser Mitarbeiter täglich nur etwa 15 Minuten Ihrer Zeit widmen. Damit kommen Sie schnell auf einen Anteil von etwa 25 Prozent Ihrer Arbeitszeit. Und das sollte nicht die Obergrenze darstellen. Somit wird die Triple-A-Methode, konsequent angewandt, Ihren Führungsalltag stark verändern.

Monitoring der Ergebnisse

Eine wesentliche Aufgabe und Fähigkeit von Führungskräften ist es, die Ergebnisse auf dem Weg zur Zielerreichung zu überprüfen. Nutzen Sie diese Expertise, um auch Ihren Fortschritt und Erfolg bei der Umsetzung der Triple-A-Methode zu überprüfen. Vier Vorschläge:

1. Nutzen Sie den Test in Kapitel 1 und wiederholen Sie ihn in Abständen von sechs bis acht Wochen. Vergleichen Sie Ihre Ergebnisse mit den vorangegangenen Runden und stellen Sie fest, wo Sie sich verbessert haben.
2. Sprechen Sie mit Ihren Mitarbeitern über die Inhalte und Ergebnisse des Fragebogens oder lassen Sie Ihre Mitarbeiter den Test sogar für Sie ausfüllen. Wenn Sie diesen Dialog kontinuierlich pflegen, bekommen Sie ein gutes Gespür für Ihre eigene Entwicklung.
3. Um auch im Alltag einen kleinen Ansporn zu haben, die Triple-A-Methode umzusetzen, suchen Sie sich an jedem Tag drei Aktivitäten aus diesem oder dem nächsten Teil heraus, die Sie anwenden wollen. Für jede durchgeführte Aktivität, vermerken Sie für diesen Tag in Ihrem Terminplaner ein »A«. Wählen Sie dafür einen festen Platz aus, beispielsweise in der oberen rechten Ecke oder unter den To-Do's. Am Ende eines jeden Tages sollte also »AAA« in Ihrem Kalender stehen.
4. Überlegen Sie, welche Output-Variablen eine Leistungssteigerung in Ihrem Bereich anzeigen, beispielsweise Ihr Zielerreichungsgrad oder Kundenzufriedenheit, und beobachten Sie diese.

Und jetzt wünschen wir Ihnen viel Spaß und Erfolg mit der Triple-A-Methode!

Kapitel 6

Aufmerksamkeit

Aufmerksamkeit kann wohl zu Recht als eines der knappsten Güter des 21. Jahrhunderts bezeichnet werden. Eine immer wachsende Flut von Informationen erreicht uns immer schneller aus allen Winkeln der Welt und konkurriert um unsere Aufmerksamkeit. Wer könnte kein Lied singen von überquellenden E-Mail-Fächern, dauerklingelnden Telefonen und ständigen Meetings. Da erscheint es sehr ökonomisch, »auf Autopilot zu schalten« und mit bestimmten Erwartungen, vorgefassten Einstellungen und Meinungen durch den Tag zu gehen: Man weiß eigentlich schon, was die Kollegen im Meeting gleich wieder sagen, ahnt wie der schwierige Mitarbeiter gleich reagiert, legt vorsorglich schon einmal die Argumente für das anstehende Kritikgespräch zurecht und hakt in Gedanken schon einmal den Kundentermin am Nachmittag ab, da der Auftrag so gut wie in der Tasche ist. Wir sind auf äußerste Effizienz ausgerichtet, doch gerade im Umgang mit Mitarbeitern (und auch mit sich selbst) geht dabei vieles verloren.

Die Mitarbeiter werden schnell in eine Schublade gesteckt, die ihnen vielleicht nicht unbedingt gerecht wird, aus der sie aber nur schwer wieder herauskommen. Man hat sich ja im Einstellungsinterview kennen gelernt und jetzt soll der Mitarbeiter schließlich Leistung bringen. Da beherrscht ein Mitarbeiter beispielsweise die Rechnungslegung nach IAS oder kann gut übersetzen, und im Handumdrehen ist der Stempel aufgedrückt. Selten wird im Alltag über Fähigkeiten, Stärken und Talente eines Mitarbeiters gesprochen.

So haben wir zum Beispiel einmal bei einem Team eine Potenzialanalyse durchgeführt. Die Reaktion des Managers auf die Informationen über einen Kandidaten, der bereits seit sechs Monaten in seinem Team war, ist uns noch sehr präsent: »Ich wusste gar nicht, was der alles schon gemacht hat.« Es kamen, nach sechs Monaten der Zusammenarbeit, ganz neue Facetten des Mitarbeiters an den Tag – ein Indikator dafür, dass der Manager seine Aufmerksamkeit diesem Mitarbeiter kaum gewidmet hatte. Als Folge konnte er dessen Potenzial nicht voll nutzen, und eine Entwicklung aufseiten des Mitarbeiters hat sicher nicht stattgefunden.

Das Umschalten auf den Autopiloten hat einen weiteren, schwerwiegenden Nachteil: Die Kommunikation mit Ihren Mitarbeitern kommt zu kurz. Die Abstände, in denen man miteinander spricht, werden größer und die Zeiteinheiten dafür kürzer, denn man versteht sich ja schließlich auch so. Folglich werden viele Informationen nicht mehr zeitnah vermittelt und wenig aufeinander abgestimmt. Jeder der Beteiligten macht sich so sein eigenes Bild, der Zusammenhalt im Team schwindet und es besteht die Gefahr, dass die Marschrichtung nicht mehr dieselbe ist.

Mit dem Baustein Aufmerksamkeit unterstützen wir Sie deshalb dabei, Ihre Mitarbeiter, Ihr eigenes Verhalten und die Interaktion im Team aufmerksam im Blick zu behalten. Die Abkehr vom Autopiloten erfordert einige Übung, da er im Alltag Erleichterung schafft und die Macht der Gewohnheit auf seiner Seite ist. Sie finden daher auch in diesem Kapitel eine Reihe von Fragen und Übungen, sodass Sie die Inhalte gleich anwenden und verinnerlichen können.

Lernen Sie Ihre Mitarbeiter besser kennen

Mitarbeiter gehören zum Kapital eines Unternehmens, sind dessen größter Aktivposten. Die Eigenschaften Ihrer Mitarbeiter zu kennen, ist deshalb Pflicht. Deshalb stellen wir Ihnen in diesem Kapitel verschiedene Möglichkeiten vor, wie Sie Ihre Mitarbeiter besser kennen lernen. Als Vorbereitung auf diese Themen, beantworten Sie bitte die folgende Frage für jeden Ihrer Mitarbeiter, am besten schriftlich.

> Was sind die hervorstechenden Qualitäten Ihres Mitarbeiters, wofür hat er ein »besonderes Händchen« und was macht ihn als Person aus? Beschreiben Sie jeden Ihrer Mitarbeiter so genau und pointiert wie möglich. Gehen Sie dazu gedanklich verschiedene Situationen durch, in denen Ihnen besondere Fähigkeiten oder Wesenszüge aufgefallen sind. Halten Sie Ihre fertige Aufstellung griffbereit, am Ende dieses Kapitels kommen wir noch einmal darauf zurück.

Die Grundlagen: Beobachten, Erklären und Bewerten

Der erste Schritt, um Ihre Mitarbeiter, deren Fähigkeiten und Stärken gut einschätzen zu können, ist, den Autopiloten auszuschalten und Ihre Mitarbeiter im Alltag genau zu beobachten. Mit der folgenden Übung können Sie sich in der Kunst der aufmerksamen Beobachtung schulen.

> Wählen Sie an einem Tag beispielhaft einen Mitarbeiter aus, den sie beobachten wollen. Wann immer Sie diesen Mitarbeiter nun im Laufe des Tages sehen, versuchen Sie sein *Verhalten* wie durch eine Videokamera zu beschreiben. Es gibt nur Bild und Ton, keine Wertung. Das ist schwieriger, als man meint. Die Krawatte ist nicht mehr hässlich, sondern hat lila Blumen auf gelbem Grund, der Mitarbeiter ist kein »Polterer«, sondern spricht laut und gestikuliert heftig mit der Hand, er ist keine »Schwatzbase«, sondern unterhält sich mit den Kollegen lebhaft und lachend in der Teeküche.

Die aufmerksame Beobachtung ist zwar eine notwendige, jedoch noch nicht die hinreichende Bedingung, um die Fähigkeiten und Stärken Ihrer Mitarbeiter akkurat zu erfassen. Das englische Idiom »jumping to conclusions« verdeutlicht sehr prägnant die menschliche Tendenz, von einer Beobachtung unreflektiert zu einer Schlussfolgerung zu springen. Ohne den Sachverhalt noch genauer zu hinterfragen, wird der Sache ein Stempel aufgedrückt und damit ist sie oft erledigt. Machen Sie sich deshalb eine einfache Regel zu Eigen: Trennen Sie *Beobachtung* und *Bewertung*, indem Sie den Zwischenschritt *Erklärung* ganz bewusst einbauen.

Abbildung 8: **Trennung von Beobachtung, Erklärung und Bewertung**

Ein Beispiel: Ein Mitarbeiter kommt immer wieder einmal zu spät. Schnell ist er in der Schublade »unzuverlässig« gelandet. Wenn Sie sich die Mühe machen, dieses Verhalten zu hinterfragen, werden Sie vielleicht herausfinden, dass er es mit der Pünktlichkeit in der Tat nicht so genau nimmt, vielleicht war aber auch sein Kind krank, er hat einen Umweg zu einem Kollegen gemacht oder schon zu Hause geschäftlich telefoniert.

Erschwerend kommen in solchen Fällen noch Wahrnehmungsfehler hinzu. Besonders häufig führen wir das Verhalten der anderen auf stabile Persönlichkeitsmerkmale zurück (»Der ist eben unpünktlich!«), während wir das eigene Verhalten bevorzugt auf die spezielle Situation beziehen (»Gestern habe ich schließlich den ganzen Abend mit Kunden verbracht.«). Wenn man so will, sind wir alle recht gut darin, für unser eigenes Verhalten plausible Entschuldigungen zu finden, aber mit anderen gerne etwas schärfer ins Gericht zu gehen. Dabei wirkt das Hierarchiegefälle Führungskraft – Mitarbeiter noch verstärkend.

Zudem neigen wir stark dazu, für Hypothesen, die wir einmal gebildet haben, nur noch bestätigende Informationen aufzunehmen. Stellen Sie sich vor, einer Ihrer Mitarbeiter ist zweimal zu spät gekommen. Kommt er ein drittes Mal zu spät, sehen wir unsere Hypothese der Unzuverlässigkeit besiegelt; die 25 Gelegenheiten, zu denen er zwischenzeitlich pünktlich erschien, übersehen wir hingegen leicht.

Machen Sie es sich also zur guten Angewohnheit, Ihre Beobachtung realitätsgetreu und gemeinsam mit Ihrem Mitarbeiter zu erklären oder eben auch zu widerlegen, bevor Sie voreilige Schlüsse ziehen und womöglich noch im »stillen Kämmerlein« daraus Entscheidungen für Ihren Mitarbeiter ableiten. Suchen Sie das Gespräch mit Ihrem Mitarbeiter und fragen Sie offen nach, um für den Sachverhalt die richtige Erklärung zu finden: In unserem Beispiel reicht ein einfaches »Mir ist aufgefallen, dass Sie häufiger nach 9 Uhr ins Büro kommen. Gibt es einen besonderen Grund dafür?« völlig aus.

Kommen wir nach dem »Wie« des Beobachtens nun zu dessen Objekten.

Achten Sie auf die Tagesform Ihrer Mitarbeiter

Wie in dem Beispiel oben beschrieben, hängt unser Verhalten oft von aktuellen Ereignissen oder auch Befindlichkeiten ab. Ausdrücke wie »Das ist heute nicht mein Tag« oder »Da bist du wohl mit dem falschen Fuß aufgestanden« zeugen davon. Deshalb ist die Tagesform eines Mitarbeiters eine wichtige Information, wenn es darum geht, sein Verhalten zu bewerten. Nicht jedes Zu-spät-Kommen lässt sich zu einem Persönlichkeitsmerkmal stilisieren. Das ist ein Grund dafür, warum Sie neben der »Berufsperson« Ihrer Mitarbeiter immer auch die Privatperson im Blick haben und neben den berufsrelevanten Fähigkeiten immer auch das Wohlergehen des Menschen berücksichtigen sollten. Gewöhnen Sie sich an, private Kommentare Ihrer Mitarbeiter aufzugreifen, sich beiläufig nach dem Urlaub, den Kindern, dem Italienischkurs oder dem neuen Haus zu erkundigen. Besonders notwendig ist das, wenn ein Mitarbeiter von seinem gewohnten Verhalten abweicht, also beispielsweise der normalerweise pünktliche Mitarbeiter häufiger zu spät kommt oder der genaue Mitarbeiter plötzlich viele Flüchtigkeitsfehler macht. Wenn Sie beim Nachfragen die persönlichen Grenzen Ihrer Mitarbeiter beachten (nicht jeder Mitarbeiter trägt sein Herz auf der Zunge), bekommen Sie so ein runderes Bild von ihnen und können sie in vielen Fällen besser einschätzen.

Darüber hinaus ist es im beruflichen Kontext natürlich notwenig, dass Sie sich einen strukturierten Überblick über die Stärken Ihrer Mitarbeiter machen. Dazu haben sich vier Konzepte bewährt, die wir Ihnen im nächsten Kapitel vorstellen.

Achten Sie auf die Stärken Ihrer Mitarbeiter

In vielen Management-Büchern wird von »guten« oder »reifen« Mitarbeitern gesprochen. Damit geht einher, dass es auch »schlechte« und »unreife« Mitarbeiter gibt. Auch wenn diese Kategorisierung auf den ersten Blick recht praktisch zu sein scheint, ist das zu einfach gedacht. Es ist natürlich nicht von der Hand zu weisen, dass es Mitarbeiter gibt, die mehr oder weniger leisten. Doch dabei wird eine wichtige Tatsache unterschlagen: Denn ob ein Mitarbeiter viel oder wenig leistet, ob er zu den so genannten High Performern gehört oder zur gegensätzlichen Kategorie der Low Performer, hängt immer auch von der Position ab, die der Mitarbeiter gerade ausübt, inklusive der organisatorischen Rahmenbedingungen. Das ist der Grund, warum wir, bevor wir Mitarbeiter in »gut« und »schlecht« einteilen, erst einmal die Stärken des Mitarbeiters betrachten müssen. Diese können wir dann mit den Anforderungen der Position abgleichen. Der Unterschied ist gravierend: Schreiben wir dem Mitarbeiter im ersten Fall eine unverrückbare Eigenschaft zu, beispielsweise gut oder schlecht zu sein, beurteilen wir im zweiten Fall die Übereinstimmung der Stärken einer Person (die unabhängig von einer Position bestehen) mit einer bestimmten

Position. Das hat wiederum zur Folge, dass es nicht mehr ausreicht, einen Mitarbeiter in eine Schublade zu stecken. Es ist vielmehr notwendig, sich genau mit den einzelnen, verschiedenen Fähigkeiten des Mitarbeiters vertraut zu machen. Es geht also darum, nicht nur die Zahl der Stärken und Schwächen eines Mitarbeiters gegeneinander abzuwiegen, sondern sie differenziert zu benennen. Die Kenntnis der individuellen Stärken ist nämlich wiederum zwingend erforderlich, wenn Sie Spitzenleistungen erzielen wollen.

Darüber hinaus können Sie mit dem Konzept der Passung zwischen Person und Position zusätzliche Handlungsmöglichkeiten erschließen: Die individuelle Leistung lässt sich nicht nur durch die Entwicklung der Person steigern, auch die Merkmale der Stellschraube Position lassen sich mitunter optimieren, doch hierzu mehr im Kapitel »Anregung«.

Um die Stärken Ihrer Mitarbeiter systematisch kennen zu lernen, hat es sich bewährt, die folgenden Leitfragen zu stellen:

- Welche Fähigkeiten und Kompetenzen hat der Mitarbeiter?
- Was macht ihn als Persönlichkeit aus?
- Was motiviert ihn?
- Welche Rolle nimmt er im Team ein?

Diese vier Konzepte – Kernkompetenzen, Persönlichkeitsmerkmale, Motive und Teamrollen – beschreiben unterschiedliche Blickwinkel auf Ihre Mitarbeiter und deren Stärken. Es gibt kein Modell, dem es gelingt, das menschliche Wesen zugleich umfassend und in all seinen Facetten scharf abzubilden. Wir stellen Ihnen daher vier Wege vor, die jeweils einen anderen Aspekt besonders hervorheben und sich so gegenseitig ergänzen. Diese vier Ansätze beziehen sich alle auf den beruflichen Kontext und werden in diesem Zusammenhang häufig genutzt. Indem Sie sich mit allen vieren beschäftigen, haben Sie zum einen die Möglichkeit, selbst zu erfahren, mit welchem Ansatz Sie besonders gut zurechtkommen, welcher Ihnen bei der Förderung Ihrer Mitarbeiter am nützlichsten ist. Zum anderen können Sie die unterschiedlichen Ansätze je nach Mitarbeiter und Situation auswählen und kombinieren.

Der Ansatz der Kernkompetenzen ist in Unternehmen am weitesten verbreitet und besonders praxisnah. Auf ihn legen wir daher auch in Teil III den Schwerpunkt. Doch seien Sie sicher, Ihr Einsatz, sich auch mit den Persönlichkeitsmerkmalen, Motiven und Teamrollen vertraut zu machen, wird sich lohnen.

Kernkompetenzen

Kernkompetenzen sind heute in vielen Unternehmen, vor allem den größeren, ein bewährter Standard in vielen Fragen der Personalauswahl und -entwicklung. Das Ziel ist es dabei, Fähigkeiten, die für bestimmte Tätigkeiten benötigt werden, zu erfassen. Kernkompetenzen konzentrieren sich auf *beobachtbares Verhalten*, das detailliert anhand von Verhaltensankern beschrieben wird. Sie geben Beispiele dafür, was genau ein Mitarbeiter tut, der über diese Fähigkeit nur wenig, ausreichend oder besonders ausgeprägt verfügt. Da Kernkompetenzen Verhalten beschreiben und Verhalten sich leichter beeinflussen lässt als beispielsweise Persönlichkeitseigenschaften, werden sie gerne in der Personalentwicklung eingesetzt. So wird es wenig Wirkung haben, wenn eine Führungskraft sagt: »Jetzt seien Sie doch mal etwas engagierter!« Der Mitarbeiter kann höchstens erahnen, was genau dafür zu tun ist. Und vielleicht ist er sogar noch beleidigt, denn die implizite Botschaft ist ja: Sie sind ganz schön faul. Sagt die Führungskraft hingegen: »Ich würde mir wünschen, dass Sie Ihre Kunden häufiger von sich aus anrufen«, ist die Sache für den Mitarbeiter klar.

In der folgenden Übersicht haben wir 14 Kernkompetenzen zusammengestellt, die sich in die drei Kompetenzcluster Arbeitsverhalten, Auftreten und Interaktion sowie Geschäfts- und Marktorientierung gliedern. Eine genaue Beschreibung der einzelnen Kompetenzen finden Sie in Teil III.

Arbeitsverhalten

- Entscheidungskompetenz
- Organisation und Planung
- Ergebnisorientierung
- Initiative und Verantwortung
- Belastbarkeit
- Fachkenntnis

Auftreten und Interaktion

- Networking

- Überzeugungskraft und Durchsetzungsstärke
- Konfliktfähigkeit
- Teamfähigkeit

Geschäfts- und Marktorientierung

- Wettbewerbskenntnis
- Kundenorientierung
- Innovations- und Veränderungsfähigkeit
- Kostenmanagement

Die hier ausgewählten Kernkompetenzen sowie deren Gruppierung haben sich in der Praxis der Personalentwicklung bewährt. Wenn Sie in Ihrem Unternehmen bereits mit Kernkompetenzen arbeiten, finden Sie sicher leicht die Parallelen zu den hier aufgeführten Kompetenzen. Denn auch wenn diese sich von Unternehmen zu Unternehmen in ihrer Bezeichnung unterscheiden, liegen sie doch inhaltlich in aller Regel dicht beieinander. Wenn Sie in Ihrem Unternehmen noch nicht mit Kernkompetenzen arbeiten, bekommen Sie mit unserer Auswahl eine gute Ausgangsbasis, um sich diesem Thema zu nähern.

Nutzen Sie die hier dargestellten Kompetenzen im Rahmen der Personalentwicklung auch als Grundlage, um sie für spezifische Positionen in Ihrem Team gezielt weiterzuentwickeln. Für die meisten Positionen wird es Spezifizierungen der hier ausgewählten sowie zusätzliche, maßgeschneiderte Kernkompetenzen geben, die die benötigten Fähigkeiten passgenau abbilden.

Für die folgende Übung, mit der Sie die Kompetenzen Ihrer Mitarbeiter identifizieren, empfehlen wir Ihnen, sich zunächst mit der Kurzbeschreibungen zu Beginn jeder Kompetenz in Teil III vertraut zu machen.

Wählen Sie für jede der 14 Kompetenzen einen Mitarbeiter in Ihrem Team aus, der diese Kompetenz aus Ihrer Sicht besonders gut beherrscht. Finden Sie dazu jeweils mindestens zwei Situationen, in denen der Mitarbeiter diese Kompetenz gezeigt hat. Achten Sie darauf, dass Sie möglichst alle Ihre Mitarbeiter einbeziehen.

Bei der aufmerksamen Betrachtung der Fähigkeiten Ihrer Mitarbeiter und der Situationen, in denen sie diese Kompetenzen einsetzen, ist Ihnen vielleicht aufgefallen, dass deren Leistung nicht nur von ihren Kompetenzen abhängt. Zum Können muss sich das Wollen gesellen. Wir haben schon gesehen, dass im Allgemeinen jeder Mensch Leistung erbringen will, doch wie und wann hängt von seiner individuellen Persönlichkeit und seinen Motiven ab. Deshalb stellen wir Ihnen nun ein Persönlichkeitsmodell und eine Auswahl klassischer Motive vor, anhand derer Sie Ihre Mitarbeiter noch besser einschätzen können.

Persönliche Präferenzen

Ein in der Personalentwicklung sehr oft genutztes Persönlichkeitsmodell ist das von Katharine C. Briggs und Isabel Briggs-Myers, das auf den Forschungen von C. G. Jung beruht. Seinen Bekanntheitsgrad verdankt das Modell dem Myers-Briggs-Typenindikator® (MBTI®). Der MBTI® ist ein Persönlichkeitstest, der einzelne Persönlichkeitsmerkmale, so genannte Präferenzen, in Form einer Selbstbeschreibung erfasst. Dabei zeigen die Präferenzen als Grundgerüst einer Persönlichkeit an, wie jemand bestimmte Aufgaben bevorzugt in Angriff nimmt. So können Sie mit dem MBTI® beispielsweise herausfinden, …

- … ob jemand lieber einen detaillierten Plan ausarbeitet oder aber, ob er lieber eine Tätigkeit beginnt, ohne viel zu planen.
- … ob jemand Entscheidungen eher intuitiv und aus dem Bauch heraus trifft oder aber lieber analytisch und rational.
- … ob jemand eher introvertiert ist und Zeit braucht, seine Gedanken zu sammeln oder aber eher extravertiert ist und immer viele Menschen um sich haben möchte, mit denen er seine Gedanken diskutieren kann.
- … ob jemand eher darauf achtet, was machbar ist oder aber, ständig neue Ideen hat, wie etwas zu machen wäre.

Wie Sie anhand der Beispiele gesehen haben, arbeitet der MBTI® mit gegenläufigen Eigenschaften, die sich im Extrem ausschließen.

In der Praxis kommen diese Extreme allerdings sehr selten vor, denn jeder Mensch trägt stets auch Anteile der gegenläufigen Präferenzen in sich. Doch die Eigenschaften, die unseren eigenen, bevorzugten Verhaltensweisen entgegenstehen, fallen uns bei anderen häufig negativ auf. Wenn Ihnen also Bewertungen wie die folgenden in den Sinn kommen, ist das ein guter Indikator dafür, dass es gerade um Persönlichkeit geht:

- Jemandem mit dem Blick für große Zusammenhänge erscheint der Genaue und Detailorientierte schnell als buchstabengläubiger Erbsenzähler.
- Der Kreative empfindet den Strukturierten als engstirnig.
- Der Realist hält den Kreativen für einen Traumtänzer.
- Eine introvertierte, stille Person denkt über einen Kontaktfreudigen, er sei oberflächlich.

Unsere Beratungspraxis zeigt, dass der MBTI® neben der besseren Kenntnis der eigenen Präferenzen gerade auch den Umgang mit der jeweils gegenläufigen Präferenz vereinfacht, indem er für dieses Verhalten eine definierte Kategorie zur Verfügung stellt und es damit leichter einzuordnen ist.

Die Präferenzen des MBTI® zeigen also die Art und Weise auf, wie man sich einer Aufgabe bevorzugt nähert. Erst in einem zweiten Schritt lassen sich aus der Kombination dieser Präferenzen in begrenztem Umfang Fähigkeiten ableiten, denn wer etwas besonders gern und somit oft macht, wird dies durch andauernde Übung mit einiger Wahrscheinlichkeit auch besser als andere können.

Wer also beispielsweise eine Präferenz für Details und strukturiertes Vorgehen besitzt, wird sich vielleicht mit mathematischen oder planerischen Aufgaben besonders leicht tun. Wer eher den großen Rahmen und das Mögliche sieht und das mit einer Präferenz für die logische Analyse verbindet, hat gute Voraussetzungen, strategisch zu denken. Somit trägt die Kenntnis der persönlichen Präferenzen mit dazu bei, geeignete Aufgaben für einen Mitarbeiter zu identifizieren.

Motivation

Wie bereits festgestellt, hat der Mensch ein Grundbedürfnis nach Aktivität – was die Psychologie als intrinsische Motivation bezeichnet. Doch woran hat ein bestimmter Mitarbeiter Freude? Wann geht er besonders engagiert ans Werk? Wie beeinflussen seine Motive seine Prioritätensetzung? Die Antworten auf diese Fragen können Ihnen helfen, Aufgaben passgenau auszuwählen und Ihre Anerkennung auf einzelne Mitarbeiter abzustimmen. Eine Auswahl von Motiven und deren detaillierte Beschreibung finden Sie hier:

Leistungsmotivation: Leistungsmotivierte Mitarbeiter stellen hohe Anforderungen an die eigene Leistung. Je schwieriger eine Aufgabe ist, desto mehr verstärken sie ihre Anstrengungen. Sie sind ständig bemüht, die eigenen Fähigkeiten zu verbessern und werden daher durch schwierige Aufgaben motiviert. Vorsicht ist bei leistungsorientierten Mitarbeitern geboten, da diese ihre physischen und psychischen Grenzen leicht überschreiten. Wenig leistungsorientierte Mitarbeiter weichen schwierigen Aufgaben eher aus und fühlen sich wohler mit einfacheren, abgegrenzten Aufgaben, deren erfolgreiche Bewältigung wahrscheinlich ist.

Verbesserungsorientierung und Gestaltungsmotivation: Mitarbeiter mit einer stark ausgeprägten Verbesserungsorientierung und Gestaltungsmotivation streben danach, Missstände zu beseitigen und neue Entwicklungen anzustoßen. Selbst bei Dingen, die eigentlich gut funktionieren, finden sie noch Optimierungspotenziale. Es kann deshalb notwendig sein, sie auch einmal davon abzuhalten, Dinge nur um des Anders-Machens willen zu verändern. Je nach Grad der Ausprägung sind Menschen mit einer großen Gestaltungsmotivation dazu bereit, für ihre Vorstellungen große Widerstände zu überwinden. Mitarbeiter, die gerne verbessern und gestalten, sind naturgemäß auf solchen Positionen gut platziert, die große Gestaltungsoptionen bieten. Dort werden sie den größten Mehrwert für das Unternehmen schaffen. Mitarbeiter mit einer geringen Verbesserungsorientierung und Gestaltungsmotivation hingegen sind auf solchen Positionen erfolgreich, die eher die Anpassung an gegebene Strukturen und kaum selbst initiierte Veränderungen erfordern.

Beziehungen und soziale Kontakte: Für manche Mitarbeiter sind soziale Beziehungen ein regelrechtes Lebenselixier. Wenn Sie mit anderen Menschen in Kontakt kommen, blühen sie auf. Generell ist dieses Motiv besonders wichtig in allen Positionen, in denen man viel Kundenkontakt hat oder sich intensiv mit Kollegen abstimmen muss. Differenzieren lässt sich dieses Motiv noch durch die Ausrichtung: Manche Mitarbeiter bevorzugen zwar den Kontakt mit anderen, jedoch lieber auf einer individuellen Ebene, beispielsweise im Verkaufsgespräch. Solchen Mitarbeitern ist Teamarbeit oft ein lästiges Übel. Andere Mitarbeiter hingegen eignen sich gerade für Teamarbeit besonders gut, da sie bereit sind, eigene Interessen auch einmal zurückzustellen, zwischen verschiedenen Standpunkten vermitteln können und daraus für sich selbst Zufriedenheit ziehen. Eine weitere Ausrichtung dieses Motivs ist schließlich, die Bereitschaft, anderen zu helfen.

Neugier und Wissensdurst: Mitarbeiter mit einer ausgeprägten Neugier sind ständig bemüht, ihr Wissen auf dem allerneuesten Stand zu halten und zu erweitern. Sie geben sich nicht mit Bekanntem zufrieden, sondern wollen immerzu neue Horizonte erforschen. Deshalb sind sie auf all jenen Positionen besonders gut eingesetzt, in denen ein hohes Innovationstempo und eine schnelle fachliche Entwicklung herrschen. Mit Routineaufgaben sollte man diese Menschen besser nicht betrauen, um deren Talente nicht zu vergeuden.

Kreativität und Ideenreichtum: Mitarbeiter mit einer besonderen Kreativität und großem Ideenreichtum sind überall dort gut aufgehoben, wo es darauf ankommt, neue Vorgehensweisen zu finden und Möglichkeiten sowie Entwicklungen am Horizont zu erkennen. Sie haben oft erstaunliche Einsichten, die sich nicht unbedingt logisch herleiten lassen. Intuition und die Gabe, Bekanntes auf originelle Art und Weise neu miteinander zu verknüpfen, sind wesentliche Quellen ihrer Ideen. Bei diesen Mitarbeitern kann es notwendig sein, immer wieder einmal die praktischen Belange und Erfordernisse des Geschäfts aufzuzeigen, um deren Talent in nutzbringende Bahnen zu leiten.

Wettbewerbsorientierung: Mitarbeiter mit einer hohen Wettbewerbsorientierung messen sich und ihre Leistung daran, ob sie besser sind als andere und geben sich große Mühe, andere zu übertrumpfen. Sie sehen alles als eine Herausforderung und haben ein starkes Bedürfnis zu gewinnen. Dabei spielen die Interessen anderer eine untergeordnete Rolle. Während moderate und auf den Markt gerichtete Wettbewerbsorientierung die Zielerreichung unterstützt, ist sie im Übermaß und auf die Kollegen gerichtet eher schädlich. Mitarbeiter mit einer hohen Wettbewerbsorientierung sind deshalb vor allem auf solchen Positionen gut aufgehoben, wo sie häufig die Gelegenheit haben, sich mit anderen zu messen, beispielsweise im Vertrieb.

Macht: Mitarbeiter, denen Macht wichtig ist, lieben es, das Kommando zu haben. Sie legen großen Wert darauf, andere von ihrer Meinung zu überzeugen und hinter ihrer Meinung zu versammeln. Dazu schrecken sie auch vor Konflikten nicht zurück. Mitarbeiter mit einer starken Machtorientierung sind auf solchen Positionen gut platziert, in denen es notwendig ist, Verantwortung zu übernehmen und die Richtung vorzugeben. Im Übermaß kann diese Dominanz dazu führen, dass andere sich anpassen und ihre eigene, vielleicht richtige Meinung für sich behalten.

Status: Mitarbeiter, denen Status wichtig ist, werden gerne öffentlich für ihre Leistungen anerkannt und umgeben sich mit den entsprechenden Insignien. Während wenig statusorientierte Mitarbeiter ein Feedback in kleiner Runde bevorzugen, kann das Publikum für den Status liebenden Mitarbeiter nicht groß genug sein.

Konnten Sie schon einige dieser Motive bei den Mitarbeitern Ihres Teams identifizieren? Behalten Sie diese im Hinterkopf, wir kommen später darauf zurück.

Teamrollen

Bis jetzt haben wir den Fokus auf individuelle Fähigkeiten und Stärken gelegt. Das Ganze ist jedoch mehr als die Summe seiner Teile, und so ist auch für den Erfolg Ihres Teams das Zusammenspiel Ihrer Mitarbeiter oft noch entscheidender als die Qualifikationen des Einzelnen.

Meredith Belbin hat in seinen Forschungen über Teams in Unternehmen neun Rollen identifiziert, die Mitarbeiter je nach persönlicher Präferenz einnehmen. Diese Rollen lassen sich in drei Kategorien klassifizieren, je nachdem, ob sie durch einen Fokus auf Denken (D), Aktion (A) oder Personen (P) charakterisiert sind. Alle drei Funktionen, so Belbin, sind in einem Team relevant: Denkende Rollen bringen Ideen, Expertise und Strategie in ein Team ein. Personen, deren Schwerpunkt auf Aktion liegt, setzen sich über Schwierigkeiten hinweg und sorgen für die Umsetzung und Fertigstellung von Plänen und Aufgaben. Personenorientierte Mitarbeiter schließlich sorgen für den Aufbau von Kontakten, sind kooperativ und fördern Diskussionen. Die einzelnen Rollen und ihre Merkmale können Sie der Tabelle auf der folgenden Seite entnehmen.

Jeder Mitarbeiter, so Belbin, besitzt eine individuelle Kombination aus diesen Rollenpräferenzen: Einige Rollen entsprechen seinen bevorzugten Verhaltensweisen, in andere kann er sich mit ein wenig Anstrengung und Übung hineinfinden und mit einem Teil der Rollen kommt er nicht so gut zurecht, auch wenn er sich besonders anstrengt.

Teamrolle	Merkmale
Neuerer/Erfinder (D)	• kreativ, ideenreich, unorthodox • löst schwierige Probleme • oft zu sehr mit eigenen Ideen beschäftigt, kann Dinge ignorieren, an denen er nicht primär interessiert ist
Beobachter (D)	• ernsthaft, strategisch und kritisch • sieht alle Optionen, entscheidet treffsicher • kann zu wenig Energie und Fähigkeiten haben, andere zu inspirieren
Spezialist (D)	• fokussiert, Selbststarter, engagiert • verfügt über spezialisierte Fähigkeiten und Fachwissen • trägt nur zu ausgewählten Themen bei, kann zu sehr auf eigene Interessen ausgerichtet sein
Wegbereiter/ Weichensteller (A)	• extravertiert, enthusiastisch, kommunikativ • erforscht Möglichkeiten, baut Kontakte auf • zu optimistisch, kann das Interesse verlieren, wenn der erste Enthusiasmus verflogen ist
Umsetzer (A)	• diszipliniert, zuverlässig • hat konservative Angewohnheiten • unternimmt praktische Schritte und Aktionen • kann unflexibel sein, reagiert langsam auf neue Möglichkeiten
Perfektionist (A)	• akribisch, genau • sucht Fehler und Unterlassungen • liefert pünktlich • macht sich zu viele Sorgen, lässt anderen keinen Zutritt zu eigenem Aufgabenbereich
Macher (P)	• herausfordernd, dynamisch, blüht unter Druck auf • hat Energie und Mut, Hindernisse aus dem Weg zu räumen • kann provozieren und andere verletzen
Teamarbeiter/ Mitspieler (P)	• kooperativ, sanft, empfindsam, diplomatisch • hört zu, baut Kontakte auf und vermeidet Streitereien • unentschieden unter Druck

Koordinator/ Integrator (P)	• reif, zuversichtlich • klärt Ziele, bringt Menschen zusammen und unterstützt Diskussionen • kann manipulativ erscheinen, lädt Arbeit bei anderen ab

Diese Teamrollen sind eine hilfreiche Unterstützung, wenn Sie die Stärken Ihrer Teammitglieder identifizieren. Zudem können Sie damit feststellen, ob alle Rollen in Ihrem Team vertreten sind. Gibt es jemanden, der die Arbeit vorantreibt (A)? Jemanden, der gute Ideen beisteuert (D)? Jemanden, der für Harmonie und Zusammenhalt im Team sorgt (P)? Vielleicht wollen Sie Ihren Teammitgliedern diese Rollen ja einmal vorstellen und kommen so ins Gespräch über die individuellen Stärken und bevorzugten Teamrollen Ihrer Mitarbeiter.

Abbildung 9: **Beispielprofil der Teamrollen nach Belbin**

Spezialist Perfektionist Wegbereiter	Umsetzer Beobachter Teamarbeiter	Koordinator Erfinder Macher
Am wenigsten bevorzugte Rollen	Annehmbare Rollen	Bevorzugte Rollen

Anwendung der vier Modelle für ein besseres Verständnis Ihrer Mitarbeiter

In diesem Kapitel haben Sie einiges über Kompetenzen, Persönlichkeit, Motive und Teamrollen erfahren. Vor diesem Hintergrund möchten wir Sie dazu auffordern, unsere Eingangsfrage noch einmal für jeden Ihrer Mitarbeiter zu beantworten.

Die Methoden, die Sie kennen gelernt haben, um persönliche Präferenzen, Motive und Teamrollen Ihrer Mitarbeiter besser zu beschreiben, sind sehr mächtige Instrumente. Nutzen Sie sie nur für erste Anhaltspunkte. Ihre Wahrnehmung sollten Sie unbedingt im gemeinsamen Gespräch mit Ihren Mitarbeitern überprüfen, bevor Sie mögliche Schlussfolgerungen daraus ableiten – Selbstbild und Fremdbild können nämlich sehr verschieden sein. Bedenken Sie, dass Verhalten immer auch von der jeweiligen Si-

> Was sind die hervorstechenden Qualitäten Ihres Mitarbeiters, wofür hat er ein »besonderes Händchen« und was macht ihn als Person aus?
>
> - Welche zwei bis drei Kernkompetenzen beherrscht er besonders gut?
> - Können Sie einzelne Persönlichkeitsmerkmale Ihres Mitarbeiters anhand der MBTI®-Präferenzen ausmachen?
> - Welche Motive Ihres Mitarbeiters können Sie identifizieren?
> - Können Sie auf Basis von Belbins Rollenmodell besondere Stärken des Mitarbeiters in Teamsituationen feststellen?

tuation beeinflusst wird und bleiben Sie offen für gegenteilige Verhaltensbeispiele. Versuchen Sie *nicht* über die Identifikation *einzelner* Präferenzen, Motive und Teamrollen hinaus, ein komplettes Profil Ihrer Mitarbeiter in Eigenregie zu erstellen. Dazu bedarf es der professionellen Durchführung der entsprechenden Methoden und Techniken.

> Nehmen Sie nach der erneuten Beantwortung der Fragen jetzt noch einmal Ihre Antworten aus der ersten Runde zur Hand und vergleichen Sie die Ergebnisse. Welchen Unterschied in der Tiefe und Genauigkeit Ihrer Beschreibungen stellen Sie fest? Welche neuen Erkenntnisse und Ideen sind Ihnen beim erneuten Beantworten der Frage gekommen?
> Wenn Sie über die einzelnen Modelle nachdenken: Welches Modell finden Sie selbst am nützlichsten? Welches dient Ihnen in welchem Kontext am meisten?

Wie gut passen nun aber die Fähigkeiten und Stärken eines Mitarbeiters zu seinen Aufgaben? Diese Frage können Sie nur beantworten, wenn Sie auch die Aufgaben des betreffenden Mitarbeiters, das Profil seiner Position genau kennen.

Exkurs: Positionsprofile

Um die Stärken Ihrer Mitarbeiter gewinnbringend einzusetzen, ist es natürlich notwendig, die jeweiligen Anforderungen der Positionen zu kennen. Der einfachste Weg, um sie herauszufinden, ist die Beobachtung dessen, was der Mitarbeiter genau macht, um seine Aufgaben erfolgreich zu erledigen. Identifizieren Sie dazu die erfolgsrelevanten Situationen (beispielsweise Verkaufsgespräch führen, Datenmaterial analysieren, Konzepte erstellen) und beobachten Sie gewissenhaft, welche Verhaltensweisen ein erfolgreicher Mitarbeiter dabei an den Tag legt (beispielsweise Kundenbedürfnisse erfragen, Vollständigkeit der Daten prüfen, Rahmenbedingungen klären). Lassen Sie sich zusätzlich von den folgenden Fragen leiten, um ein möglichst aussagekräftiges Profil zu erhalten. Dazu können Sie auch das Gespräch mit Ihren Mitarbeitern suchen.

- Welche Kompetenzen sind für die erfolgreiche Ausübung der Position wichtig?
- Welche der Teamrollen unterstützt die erfolgreiche Ausübung der Position?
- Welche anderen Faktoren (persönliche Präferenzen, Motivation) sind hilfreich, um die Position erfolgreich auszufüllen?

Durch die Antworten auf diese Fragen gewinnt ein abstraktes Stellenprofil an Aussagekraft und Detailschärfe, was es zu einer sehr guten Grundlage für Recruiting und Personalentwicklung macht. Behalten Sie dabei immer im Gedächtnis, dass es auf die Passung von Mitarbeiter und Position ankommt.

Mit Kommunikation zum Ziel

Miteinander reden, um es mit dem Titel des Bestsellers von Friedemann Schulz von Thun zu sagen, ist das wichtigste Werkzeug einer jeden Führungskraft. In der Praxis der Mitarbeiterführung kommt dieses Werkzeug jedoch oft nur unvollkommen zum Einsatz. Manchmal könnte man sogar meinen, Kommunikation sei etwas, das es zu vermeiden gilt.

Kontinuierliche Kommunikation

Viele Führungskräfte tendieren dazu, das Gespräch mit ihren Mitarbeitern nur dann zu suchen, wenn ein konkreter Anlass vorliegt, meistens, wenn sie etwas von ihren Mitarbeitern wollen. Es kommt also zu einer Art »Sturzflugkommunikation«: Der Mitarbeiter ist in eine Aufgaben vertieft, plötzlich geht die Tür auf, die Führungskraft vergibt einen Auftrag (»Herr Meier, machen Sie doch mal schnell …«) und verschwindet wieder, bis sie das Ergebnis in Augenschein nehmen möchte. Diese Art der Kommunikation mag einer Führungskraft im Moment effektiv erscheinen, langfristig verspricht eine kontinuierliche Kommunikation jedoch deutlich mehr Vorteile für beide Seiten.

Abbildung 10: **Intensität von Kommunikation $I_{(k)}$**

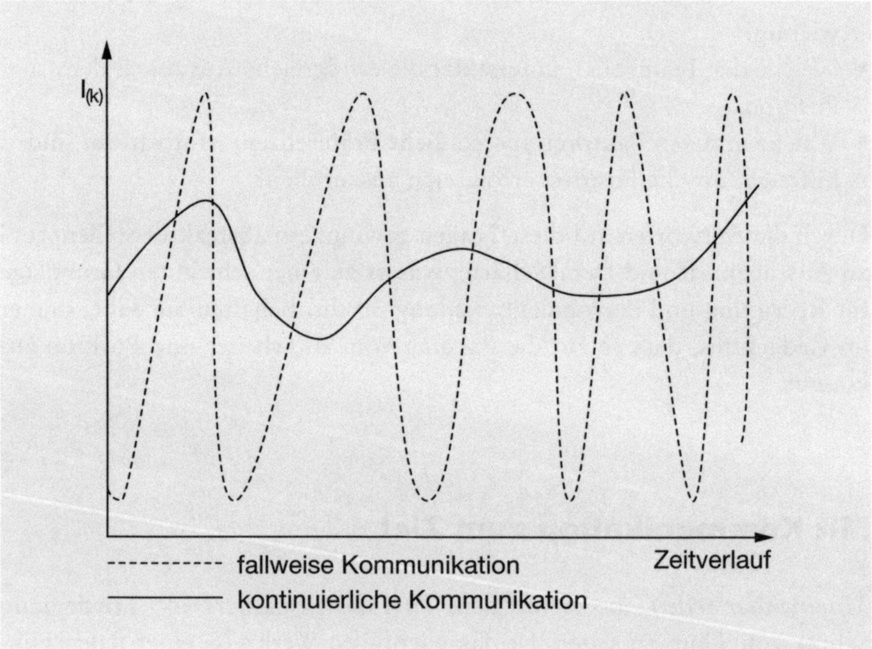

Durch einen kontinuierlichen Kommunikationsfluss wachsen Berechenbarkeit und Vertrauen. Sowohl Mitarbeiter als auch Führungskraft sind besser im Bilde, was der andere gerade tut, wie er die Dinge sieht und was er vorhat. Die Kommunikation ist nicht nur auf Anforderungen reduziert. Wenn man häufiger miteinander spricht, kommen immer auch Randthemen zur Sprache und das Bild des Gegenübers wird runder und facettenreicher. Auf diese Weise wirken Sie auch den weiter oben beschriebenen Wahrnehmungsfehlern entgegen: Verzerrungen wie die mangelnde Berücksichtigung der Situation und hypothesenkonforme selektive Wahrnehmung treten somit seltener auf und sind weniger wirksam.

Wenn es um das Thema Kommunikation geht, hören wir von Mitarbeitern auch immer wieder, dass ihnen ihre Führungskräfte nicht richtig zuhören. Nicht selten scheint die Führungskraft die Antwort ihres Mitarbeiters schon zu kennen oder auch gar nicht so sehr zu interessieren. Dabei ist aufmerksames Zuhören die Basis gelungener Kommunikation. Durch unzureichendes Zuhören entstehen unnötige Missverständnisse und die Mitarbeiter fühlen sich nicht ernst genommen. Ihnen als Führungskraft entgehen wichtige Informationen und Ideen.

Dabei ist es recht einfach, einen kontinuierlichen Kommunikationsfluss in beide Richtungen aufzubauen und eher eine Sache der Umsetzung als des Wissens darüber. Drei einfache Schritte sind dazu notwendig:

Präsent sein: Seien Sie für Ihre Mitarbeiter erreichbar! Lassen Sie die Bürotür auf, machen Sie einen Umweg durch andere Büros, gehen Sie zum Arbeitsplatz des Mitarbeiters anstatt ihn anzurufen oder schauen Sie mal in der Teeküche vorbei. Rufen Sie von unterwegs aus an oder schreiben Sie eine E-Mail, wenn Sie nicht im Büro sind. Gehen Sie gemeinsam zum Essen. Machen Sie für Ihre Mitarbeiter transparent, wann Sie erreichbar sind und wann nicht, wann Sie zum Beispiel von einem Termin zurück und wieder ansprechbar sind. Lassen Sie Ihre Erreichbarkeit nicht zu einem Glücksspiel für Ihre Mitarbeiter werden und kokettieren Sie auf keinen Fall damit, nun einmal viel beschäftigt zu sein.

Ins Gespräch kommen: Machen Sie es sich zur guten Angewohnheit, mit Ihren Mitarbeitern ins Gespräch zu kommen, wenn Sie ihnen begegnen. Nutzen Sie die zufällige Begegnung auf dem Flur für ein kurzes Gespräch und animieren Sie Ihre Mitarbeiter durch Fragen nach deren Befinden zu einer Unterhaltung. Nehmen Sie sich vor, mindestens einmal am Tag Zeit für Small Talk zu reservieren. Fragen Sie nach, wenn Ihnen ein Mitarbeiter etwas von sich erzählt. Machen Sie sich mentale Notizen von diesen Gesprächen und kommen Sie später darauf zurück. Im Laufe der Zeit werden sich so eine ganze Reihe von Anknüpfungspunkten ergeben, über die Sie mit Ihren Mitarbeitern ganz einfach ins Gespräch kommen. Und auf dieser Basis regeln sich dann auch die »großen« Aufgaben leichter.

Zuhören: Nehmen Sie sich in Gesprächen mit Ihren Mitarbeitern die Zeit zum Zuhören und geben Sie sich Mühe, den Standpunkt Ihres Mitarbeiters zu verstehen. Schulz von Thun merkt dazu sehr treffend an: »Es wäre viel gewonnen, wenn der Empfänger (einer Nachricht) – bevor er seinen ›eigenen Senf‹ dazugibt – zunächst einmal in der Lage wäre, sich präzise in die Welt des anderen einzufühlen und diese Welt gleichsam mit dessen Augen zu sehen (Empathie).« Meistens reicht es dazu schon aus, interessiert zuzuhören und die eine oder andere ehrlich gemeinte Frage zu stellen. Machen Sie dazu folgende Übung.

Lassen Sie in dem nächsten längeren Gespräch mit einem Mitarbeiter vor allem ihn zu Wort kommen. Stellen Sie dazu gezielt Fragen, hören Sie zu und fragen Sie wieder kurz nach. Das erste Ziel dieser Übung ist es, dass Ihr Mitarbeiter den größten Anteil an der Redezeit hat. Versuchen Sie derweil, die Perspektive Ihres Mitarbeiters nachzuvollziehen, das Gehörte mit Ihren Worten wiederzugeben und gegebenenfalls durch Nachfragen abzusichern.

Die ehrliche Sprache der Mikrobotschaften

Große Teile der Kommunikation, nicht nur mit Ihren Mitarbeitern, spielen sich im Verborgenen ab. So genannte Mikrobotschaften, beispielsweise ein flüchtiger Blick oder ein fast unmerkliches Naserümpfen, geben Ihren Gesprächen eine zusätzliche Dimension. Sie können das Gesagte unterstützen oder aber auch unterminieren. Beides geschieht mit großer Kraft und erzielt eine nicht zu unterschätzende Wirkung. Allein die Anzahl der Mikrobotschaften macht das deutlich: Bis zu 150 dieser Botschaften sendet jeder Gesprächspartner in einer zehnminütigen Unterhaltung aus. Das bedeutet durchschnittlich eine Botschaft alle vier Sekunden. Es lohnt sich also, diesem Thema besondere Aufmerksamkeit zu widmen, wenn man wissen möchte, was wirklich beim anderen ankommt.

Doch was versteckt sich eigentlich genau hinter diesen Mikrobotschaften? Und wie wirken sie? Hier einige Beispiele:

1. Ein Mitarbeiter kommt mit einem Anliegen zu Ihnen und fragt, ob Sie Zeit für eine kurze Besprechung haben. »Natürlich«, sagen Sie. Doch ein verstohlener Blick auf Ihre Uhr, den Ihr Mitarbeiter aus den Augenwinkeln wahrnimmt, verrät ihm, dass Ihnen das Gespräch jetzt so gar nicht passt. Im Verlauf des Gesprächs wundern Sie sich, dass der Mitarbeiter kurz angebunden und leicht gehetzt wirkt. Er hat noch nicht einmal Platz genommen. Dabei hatten Sie doch ganz klar Gesprächsbereitschaft bekundet.
2. Sie stehen mit zwei Kollegen auf dem Flur und unterhalten sich spontan über ein aktuelles Projekt. Die Ideen des einen Kollegen finden Sie eigentlich nicht so gut, doch er ist im Unternehmen recht angesehen, sodass Sie keine offene Kritik üben wollen. Sie bekunden verbal Ihre Zustimmung zu den Vorschlägen des Kollegen, doch wenn er spricht, schauen Sie immer wieder einmal in eine andere Richtung oder aus dem Fenster. Am folgenden Tag kommt der andere Kollege, der am Gespräch teilgenommen hat, zufällig bei Ihnen vorbei und berichtet, dass der Kollege sehr unsicher über Ihre Reaktionen auf seine Vorschläge ist. Sie sind beide verwundert, schließlich haben Sie doch mehrmals deutlich Ihren Zuspruch geäußert.
3. Sie haben ein Kritikgespräch mit einem Mitarbeiter anberaumt, den Sie sehr schätzen. Dennoch ist das Gespräch notwendig, weil ihm wiederholt ein größerer Fehler unterlaufen ist. Pünktlich zum Termin kommt der Mitarbeiter in Ihr Büro. Sie begrüßen ihn mit einem freundlichen Lächeln und einem kleinen, kaum sichtbaren Augenzwinkern. Das Gespräch läuft aus Ihrer Sicht sehr gut und in einer entspannten Atmosphäre. Sie denken, »die Kuh sei vom Eis« und nach nicht einmal zehn Minuten ist das Gespräch auch vermeintlich einvernehmlich beendet. Zwei Wochen später wundern Sie sich, dass dem Mitarbeiter derselbe Fehler schon wieder passiert.
4. Sie haben einen Mitarbeiter, den Sie zwar fachlich sehr schätzen, der Ihnen aber persönlich ein wenig suspekt ist. Oberflächlich betrachtet behandeln Sie ihn wie alle anderen auch. Nur wenn Sie ihn überraschend treffen, beispielsweise auf dem Flur oder in der Kantine, ziehen Sie doch so manches Mal die Augenbrauen fast unmerklich nach oben. Erst neulich haben Sie sich wieder darüber gewundert, dass der Mitarbeiter sel-

ten mit seinen Vorschlägen und Fragen zu Ihnen kommt, sondern häufig wartet, bis Sie außer Haus sind und dann den Kontakt zu Ihrem Stellvertreter sucht, wenn es etwas zu besprechen gibt.

Haben Sie so etwas auch schon einmal erlebt? Haben Sie bei anderen solche Mikrobotschaften wahrgenommen? Haben Sie selbst einmal bemerkt, wie Sie Mikrobotschaften senden und vielleicht einen Mitarbeiter damit vor den Kopf gestoßen haben? Wenn die Mikrobotschaften das Gesagte unterstützen, fallen sie meist gar nicht auf. Anders sieht es aus, wenn die Mikrobotschaften den offenen Aussagen widersprechen. Dann ist man oft verblüfft, wie der Gesprächspartner reagiert, warum die Dinge unnötig schwierig sind oder dass Ergebnisse nicht in der notwendigen Geschwindigkeit und Qualität erzielt werden. Letztlich verraten Sie mit Mikrobotschaften Ihre wirklichen Ansichten. Das Ziel kann also nur sein, eine größere Kongruenz zwischen Ihren Ansichten und Ihrer Kommunikation herzustellen.

Was können Sie aber tun, um Ihre Mikrobotschaften besser in den Griff zu bekommen? Die folgende Übung zeigt es Ihnen.

Achten Sie in den nächsten Tagen ganz bewusst darauf, welche Meinung Sie tatsächlich von Ihren Mitarbeitern haben. Machen Sie dazu eine Liste mit den Namen Ihrer Mitarbeiter. Schreiben Sie nun hinter jeden Namen, wie Sie den jeweiligen Mitarbeitern finden, was Sie inoffiziell über ihn denken. Dabei sollten Sie sehr offen sein und auch Ihren Vorurteilen freien Lauf lassen, denn die Liste wird außer Ihnen niemand lesen (zumindest täten Sie sehr gut daran, sie niemandem zu zeigen). Wenn Sie also denken, einer Ihrer Mitarbeiter sei ein arroganter Besserwisser, dann schreiben Sie das hin. Wenn Sie einen anderen heimlich bewundern, weil er einfach immer gut gelaunt ist, Charme hat und ihm vieles einfach nur so zuzufliegen scheint, vermerken Sie es. Finden Sie, jemand sei sehr kollegial und hilfsbereit, ein richtig netter Mensch eben, schreiben Sie es auf. Denken Sie, dass Sie ein rechtes »Weichei« in Ihrem Team haben? Nur zu, das gehört alles auf die Liste. Gehen Sie dabei Ihren Gefühlen auf den Grund. Ein »mag ich nicht« ist nicht genug. Finden Sie heraus, warum Sie den Mitarbeiter nicht mögen. Ist er der naive »Sonnenschein«, der ewige Nörgler, die zickige Emanze, der bequeme Dicke, der Kollege, der Sie an

Ihren ungeliebten Schwager erinnert, der hektische Aktionist, der selbstgefällige Intellektuelle oder der akribische Pedant? Ergründen Sie ebenso positive Gefühle: Was ist es genau, das Sie Sympathien für einen bestimmten Mitarbeiter hegen lässt? Seine Freundlichkeit, Besonnenheit oder ihr erfrischendes Wesen, seine Attraktivität oder Ihr gemeinsames Hobby?

Wenn Sie ehrlich zu sich selbst waren, haben Sie den ersten wichtigen Schritt gemacht, um Ihren Mikrobotschaften auf die Schliche zu kommen. Denn Sie sind sich Ihrer zugrunde liegenden Einstellungen bewusster geworden.

Im nächsten Schritt fügen Sie Ihrer Liste eine weitere Spalte hinzu und überlegen für jeden Mitarbeiter, in welcher Situation Ihre Meinung Sie vielleicht schon einmal zu einer »Sonderbehandlung« verleitet hat, sei es ins Positive oder auch ins Negative. Wo haben Sie sich durch Ihre »private« Einschätzung schon einmal dazu hinreißen lassen, einen Mitarbeiter besonders wohlwollend oder aber ausgesprochen kritisch zu behandeln? Gehen Sie dazu einfach verschiedene Situationen aus Ihrem Arbeitsalltag durch und schreiben Sie auch zu dieser Frage Ihre Antworten auf. Zum Beispiel merken Sie, dass Sie Fehler eines bestimmten Mitarbeiters schon einmal geflissentlich übersehen oder doch eher »im Spaß« darauf hinweisen, weil Sie ihn nett finden. Bei einem anderen Mitarbeiter regt Sie schon ein kleiner Kommafehler in einem Brief auf. Bei manchen Mitarbeitern können Sie es vielleicht kaum erwarten, dass diese ihre Meinung im Team zum Besten geben. Bei anderen stellen sich Ihnen schon die Nackenhaare auf, wenn sie nur den Mund aufzumachen drohen. Ist die zweite Spalte ausgefüllt, haben Sie schon eine sehr gute Basis, um in Zukunft besser mit Ihren Mikrobotschaften umzugehen. Denn Sie haben sich jetzt dafür sensibilisiert, was Ihre Einstellungen gegenüber Ihren Mitarbeitern bewirken können.

Mit dem dritten und letzten Schritt machen Sie den Realitätscheck. Vermerken Sie für jeden Mitarbeiter, wo dieser für Ihr Team einen Mehrwert erbracht hat, wo er ein wirklicher Gewinn für das Team ist. Was kann er gut? Worin ist er besonders begabt? Welche konkreten Ergebnisse hat er in letzter Zeit für das Team erbracht? Für welche Aufgaben können Sie ihn besonders gut einsetzen? Zu dieser Frage sollte Ihnen zu jedem Ihrer Mitarbeiter einiges einfallen. Und Sie werden mit ziemlicher Sicherheit feststellen, dass viele Ihrer Mitarbeiter, und zwar unabhängig von Ihrer »privaten« Einschätzung der Person, einen wertvollen Beitrag für das Team leisten. Dennoch wird es vielleicht auch den einen oder anderen Fall geben, der Ihren »Vorurteilen« Recht gibt, bei dem Sie tatsächlich nur schlechte Leistungen sehen. Dann haben Sie allerdings ein Leistungsproblem und eben kein Persönlichkeitsproblem mehr. Und Leistungsprobleme zu lösen ist Ihre Aufgabe als Führungskraft. Doch die Lösung liegt auch hier sicher nicht im Senden von Mikrobotschaften. Sind Sie auf Leistungsprobleme aufmerksam geworden, gilt es, sie mittels Anerkennung offen zu thematisieren und sie mittels Anregung zu bearbeiten. Bevor wir uns aber dem nächsten Baustein der Triple-A-Methode widmen, richten wir unsere Aufmerksamkeit abschließend noch auf Sie, die Führungskraft selbst.

Personalentwicklung beginnt bei Ihnen

In einem Management Appraisal hat sich folgende Episode abgespielt: Auf die Frage, wie er von seinen Kollegen und Mitarbeitern gesehen werde, antwortete Herr Maier, die teilnehmende Führungskraft, erst einmal mit Schweigen. So genau wisse er das nicht, sagte er nach einiger Zeit, sichtlich irritiert durch unsere Frage. Auf die konkrete Nachfrage, was sein Umfeld über ihn sage – das eine oder andere würde man doch schließlich immer hören –, berichtete Herr Maier schließlich, dass man ihm nachsage, er sei arrogant. Die Katze war erst einmal aus dem Sack, doch unser Informationsbedürfnis noch nicht gestillt. Auch auf die nächste Frage, Sie ahnen vielleicht, welche das war, fiel Herrn Maiers Antwort einsilbig aus: Das wisse er nicht, warum ihn seine Kollegen und Mitarbeiter für arrogant hielten. Um ehrlich zu sein, habe er sich das die letzten zehn Jahre auch schon gefragt. So weit unser Beispiel – sicher ein extremes, aber beileibe kein Einzelfall. Stellen Sie sich vor, welche Auswirkungen diese geringe Selbstkenntnis Herrn Maiers auf seine Führungsleistung hat, was ihm seine Mitarbeiter alles nicht sagen oder ihn nicht fragen, weil sie ihn für arrogant halten.

Die Schlussfolgerung aus diesem Beispiel ist klar: Personalentwicklung fängt bei Ihnen, der Führungskraft, an. Denn wer andere führen will, muss sich zuvorderst selbst führen können. »Erkenne dich selbst«, dieses antike

Motto hat bis heute nichts von seiner Gültigkeit verloren. Wirksame Führung stellt hohe Anforderungen an die Person der Führungskraft, da jedes Merkmal eines fördernden und unterstützenden Führungsstils mit einer bestimmten Anforderung an die Führungskraft verknüpft ist. Einige Bespiele hierfür seien nachfolgend aufgeführt:

- Wenn Sie den Teamerfolg vor Ihren eigenen stellen, brauchen Sie ein gesundes Selbstbewusstsein.
- Um Ihren Mitarbeitern Ihre ungeteilte Aufmerksamkeit schenken zu können, sollten Sie nicht im Übermaß mit grundlegenden Fragen über sich selbst beschäftigt sein.
- Sie können Ihr Team nur dann nach Kräften unterstützen, wenn Sie selbst auch einmal im Hintergrund stehen können.
- Um Konsens über anzustrebende Ziele und Wege zu finden, müssen Sie überzeugen und integrieren können.
- Wenn Sie Ihrem Team leichten Herzens Anerkennung zollen wollen, dürfen Sie selbst nicht danach dürsten.
- Mit »schwierigen« Teammitgliedern werden Sie besser klarkommen, wenn Sie Ihre eigene Persönlichkeit, Ihre eigenen Ecken und Kanten ausgelotet haben und gut damit umgehen können.
- Erfolgreiche Teammitglieder mit exzellenten Ideen und Leistungen werden Sie weniger als Konkurrenz empfinden, wenn Sie sich Ihrer eigenen Qualitäten bewusst sind.
- Nur wenn Sie das anzustrebende Leistungsniveau für sich definiert haben, können Sie anspruchsvolle Ziele einfordern.
- Wenn Sie Ihr Team und dessen Mitglieder gut kennen, können Sie leichter Vertrauen schenken.
- Sie können auch in schwierigen Fällen konsequent sein, wenn Ihr Beurteilungsmaßstab von Klarheit geprägt ist und Sie auch unangenehme Situationen meistern können.

Dass eine fundierte Selbstkenntnis zur Grundausstattung einer Führungskraft gehört, ist inzwischen fest im Kanon der Management-Lehre verankert. Einer der bekanntesten Fürsprecher dieser These ist Daniel Goleman, Autor der Bestseller *Emotionale Intelligenz* und *Emotionale Führung*. Eine notwendige Fähigkeit von Führungskräften, auf die Goleman in diesem Kontext besonderen Wert legt, ist das Selbstmanagement. Vor dem Hintergrund, dass Gefühle die Arbeit maßgeblich beeinflussen, sollte sich jeder Manager, so Goleman, seiner Emotionen bewusst sein und diese kontrollieren können. Ebenso sollte er seine Stärken und Schwächen kennen und sich seiner Motivation bewusst sein, um unter dem Druck von engen Terminen, anspruchsvollen Kunden und vielleicht auch fordernden Mitarbeitern die erforderliche Leistung erbringen zu können.

Aber es gibt noch einen weiteren Grund, warum es wichtig ist, dass Sie Ihrer eigenen Person Aufmerksamkeit schenken: Als Führungskraft sind Sie ein Vorbild für Ihre Mitarbeiter. Sie nehmen eine Schlüsselrolle in Ihrem Team ein. Ihre Mitarbeiter orientieren sich, ob bewusst oder unbewusst, an Ihnen und Ihrem Verhalten. Sei es, dass sie es Ihnen gleichtun wollen, sich anpassen oder in Opposition gehen (mehr dazu im Kapitel »Anregung«).

Wenn Sie Ihre Mitarbeiter erfolgreich in deren Entwicklung unterstützen wollen, ist Ihre ganze Person gefordert. Ihr fachliches Know-how nimmt dabei nur einen geringen Platz ein. Wir empfehlen Ihnen deshalb, die Fragestellungen und Hinweise in diesem Kapitel nicht nur für die bessere Einschätzung Ihrer Mitarbeiter zu nutzen, sondern auch, um sich selbst noch besser kennen zu lernen. Das ist die beste Grundlage für Ihre Arbeit als Personalentwickler und Führungskraft.

Ersteilen Sie für sich selbst ein Stärkenportfolio. Lassen Sie sich dabei von den folgenden Fragen leiten:

- Was macht Sie zu einer guten Führungskraft? Wo würden Sie sich gerne noch weiter entwickeln?
- Mit welchen Situationen kommen Sie als Führungskraft besonders gut klar? Mit welchen weniger?
- Welches sind Ihre Grundwerte und Überzeugungen, an denen Sie Ihre Tätigkeit ausrichten?
- Welche der Kernkompetenzen (siehe Teil III) beherrschen Sie besonders gut? Wo brauchen Sie Unterstützung?
- Was zeichnet Ihre Persönlichkeit aus (Typologie von Briggs und Briggs-Myers)? Welche dieser Merkmale sind eine persönliche Stärke von Ihnen?
- Welche Rollen nehmen Sie bevorzugt im Kreis Ihrer Kollegen ein (Belbins Teamrollen)? Welche Rollen liegen Ihnen weniger?
- Was wollen Sie (als Führungskraft, im Leben) erreichen, welches sind Ihre Motive?

Erfahrungsgemäß ist ein solches Stärkenportfolio nicht in fünf Minuten erstellt. Wir empfehlen Ihnen deshalb, sich Ihre spontanen Antworten auf diese Fragen aufzuschreiben und in Abständen immer wieder darauf zurückzukommen. Mit der Zeit wird sich Ihr Portfolio komplettieren und zu einem treffenden Bild reifen. Und nur zur Sicherheit: Auch wenn Sie es vielleicht gerne so hätten – niemand hat ein »perfektes« Stärkenprofil. Seien Sie also offen und ehrlich sich selbst gegenüber und genehmigen Sie sich ein paar Lernpunkte. Daran arbeiten können Sie dann immer noch.

Wie sehen andere Sie?

Die Selbsteinschätzung ist nur die eine Seite der Medaille. Um ein vollständiges Bild Ihres Verhaltens zu bekommen, ist es sinnvoll, auch die Meinung Ihrer Mitarbeiter einzuholen, denn sie sind der Empfänger Ihrer Führungsleistung. Nun ist es aber gemeinhin so, dass sich Mitarbeiter insbesondere mit kritischem Feedback an ihren Chef eher zurückhalten. Und je weiter oben man als Führungskraft in der Hierarchie angesiedelt ist, umso seltener wird das ehrliche Feedback. Schließlich möchte es sich kaum jemand mit einem Ranghöheren verscherzen. Da wird inkonsistentes Verhalten auch einmal geflissentlich ignoriert und Fehleinschätzungen werden nicht ganz so hart kritisiert. Ehrliches Feedback ist also Mangelware.

Doch wie erfahren Sie dann etwas über die Außenwirkung Ihres Verhaltens? Dafür gibt es mehrere Möglichkeiten:

Kommen Sie mit Ihren Mitarbeitern über deren Zufriedenheit ins Gespräch und erfahren Sie so indirekt etwas über Ihren Führungsstil. Fragen Sie Ihre Mitarbeiter beispielsweise, ob sie ihre Ziele kennen und damit einverstanden sind, ob sie sich in ihrem Job genügend unterstützt fühlen, ob sie ausreichend Anerkennung bekommen. Oder fragen Sie ganz direkt nach, beispielsweise, wenn Sie einen Mitarbeiter kritisieren mussten: »Wie hat mein Verhalten auf Sie gewirkt?« Wenn Sie sich auf eine gute Kommunikationsbasis mit Ihren Mitarbeitern stützen können, sind diese Fragen dazu geeignet, Informationen über Ihr eigenes Verhalten und Ihre Wirkung zu erhalten. Oder lassen Sie einfach unseren Test von Ihren Mitarbeitern ausfüllen.

Darüber hinaus möchten wir Sie dazu ermutigen, sich über Ihre Person und Ihr Verhalten ein möglichst umfassendes, strukturiertes Feedback einzuholen. Ein 360°-Feedback eignet sich besonders gut. Dadurch erhalten Sie eine breite »Draufsicht« auf Ihre Person aus verschiedenen Blickwinkeln (Mitarbeiter, Kunden, Vorgesetzte) und können sich selbst noch besser einschätzen. Wenn Ihnen diese, im ersten Moment oft erschreckende Möglichkeit geboten wird, greifen Sie zu. Sie können nur davon profitieren – ganz nach dem arabischen Sprichwort: »Wenn einer sagt, du hast keinen Kopf, lass ihn reden, wenn zwei Personen das sagen, denke darüber nach und wenn drei Personen dieser Meinung sind, solltest du einmal hinfassen.«

Wenn Sie der Meinung sind, das persönliche Gespräch mit einer externen Person kann Sie dabei unterstützen, Ihre Führungsfähigkeiten weiter zu verbessern, ist es oft hilfreich, für einen bestimmten Zeitraum einen Coach zu engagieren. Durch seinen Fokus, seine neutrale Perspektive und Vertraulichkeit wird ein guter Coach Ihnen wirksame Unterstützung bieten.

Mit dem Baustein Aufmerksamkeit haben Sie die Basis für erfolgreiche Personalentwicklung gelegt: Sie können die Stärken Ihrer Mitarbeiter differenziert benennen, haben die Grundlage für eine reibungslose Kommunikation mit Ihrem Team geschaffen und können sich aufgrund einer intensiven Auseinandersetzung mit Ihrer eigenen Person auch persönlich in den Prozess der Personalentwicklung einbringen. Alle drei Komponenten der Aufmerksamkeit werden Ihnen sehr nützlich sein, wenn es im nächsten Baustein darum geht, die Leistungen Ihrer Mitarbeiter anzuerkennen.

Kapitel 7

Anerkennung

Hört man sich bei Mitarbeitern in deutschen Unternehmen um, kommt ein Punkt besonders deutlich zur Sprache: Viele Führungskräfte tun sich recht schwer mit dem Anerkennen von Leistung, sei sie nun gut oder schlecht. Ist die Leistung gut, wird das häufig stillschweigend zur Kenntnis genommen. Nur in Ausnahmefällen, bei besonders herausragender Leistung, wird einmal ein Lob spendiert. Mit Kritik ist man in der Regel etwas schneller bei der Sache, aber der direkten Konfrontation wird auch gerne aus dem Weg gegangen. Für große Teile ihrer Leistung erhalten Mitarbeiter also überhaupt keine Anerkennung, es entsteht eine Anerkennungslücke.

Abbildung 11: **Anerkennungslücken I**

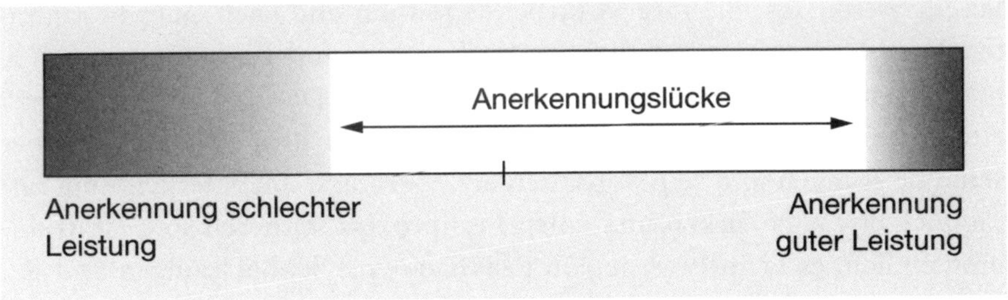

Die Folge dieser Anerkennungslücke: Mitarbeiter nehmen an, dass es ihrer Führungskraft eigentlich ziemlich egal ist, was und wie sie etwas tun. Aus Sicht des Mitarbeiters kommt der Anerkennung als Führungsinstrument also ein besonders großer Stellenwert zu. Denn durch Anerkennung erfährt er, ob Sie mit der erbrachten Leistung zufrieden sind, was er gut oder schlecht gemacht hat, was er beim nächsten Mal genauso oder aber anders machen sollte und welche Fähigkeiten er dafür noch entwickeln muss. Anerkennung vermittelt somit Klarheit und Orientierung in Bezug auf die Zielerreichung und den Weg dorthin. Das ist der Grund, warum Anerkennung in der Triple-A-Methode als Schnittstelle zwischen Aufmerksamkeit und Anregung eine besondere Rolle zukommt. Durch Anerkennung werden Ihre Beobachtungen und Bewertungen Ihren Mitarbeitern überhaupt erst zugänglich und Entwicklungen können auf dieser Basis angestoßen werden. Das Ziel ist es also, die Anerkennungslücke so gering wie möglich zu halten (siehe Abbildung 12).

Abbildung 12: **Anerkennungslücken II**

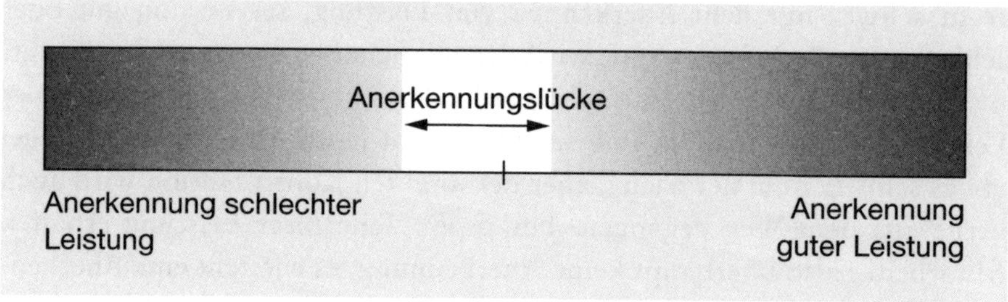

Wie aber können Sie es erreichen, dass sich die Anerkennungslücke schließt? Die Antwort lautet: mit professionellem Feedback. Das bedeutet einerseits, dass Sie Ihre Mitarbeiter zeitnah und nach einer bestimmten Vorgehensweise über Ihre Beobachtungen und Einschätzung informieren, sowohl im Guten als auch im Schlechten. Darüber hinaus schließt ein professionelles Feedback das Gespräch mit dem Mitarbeiter über seine Leistungen und sein Verhalten ein. Gerade wenn Anerkennung tatsächlich etwas bewirken und einen Lernprozess initiieren soll, ist es unumgänglich, es nicht beim reinen Feedback von Beobachtungen und Bewertungen zu belassen, sondern Ihre Mitarbeiter aktiv ins Gespräch einzubeziehen. Wir bezeichnen das als explorierenden Erfahrungsaustausch.

Die Fragen, die durch dieses Kapitel führen, lauten also:

- Wie teilen Sie Ihren Mitarbeitern Ihre Wahrnehmung und Bewertung von ihrem Verhalten und ihrer Leistung mit?
- Wie kommen Sie mit Ihren Mitarbeitern über die eigentliche Rückmeldung hinaus ins vertiefende Gespräch?

Zunächst erläutern wir zur Beantwortung dieser Fragen die Grundlagen professionellen Feedbacks. Im Folgenden betrachten wir positives und kritisches Feedback dann getrennt, denn beide Arten von Feedback stellen unterschiedliche Anforderungen und besitzen unabhängig voneinander ihren Stellenwert als Instrument der Anerkennung.

Die Grundlagen des professionellen Feedbacks

Die folgenden neun Regeln bilden die Grundlage für professionelle Rückmeldung an Ihre Mitarbeiter:

- Denken Sie daran, dass es für Ihre Mitarbeiter, je nach Ihrer bisherigen Feedback-Frequenz, recht ungewohnt sein kann, Rückmeldung zu bekommen. Kündigen Sie Feedback deshalb an.
- Beschränken Sie sich nach Möglichkeit auf eine Situation, über die Sie Rückmeldung geben wollen.
- Geben Sie zeitnahes Feedback, positiv wie negativ. Nur so kann Ihr Mitarbeiter sich noch gut an den Vorfall erinnern. Und Sie erhöhen die Wirksamkeit des Feedbacks deutlich.
- Nennen Sie »Ross und Reiter« und sprechen Sie in der »Ich-Form«, nicht von »man« oder »wir«.
- Unterscheiden Sie zwischen objektiven Fakten (»Mir ist aufgefallen, dass Sie in dieser Woche dreimal erst gegen halb zehn ins Büro gekommen sind.«) und Ihrer subjektiven Wahrnehmung und Interpretation (»Sie sind wirklich unzuverlässig.«)
- Machen Sie sich Ihre Einstellung zu dem Mitarbeiter bewusst und achten Sie auf Ihre Mikrobotschaften (siehe Aufmerksamkeit).
- Begrenzen Sie Ihr Feedback auf das *Verhalten* einer Person, das Sie beobachtet haben, und kritisieren Sie nicht die Person an sich.
- Beschreiben Sie das Verhalten einer Person möglichst genau. Was hätten Sie auf einer Videoaufnahme gesehen und gehört?
- Bleiben Sie nicht im Vergangenen verhaftet, sondern richten Sie Ihre Aufmerksamkeit auf die Zukunft und teilen Sie Ihrem Mitarbeiter mit, wie Sie sich sein Verhalten und seine Leistung in Zukunft vorstellen.

Der explorierende Erfahrungsaustausch

Durch den explorierenden Erfahrungsaustausch tragen Sie dazu bei, für Ihre subjektiven Beobachtungen und die ebenso subjektive Einstellung Ihres Mitarbeiters dazu eine gemeinsame Basis zu schaffen, die auf einem gemeinsamen Verständnis beruht. Nachdem Sie mit Ihrem Feedback Ihre Beobachtung mitgeteilt haben, geht es beim explorierenden Erfahrungsaustausch darum, das »Warum und Wie« herauszufinden. Dabei ist Exploration nicht nur bei negativem Feedback wichtig, sondern auch bei positivem. Denn wir lernen nicht nur aus Fehlern, sondern durch positive Verstärkung auch aus Erfolgen.

Wenn Sie der Exploration einen hohen Stellenwert beimessen, schaffen Sie eine tragfähige Basis für die weitere Entwicklung und können zusammen mit Ihren Mitarbeitern Ihre Schlussfolgerungen ziehen, was man aus einer Situation fürs nächste Mal lernen kann, was man anders oder wieder so machen will. Ebenso wie bei der Rückmeldung selbst, gibt es beim vertiefenden Gespräch mit Ihren Mitarbeitern bestimmte Vorgehensweisen, die Ihnen den Austausch erleichtern.

Gutes Explorieren – bei positivem wie bei negativem Feedback – bedeutet, die richtigen Fragen zu stellen. In Teil III liefern wir Ihnen für jede der bereits erwähnten Kernkompetenzen hierzu konkrete Vorschläge in Form von vorformulierten Fragen. Um erst einmal ins Gespräch zu kommen, bietet sich eine eher allgemeine Impulsfrage an:

- Wie haben Sie die Situation erlebt? oder Wie schätzen Sie das Ergebnis ein?
- Wie gut können Sie mein Feedback nachvollziehen?
- Was war in dieser Situation Ihre Absicht?

Bleiben Sie möglichst sachlich, fragen Sie verhaltensbasiert und wählen Sie einen konstruktiven Ton. Stellen Sie Ihre Fragen also nicht so, dass sich Ihr Mitarbeiter schon beim ersten Wort in die Enge gedrängt fühlt und mit Abwehr reagiert (siehe dazu Feedback-Regeln). Schließlich geht es nicht darum, Ihren Mitarbeiter abzuurteilen oder ihm nachzuweisen, dass Sie es nun einmal besser wissen. Anstatt zu fragen: »Warum sind Sie so ein schwieriger Mitarbeiter?«, fragen Sie lieber »Welche Ziele hatten Sie bei der Auseinandersetzung mit Firma Müller vor Augen?«

Sind Sie durch das Stellen der richtigen Fragen ins Gespräch gekommen, müssen Sie bereit sein, Ihrem Mitarbeiter zuzuhören (siehe Aufmerksamkeit) und versuchen, seine Perspektive nachzuvollziehen – selbst, wenn Sie in der Beurteilung der Situation weiterhin auseinander liegen sollten. Seien Sie sicher, dass Ihr Mitarbeiter gute Gründe für sein Verhalten hatte. Es ist an Ihnen, diese herauszufinden.

Nur wenn Ihnen beides gelingt, die richtigen Fragen zu stellen und zuzuhören, ist eine tragfähige Basis geschaffen, auf der beide Parteien Anregungen und Entwicklungen anstoßen und gemeinsam initiieren können. Denn dann fühlt sich Ihr Mitarbeiter von Ihnen ernst genommen, als Person akzeptiert und eingeladen, seine eigenen Ideen zu seiner Entwicklung einzubringen. Sie haben es somit in der Hand, Ihre Feedbackgespräche Bausteine zum Erfolg werden zu lassen.

Bevor wir uns nun gleich positivem und negativem Feedback getrennt zuwenden, bleibt noch die Frage zu stellen, in welchem Mischungsverhältnis die beiden Arten des Feedbacks stehen sollten. Die psychologische Forschung hilft uns dabei weiter. Denn sie hat herausgefunden, dass wir uns weit mehr mit negativem Feedback beschäftigen als mit positivem. Negatives Feedback hat somit eine ungleich größere Wirkung. Das ist der erste Grund, warum positives Feedback überwiegen sollte. Der zweite Grund ist ein logischer: Wenn Sie Ihre Mitarbeiter passend ausgewählt haben, werden sie natürlich weit mehr Dinge richtig als falsch machen und eine gute Qualität liefern. Sollten Sie also mehr oder auch nur annähernd so viel negatives Feedback aussprechen müssen wie Sie positives Feedback geben, betrachten Sie das als ein Warnzeichen, die Kriterien Ihrer Personalauswahl zu überprüfen.

Über das genaue Mischungsverhältnis von positiver und negativer Kritik gibt es geteilte Meinungen. Diese reichen von »gar keine Kritik üben«, was wir schlicht für realitätsfremd halten, bis hin zum anderen Extrem. Ulrich Hemel, ehemaliger Vorstandsvorsitzender der Paul Hartmann AG, rät zu einem Verhältnis von 3:1. Auch aus unserer Erfahrung empfiehlt sich – je nach Situation und Mitarbeiter – ein solches Verhältnis, das im Zweifelsfall eher noch zugunsten des positiven Feedbacks korrigiert werden kann.

In welchem Verhältnis stehen positives und negatives Feedback bei Ihnen?

Positives Feedback

Gerade im deutschen Kulturkreis werden gute Leistungen häufig für selbstverständlich gehalten. Oft wird schon nicht erfolgte Kritik als Zeichen für gute Leistung gesehen: Solange die Führungskraft nichts sagt, »weiß« der Mitarbeiter, dass alles in Ordnung ist. Doch dieses »alles in Ordnung« kann nicht die einzige Messlatte für Leistung sein; dann gäbe es in der Tat nur ausreichende und nicht ausreichende Leistung.

Will eine Führungskraft auch im positiven Leistungsbereich Abstufungen unterscheiden, um letztlich nicht nur gute, sondern auch sehr gute Ergebnisse zu erzielen, ist ein differenziertes, anerkennendes Feedback eine absolute Notwendigkeit. So erfährt der Mitarbeiter, dass er etwas gut gemacht hat, wie genau Sie seine Leistung einschätzen, was genau er gut gemacht hat und dass er sich auf dem richtigen Weg befindet. Und nicht zuletzt: Jeder freut sich über eine Anerkennung, sie wirkt unglaublich motivierend. Stellen Sie sich deshalb die folgende Frage:

> Wie oft haben Sie in den letzten drei Tagen einen Mitarbeiter auf eine gute oder sehr gute Leistung angesprochen?

Wie zufrieden sind Sie mit Ihrer Anerkennungsbilanz? Sind Ihnen nur wenige Situationen eingefallen, in denen Sie positives Feedback gegeben haben? Überlegen Sie einmal im Nachhinein, in welchen Situationen es sich in den letzten drei Tagen angeboten hätte, einen Ihrer Mitarbeiter auf ein vorbildliches Verhalten oder ein gutes Ergebnis anzusprechen. Sicher fallen Ihnen einige Situationen dazu ein.

Suchen Sie Erfolge bei Ihren Mitarbeitern

Machen Sie es sich zur Angewohnheit, im Arbeitsalltag Ihrer Mitarbeiter nach Gelegenheiten zu suchen, positives Feedback zu geben. Greifen Sie sich ein aktuelles Beispiel aus dem Verhalten des Mitarbeiters heraus, das Sie ganz konkret ansprechen: »Ich habe eben Ihr Verkaufsgespräch mit Herrn Müller mitbekommen. Es hat mir sehr gut gefallen, wie Sie auf ihn eingegangen sind.« Oder auch: »Ihre Marktanalyse hat mir gut gefallen, sehr fundiert und gleichzeitig hat sie einen guten Überblick gegeben und war leicht verständlich. Da sehe ich eine wirkliche Stärke bei Ihnen, von der unser Team sehr profitiert.«

Unser Tipp: Fällt Ihre Anerkennungsbilanz nicht so gut aus, führen Sie Buch über positives Feedback! Setzen Sie sich für die kommende Woche ein spezifisches Ziel, beispielsweise an jedem Tag einmal eine positive Rückmeldung zu geben. Jedes Mal, wenn Sie einen Mitarbeiter auf eine gute Leistung ansprechen, notieren Sie es, vielleicht in Ihrem Kalender. Eine einfache Strichliste erfüllt diesen Zweck vollkommen. Wenn Sie nach einer Woche fünf Striche in Ihrer Liste haben, können Sie Ihr Ziel langsam steigern. Als positiven Nebeneffekt werden Sie feststellen, dass Sie selbst auch in eine gute Stimmung kommen, wenn Sie öfter ein anerkennendes Wort für Ihre Mitarbeiter finden. Und wie bereits angedeutet haben Sie als Führungskraft Vorbildfunktion (siehe das Kapitel »Anregung«). Es könnte also sein, dass Ihre Mitarbeiter sich untereinander und auch Ihnen mehr Anerkennung schenken.

Kosten Sie Erfolge aus

Belassen Sie es nicht beim bloßen Feedback, sondern suchen Sie darüber das vertiefende Gespräch mit Ihrem Mitarbeiter, indem Sie ihn fragen, wie er selbst die Situation einschätzt. Zelebrieren Sie so den Erfolg Ihres Mitarbeiters: »Wie haben Sie es geschafft, diese gute Kundenbeziehung aufzubauen?« Oder: »Wie sind Sie bei der Analyse vorgegangen?« Sie werden merken, dass Ihr Mitarbeiter diese Art von explorierendem Feedback als Anerkennung seiner Leistung wertet und gerne davon spricht, warum er Erfolg hatte.

Die folgenden Fragen können Ihnen als Orientierung für ein Gespräch mit Ihrem Mitarbeiter über seinen Erfolg dienen:

- Was genau hat Ihr Mitarbeiter gut gemacht?
- Worauf ist der Erfolg zurückzuführen?
- Welche speziellen Fähigkeiten hat Ihr Mitarbeiter eingesetzt? Was hat er konkret getan, um die gute Leistung zu erwirken?

- Welche positiven Auswirkungen hat das Ergebnis?
- Was bedeutet das Ergebnis für die Kunden?
- Wie beurteilen Sie das Ergebnis und was bedeutet es für Sie persönlich? Was bedeutet es für den Mitarbeiter?
- Was können Sie/der Mitarbeiter/das Team für zukünftige Aufgaben daraus lernen?

Bei diesen Unterhaltungen sollte es sich gar nicht um zeitintensive Diskussionen handeln. Es kommt auch hier auf das Wesentliche an. Wie eine kompakte Exploration der Situation aussehen kann, veranschaulicht Ihnen das nächste Beispiel.

Führungskraft: »Ich habe eben Ihr Verkaufsgespräch mit Herrn Müller mitbekommen. Es hat mir sehr gut gefallen, wie Sie auf ihn eingegangen sind.«

Mitarbeiter: »Oh, danke. Ist ja auch ein Netter!«

Führungskraft: »Na ja, das geht schon auf Ihr Konto, finde ich! Sie sind sehr geschickt mit seinen Einwänden umgegangen.«

Mitarbeiter: »Stimmt – jetzt wo Sie's sagen. Darauf hatte ich mich auch extra vorbereitet, nachdem er am Telefon schon erste Andeutungen in diese Richtung gemacht hatte.«

Führungskraft: »Klasse! Was ist Ihnen denn sonst noch an dem Gespräch aufgefallen?«

Mitarbeiter: »Mhhh ... Lassen sich mich mal überlegen ... also, ich habe wohl recht begeistert von unserem Produkt erzählt ...«

Führungskraft: »Ja, der Funke ist übergesprungen. Gut gemacht; ich denke, da haben wir einen neuen Stammkunden gewonnen.«

Welche Reaktion löst dieses Gespräch bei Ihnen aus, wenn Sie sich in die Rolle des Mitarbeiters versetzen? Solch ein Gespräch dauert im Übrigen nicht einmal eine Minute. Man könnte fast sagen: Personalentwicklung zwischen Tür und Angel!

Ein Lob ist ein Lob

Bisher haben wir eine Form der positiven Anerkennung noch gar nicht beachtet: das gute, alte Lob. Dafür wollen wir, frei nach Gertrude Stein, noch schnell eine Lanze brechen. Heutzutage ist das Lob etwas in Verruf geraten. Es zementiere eine ungleiche Beziehung zwischen Lobendem und Gelobtem, so die Kritik. Die Führungskraft könne gemäß Ihres Amtes entscheiden, was der Mitarbeiter gut gemacht hat, ohne dass dieser einen Anhaltspunkt dafür habe, was er denn nun im Detail gut gemacht hat.

Dennoch erfüllt ein Lob genauso seinen Zweck wie ein professionelles, ausführliches Feedback. Es signalisiert Ihrem Mitarbeiter, dass Sie interessiert sind, bestärkt ihn in seinem Verhalten und regt ihn dazu an, sich in diese Richtung weiterzuentwickeln. Natürlich kann das Lob einem fachgerechten Feedback in Sachen Differenziertheit nicht das Wasser reichen. Doch gerade, wenn die Zeit knapp ist oder die Situation einfach nicht nach mehr verlangt, ist ein aufrichtiges »Gut gemacht, prima Ergebnis!« aus dem Bauch heraus allemal die passende Reaktion.

Der Einwand, dass ein Lob die hierarchische Beziehung zwischen Führungskraft und Mitarbeiter verdeutlicht, ist nicht mehr als eine Spiegelung der Realitäten in Unternehmen. Auch wenn Sie nicht loben, existiert die Hierarchie. In diesem Sinne gilt: Besser ein Lob als gar keine Anerkennung.

Reichen Sie Feedback an Ihre Mitarbeiter weiter

Der Prophet im eigenen Lande gilt nicht so viel, wie der von auswärts. Wenn Sie also von Menschen, die nicht aus Ihrem direkten Bereich kommen – das kann ein Kunde oder der eigene Vorstand sein – positives Feedback über Ihr Team hören, geben Sie es weiter: »Vorstand Schmitt war ganz begeistert von der Analyse!«

Nutzen Sie Gelegenheiten, in denen ein »Fremder« Ihnen positives Feedback gibt, auch gleich dazu, die gute Leistung Ihres Teams ins rechte Licht zu rücken (bei kritischem Feedback gilt das natürlich nicht). Somit wird die gute Qualität Ihres Teams allgemein bekannt und über ein paar Ecken hört sicher auch Ihr Team wieder von der guten Beurteilung.

> Wann haben Sie das letzte Mal vor Kollegen, Vorgesetzten oder Kunden positiv über die Leistung Ihrer Mitarbeiter gesprochen?

Materialisierte Anerkennung

Ein anerkennendes Wort übt eine motivierende Wirkung auf Ihre Mitarbeiter aus, doch manchmal darf es ruhig ein bisschen mehr sein. Die meisten Mitarbeiter freuen sich über »materialisiertes Feedback«, auch wenn es die Wirkung eines persönlichen Feedbacks nie ersetzen kann.

Überlegen Sie auch, was den einzelnen Mitarbeiter motivieren könnte (siehe das Kapitel »Aufmerksamkeit«). Wer ein großes Interesse am Lernen hat oder daran, die Dinge zu verbessern, wird sich über eine neue, herausfordernde Aufgabe freuen oder vielleicht über einen speziellen Lehrgang. Ein eher gesellig orientierter Mitarbeiter wird von einem gemeinsamen Abend in seinem Lieblingsrestaurant begeistert sein.

Wenn Sie einem Mitarbeiter also für eine besondere Leistung etwas »Greifbares« zukommen lassen wollen, achten Sie darauf, dass Sie die Anerkennung auf den Mitarbeiter abstimmen. Es ist kaum sinnvoll, einem Anti-Alkoholiker eine Flasche Champagner zu schenken oder einem bekennenden Asien-Fan einen Bildband über die Vereinigten Staaten. Wenn Sie über die Gewohnheiten Ihres Mitarbeiters nicht genau Bescheid wissen, fragen Sie Kollegen oder einfach ihn selbst.

Über die individuelle Anerkennung hinaus ist es empfehlenswert, Erfolge Ihres Teams gemeinsam zu feiern. Haben Sie mit Ihrem Team beispielsweise ein besonders gutes finanzielles Ergebnis erzielt, einen neuen Kunden gewonnen oder eine angepeilte Leistung mit Erfolg fertig gestellt, sollten Sie dies zum Anlass nehmen, ein wenig Aufhebens davon zu machen, beispielsweise mit einem Umtrunk oder einem gemeinsamen Essen. Nutzen Sie solche Situationen auch dazu, sich bei Ihrer Mannschaft für ihren Einsatz zu bedanken.

Einen Aspekt materialisierter Anerkennung haben wir noch nicht beleuchtet, die Beförderung. Insbesondere in Unternehmen mit einer ausgeprägten Titelstruktur steht dieses Thema jährlich auf der Agenda und wird nicht selten als Synonym für Personalentwicklung verwendet. Doch davor, die Beförderung quasi als Universalinstrument der Personalentwicklung zu verwenden, ist aus mehreren Gründen nur zu warnen. Schnell bleibt das individuelle Feedback dann auf der Strecke, denn schließlich wurde der Mitarbeiter ja befördert – das muss als Anerkennung reichen.

Darüber hinaus bestehen in diesem Punkt enge Parallelen zu einer Gehaltserhöhung, denn die positive Auswirkung auf das Engagement eines Mitarbeiters ist nur von ausgesprochen kurzer Dauer.

Doch der am weitesten verbreitete Fallstrick der Beförderungs-»Kultur«, der sie zugleich zum Risiko für das Unternehmen werden lässt, ist das Peter-Prinzip: Ein Mitarbeiter wird – als Anerkennung seiner Leistung – so lange befördert, bis er seine Position nicht mehr ausfüllen kann. Besonders häufig trifft man auf diesen Fall in Unternehmen, in denen die fähigsten Teammitglieder in Führungspositionen »befördert« werden. Dabei sollten diejenigen Führungskräfte, die diese Entscheidungen treffen, selbst am besten wissen, dass zu einer guten Führungskraft weit mehr gehört als fachliche Expertise. Und noch häufiger als die Führungskompetenz wird das Motiv zum Führen in den Beförderungsentscheidungen ausgeblendet. Da findet sich dann ein begnadeter Kundenberater in der Rolle des Abteilungsleiters wieder, vermisst »seine Kunden« und hat nicht einmal den Wunsch, das Führen zu lernen. Einige Unternehmen haben daher Alternativen entwickelt und bieten ihren Mitarbeitern Fach- und Projektkarrierewege an, die gleichwertig neben den Führungskarrieren stehen.

Doch auch hier gilt es, diejenigen Mitarbeiter nicht zu übersehen, die engagiert und erfolgreich arbeiten, auf eine Beförderung – gleich welcher Art – jedoch keinen großen Wert legen. Diversifizieren Sie also Ihr Portfolio von Anerkennungsinstrumenten – dieser Ratgeber bietet Ihnen dabei eine Fülle von Anregungen. Und fragen Sie vor allem Ihre Mitarbeiter, welche Formen von Anerkennung sie sich wünschen und welche Vorstellung sie von Karriere haben.

> Überlegen Sie, welcher Ihrer Mitarbeiter welche Form einer materialisierten Anerkennung besonders wertschätzen würde.

Kritisches Feedback

Kritisches Feedback ist als Anerkennung genauso wichtig wie positives. Auch damit schenkt eine Führungskraft ihrem Mitarbeiter Aufmerksamkeit und signalisiert ihm so, dass sie ihn wichtig nimmt, ihn wertschätzt und sich Gedanken um seine Entwicklung macht. Eine negative Rückmeldung zu geben scheint vielen Führungskräften unangenehm zu sein, weil sie niemandem wehtun wollen, sich vor den (emotionalen) Reaktionen der

Mitarbeiter scheuen oder sich nicht unbeliebt machen möchten. Wenn Sie allerdings ein paar einfache Regeln beachten, wird Ihnen auch das Geben von kritischem Feedback leichter gelingen:

- Warten Sie nicht zu lange und kehren Sie vor allem nichts unter den Teppich, denn dadurch entstehen meistens noch weit größere Probleme.
- Wie möchten Sie selbst kritisiert werden? Formulieren Sie Ihr Feedback immer so, dass Sie es selbst gut annehmen könnten. Vergessen Sie für den Moment des Feedbacks einmal, dass Sie eigentlich die Führungskraft sind, und tun Sie so, als ob Sie einem Kollegen Feedback geben.
- Haben Sie immer im Hinterkopf, dass Ihr Mitarbeiter eine bestimmte, für ihn positive Absicht mit seinem Verhalten verfolgt hat.
- Kündigen Sie kritisches Feedback vorher an und überfallen Sie den Mitarbeiter nicht damit.
- Legen Sie den Zeitpunkt für kritisches Feedback nach Möglichkeit so, dass nicht gleich darauf ein Wochenende oder gar der Jahresurlaub des Mitarbeiters folgt.
- Vermeiden Sie unter allen Umständen, kritisches Feedback im Beisein anderer zu geben. Seien Sie auch schon bei der Absprache eines Termins diskret.
- Geben Sie Ihrem Mitarbeiter die Chance, aus seinem Verhalten zu lernen.

Einige dieser Punkte beleuchten wir im Folgenden näher.

Kritisieren Sie zeitnah

Kennen Sie das: Ein Mitarbeiter begeht einen Fehler oder liefert eine Arbeit ab, die Ihren Ansprüchen nicht genügt. Doch weil Sie gerade einen Berg von Arbeit zu erledigen haben, in einer halben Stunde ein wichtiges Meeting beginnt und Sie bis dahin auch noch ein dringendes Telefonat führen müssen, entscheiden Sie sich, erst einmal nichts zu sagen. Und irgendwie sind Sie auch ganz froh, dem Kritikgespräch erst einmal aus dem Weg gegangen zu sein. Doch schon während des Telefonats merken Sie, wie der Ärger in Ihnen hochsteigt. »Wie soll das jetzt noch rechtzeitig fertig werden? Ich habe ihm doch extra gesagt, worauf er achten soll. Das ist ja mal wieder typisch: Hört immer nur mit halbem

Ohr zu und denkt sich, lass den ruhig reden. Und überhaupt, seine überhebliche Art geht mir schon lange auf die Nerven. Da muss endlich mal was passieren.«

Von einem einzigen Fehler ist damit schnell der Bogen gespannt hin zu einer kompletten Aburteilung, die Argumentationskette zuungunsten Ihres Mitarbeiters verselbstständigt sich und Sie lassen kein gutes Haar mehr an ihm. Und darüber hinaus sind Sie nur mit halbem Ohr bei Ihrem Telefonat. Äußern Sie Kritik deshalb immer zeitnah. Mit zunehmendem Abstand vom eigentlichen Ereignis wird es schwieriger, Kritik angemessen zu äußern. Wenn Sie Ihren Ärger in sich hineinfressen, werden Sie beim kleinsten Anlass explodieren, ohne dass noch jemand weiß, worum es damals eigentlich ging. Kritisieren Sie eine Leistung oder ein bestimmtes Verhalten hingegen zeitnah, ist es meistens mit einer Frage und einem klärenden Wort aus der Welt geschafft. Doch nicht nur die angemessene Formulierung wird umso schwieriger, je länger Sie ein Kritikgespräch aufschieben, es wird mit der Zeit zu einem unüberwindbaren Hindernis, den Mitarbeiter überhaupt auf den Vorfall anzusprechen. Abbildung 13 veranschaulicht diesen Zusammenhang.

Abbildung 13: **Schwierigkeitsgrad von Kritik im Zeitverlauf I**

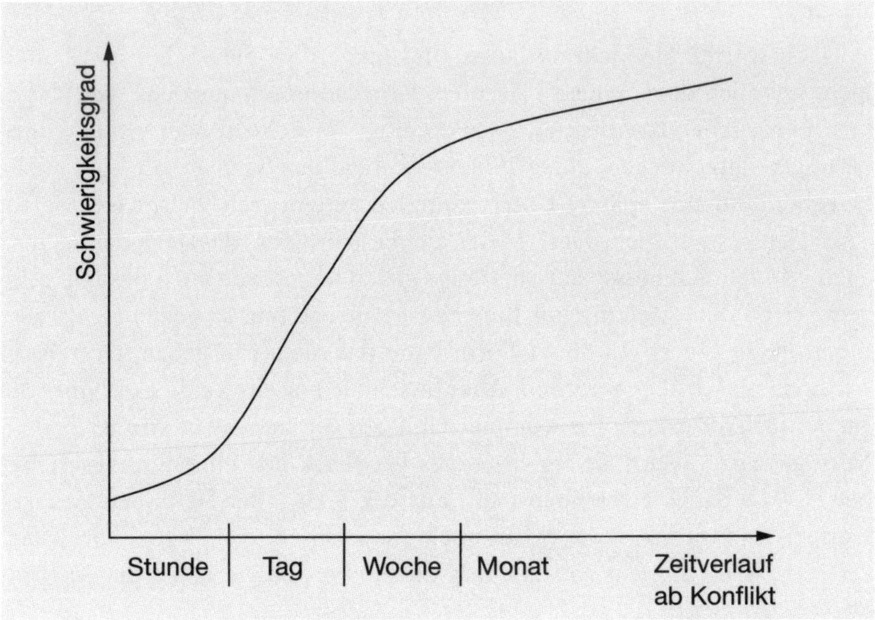

Menschlich ist diese Aufschieberei nur zu verständlich. Man ist damit einem Gespräch, das vielleicht etwas unangenehm geworden wäre, erst einmal aus dem Weg gegangen. Doch langfristig ist damit ist nichts gewonnen, ganz im Gegenteil, es wird immer schwieriger, es zu führen. Schließlich spricht noch ein ganz praktisches Argument für zeitnahes Feedback: Ihr Mitarbeiter weiß, woran er ist und kann beim nächsten Mal bereits anders handeln.

Wenn zeitnahes Feedback nicht möglich ist

In manchen Situationen ist es einfach nicht möglich, zeitnahes Feedback zu geben. Das kann verschiedene Ursachen haben, beispielsweise:

- Sie haben tatsächlich keine Zeit.
- Sie spüren, dass etwas nicht in Ordnung ist, können aber noch nicht genau sagen, was es ist.
- Sie sind emotional sehr involviert und würden in einer Unterhaltung zu aufbrausend reagieren.
- Andere Personen sind anwesend.

In solchen Fällen ist es notwendig oder empfiehlt es sich, das Feedback-Gespräch mit Ihrem Mitarbeiter auf einen späteren Zeitpunkt zu verschieben.

Doch warten Sie nicht zu lange, und nutzen Sie die »Schonfrist« auch nicht heimlich dazu, einem klärenden Kritikgespräch aus dem Weg zu gehen. Für solche »Krisensituationen« sollten Sie sich ein oder zwei Formulierungen zurechtlegen, die es Ihnen erlauben, den Sachverhalt kurz anzusprechen und eine spätere Unterredung zu vereinbaren. Beispielsweise so: »Auf den ersten Blick, Herr Meier, denke ich nicht, dass wir das so machen können. Ich muss jetzt allerdings gleich los, würde mich deshalb aber gerne nach dem Meeting mit Ihnen zusammensetzen, so gegen fünf. Passt Ihnen das?« Oder: »In dieser Form kann das nicht rausgeben, da müssen wir noch mal drüber sprechen. Aber lassen Sie mir ein wenig Zeit, über die Sache nachzudenken. Ich komme dann auf Sie zu, sagen wir nach dem Mittagessen?« Wenn Sie Ihr negatives Feedback erst einmal anvisiert haben, ist die Sache zwar noch nicht aus der Welt, aber Sie haben Zeit gewonnen und die Kritik ist, wenn auch unspezifisch, erst einmal adressiert, belastet Sie nicht mehr so stark und die erlebte Schwierigkeit der Ansprache wächst nicht.

Abbildung 14: Schwierigkeitgrad von Kritik im Zeitverlauf II

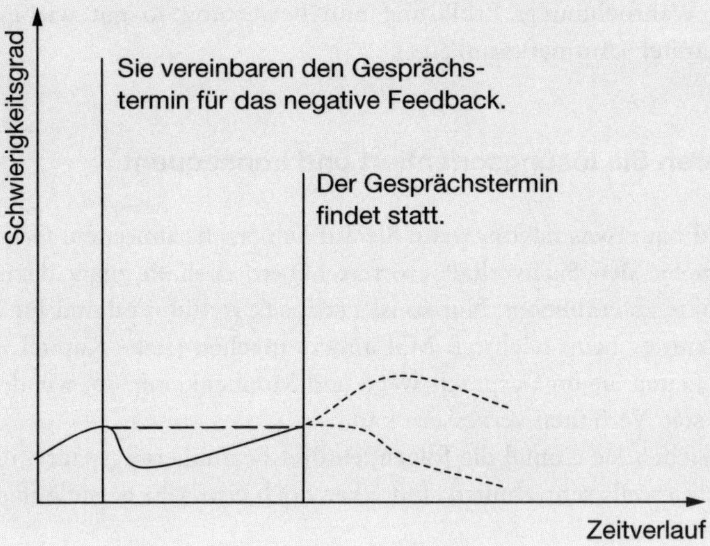

Bleiben Sie sachlich

Wir haben es gerade schon angesprochen: Manchmal ist man aufgrund einer schlechten Leistung zu ungehalten für ein faires Feedback und zielt mit harschen Kommentaren, vielleicht ohne es zu wollen, unter die Gürtellinie. Schneller als es einem im Nachhinein lieb ist, hat man den Mitarbeiter beispielsweise vor versammelter Mannschaft angegiftet (»Wie oft soll ich Ihnen das denn noch erklären?«), ist zynisch geworden (»Ah, da haben wir ja einen ausgewiesenen Experten in unseren Reihen.«) oder hat den Mitarbeiter pauschal abgeurteilt (»Aus Ihnen wird sicher nie ein guter Controller.«). Allen Formen dieser plumpen, unfairen und definitiv deplatzierten Kritik ist eines gemeinsam: Sie vergiften jedes Betriebsklima im Handumdrehen und verhindern sehr wirkungsvoll, dass Sie mit Ihrem Mitarbeiter ein auch nur halbwegs vernünftiges Gespräch führen. Machen Sie es sich in solchen Fällen deshalb zur Regel, erst einmal innerlich bis zehn zu zählen, Ihre Unzufriedenheit kurz und sachlich auszusprechen und einen späteren Gesprächstermin zu vereinbaren.

Bleiben Sie gerade bei negativem Feedback sachlich und beschreiben Sie genau die beobachtete Situation und das Verhalten des Mitarbeiters. Trennen Sie Wahrnehmung, Erklärung und Bewertung so gut wie möglich (siehe Kapitel »Aufmerksamkeit«).

Kritisieren Sie lösungsorientiert und konsequent

Niemand hat etwas davon, wenn Sie auf Fehlern herumreiten. Gehen Sie, nachdem Sie den Sachverhalt erörtert haben, deshalb zügig dazu über, Lernpunkte zu etablieren. Nur so ist Feedback zielführend und Ihr Mitarbeiter kann es beim nächsten Mal anders machen (siehe Kapitel »Anregung«). Leiten Sie im Gespräch Wege und Möglichkeiten ab, wie der Mitarbeiter sein Verhalten verbessern kann.

Vergleichen Sie einmal die folgenden drei Formulierungspaare, die sich inhaltlich jeweils sehr ähnlich sind, aber doch eine sehr gegenläufige Wirkung entfalten:

1. Beispiel: »Das darf ja nicht wahr sein – jetzt platzt der ganze Zeitplan! So etwas darf einfach nicht passieren!« Oder aber: »Was können wir jetzt tun, um doch noch möglichst dicht am ursprünglichen Zeitplan zu bleiben? Und lassen Sie uns nachher darüber sprechen, wie wir so einen Patzer das nächste Mal vermeiden können.«

2. Beispiel: »So geht das nun wirklich nicht! Da hätten Sie einfach besser aufpassen müssen, das ist unser wichtigster Kunde.« Oder aber: »Dieser Fehler ist wirklich sehr ärgerlich; lassen Sie uns zusammen überlegen, wie das beim nächsten Mal besser funktioniert. Zuerst möchte ich aber mit Ihnen eine Lösung finden, wie Sie das wieder hinbekommen. Welche Ideen haben Sie? Brauchen Sie Unterstützung?«

3. Beispiel: »Das kann ich so nicht akzeptieren, da sind ja lauter Fehler drin. Haben Sie das nicht gesehen?!« Oder aber: »Das ist nicht die Qualität, die ich erwarte. Lassen Sie doch in solchen Fällen in Zukunft bitte immer noch einen Kollegen die Ergebnisse überprüfen. Die sind einfach zu wichtig, als dass wir uns Fehler leisten dürften. Bis wann können Sie diese Sache in Ordnung bringen?«

Sicher haben Sie den Unterschied in der Wirkung der beiden Alternativen gespürt. Während sich der Mitarbeiter, der sein Feedback in der kritischen Variante erhält, schnell auf eine Verteidigungsposition zurückziehen wird (»Aber so war das doch gar nicht ...«), haben Sie mit einem Feedback in der lösungsorientierten Variante einen Verbündeten gewonnen, das Problem schnell aus der Welt zu schaffen und es beim nächsten Mal besser zu machen. Noch ein Tipp zum wirkungsvollen Kritisieren: Formulieren Sie Ihre Erwartungen als Wunsch. Beispielsweise: »Bitte ziehen Sie bei solchen massiven Problemen in Zukunft einen Kollegen oder mich hinzu.« Ihr Mitarbeiter kann Ihre Vorstellungen leichter annehmen, als wenn Sie beispielsweise sagen: »Nächstes Mal fragen Sie mich besser gleich!«

Geben Sie Ihrem Mitarbeiter immer die Möglichkeit, seinen Fehler zu verbessern und in einer zukünftigen Situation zu vermeiden. Wenn Sie allerdings trotz ehrlicher Anstrengungen eine ganze Weile vergeblich versucht haben, einen Mitarbeiter zu unterstützen, aber immer wieder derselbe Fehler auftritt, zögern Sie nicht, über das verbale Feedback hinaus Konsequenzen zu ziehen. Wenn Kompetenzen, Stärken und Motive eines Mitarbeiters nicht zu den Anforderungen einer Position passen, ist es auch im Interesse des Mitarbeiters, einen Wechsel ins Auge zu fassen – und der kann ja durchaus auch unternehmensintern stattfinden. In diesem Sinn gibt es also eine positive Seite der Fluktuation, denn auch bei Personalentwicklung geht es immer um Leistung und Erfolg.

So meistern Sie schwierige Situationen beim Feedback-Geben

Ein Feedbackgespräch verläuft nicht immer wie geplant. Gerade wenn Mitarbeiter durch Feedback unerwartete oder neue Informationen über sich erhalten, kann es – je nach Fähigkeit zur Selbstkritik des Mitarbeiters und je nach Erfahrung im Feedback-Geben aufseiten der Führungskraft – zu ausweichendem oder konfrontativem Verhalten des Mitarbeiters kommen: Die Kritik wird heruntergespielt, relativiert, als Ausnahme dargestellt oder sogar komplett abgelehnt. Immer wieder kommt es dazu, dass Mitarbeiter trotz eines professionell gegebenen Feedbacks ärgerlich werden, ihr Verhalten oder Situationen bestreiten oder einfach nur dasitzen und schweigen. Diese drei typischen Situationen sind für jede Führungskraft schwierig, weil man leicht versucht ist, selbst ärgerlich und laut zu werden oder auch einen Teil des Gesagten wieder zurückzunehmen. Das sind aber keine empfehlenswerten Wege, um mit Widerstand umzugehen. Deshalb haben wir hier einige Tipps zusammengestellt, wie Sie sich verhalten können, wenn sich das Feedback-Gespräch schwierig gestaltet.

Wenn Ihr Mitarbeiter ärgerlich wird

Eine Situation, die öfter befürchtet wird, als sie auftritt: Sie sprechen einen Mitarbeiter auf eine schlechte Leistung an und – kaum haben Sie ausgesprochen – schimpft Ihr Mitarbeiter los, dass die Beurteilung ungerecht sei, dass er sich unfair behandelt fühlt, eigentlich ein Kollege schuld sei und so weiter. Im ersten Moment wissen Sie gar nicht wie Ihnen geschieht, denn Sie haben das Feedback sachlich vorgetragen, genau das Verhalten des Mitarbeiters beschrieben und eigentlich war es gar keine große Sache. Folgendes können Sie dann tun:

- Widerstehen Sie Ihrem ersten Impuls, selbst ärgerlich zu werden, Ihrem Mitarbeiter zu widersprechen oder die Situation abzubrechen. Hören Sie erst einmal zu und lassen Sie Ihrem Mitarbeiter und seinem Ärger freien Lauf.
- Bleiben Sie ruhig – das gilt besonders für Ihre Gesten und Ihre Stimme. Denn wenn Sie jetzt auch noch aufbrausend werden, ist eine Eskalation des Gesprächs absehbar. Das sprichwörtliche tiefe Durchatmen hilft.
- Bleiben Sie bei der ursprünglichen Situation, zu der Sie Ihrem Mitarbeiter Feedback geben wollten. Lassen Sie sich nicht dazu verleiten, plötzlich über andere Situationen oder Personen zu sprechen. Sagen Sie zum Beispiel: »Darüber können wir gerne ein andermal sprechen, wenn Ihnen das Thema wichtig ist. Heute möchte ich diese Situation mit Ihnen klären.« Wiederholen Sie Ihre Punkte, wenn es notwendig sein sollte.
- Erklären Sie Ihrem Mitarbeiter, dass es nicht um die Beurteilung seiner Person, sondern »nur« um eine spezielle Situation geht. Zeigen Sie gegebenenfalls andere, ähnliche Situationen auf, in denen sich der Mitarbeiter anders verhalten hat.

Wenn Ihr Mitarbeiter alles bestreitet

»So war das nicht«, behauptet Ihr Mitarbeiter steif und fest. Sie haben das Gefühl, als ob Sie gegen eine Wand reden und merken, wie Sie langsam ärgerlich werden. Denn nicht nur Sie selbst kennen den Sachverhalt aus eigener Anschauung, sondern Sie sind auch schon von Kollegen darauf angesprochen worden. Folgendes können Sie tun:

- Auch in diesem Fall gilt: Bewahren Sie Ruhe.
- Geben Sie so genaue Beispiele vom Verhalten des Mitarbeiters wie möglich. Machen Sie deutlich, dass es sich um eine Beschreibung seines Verhaltens handelt, so wie Sie oder andere Mitarbeiter es erlebt haben.
- Finden Sie heraus, was Ihr Mitarbeiter bestreitet. Ist es sein Verhalten, dessen Konsequenzen oder Ihre Bewertung? Suchen Sie den kleinsten gemeinsamen Nenner und arbeiten sich von dort langsam vor, indem Sie weitere Fragen stellen.
- Gehen Sie auf die Situation ein, in der sich der Mitarbeiter befindet: »Ich merke, es fällt Ihnen schwer, das zu akzeptieren.« Oder: »Ich erinnere mich an eine Situation, in der es mir ähnlich ging wie Ihnen jetzt, da wollte ich das Feedback meines Chefs auch nicht akzeptieren.«
- Thematisieren Sie die Folgen einer Verhaltensänderung: »Was würde passieren, wenn Sie es das nächste Mal anders machen? Was wenn Sie es wieder genauso machen?«

Wenn Ihr Mitarbeiter schweigt

Für viele Manager ist Schweigen als Reaktion auf ein Feedback am schwersten zu ertragen. Der Mitarbeiter sitzt wie versteinert da, sagt nichts und hat vielleicht sogar Tränen in den Augen. Ihr Feedback hat ihn offensichtlich überrascht oder an einem wunden Punkt getroffen und er kann oder will aktuell nichts dazu sagen. Sie können folgendermaßen vorgehen:

- Häufig braucht der Mitarbeiter einfach ein wenig Zeit, um das Gehörte zu verarbeiten. Lassen Sie ihm diese Zeit im Gespräch und versuchen Sie nicht, die Situation für ihn zu interpretieren. Üben Sie sich darin, Schweigen auszuhalten.
- Animieren Sie Ihren Mitarbeiter durch offene Fragen, sich zu öffnen. »Was geht Ihnen jetzt durch den Kopf?« Oder: »Wie sehen Sie die Situation?«
- Gerade wenn Sie einen wunden Punkt getroffen haben, kann es sehr sinnvoll sein, eine Gesprächspause einzulegen. Laden Sie Ihren Mitarbeiter in diesem Fall dazu ein, die Sache erst einmal ruhen zu lassen und vereinbaren Sie einen neuen Termin: »Ich merke, dass es Ihnen im Moment schwer

fällt, etwas dazu zu sagen. Wenn Sie möchten, können wir einen neuen Termin vereinbaren – kommen Sie doch bitte bis spätestens morgen früh auf mich zu.« Signalisieren Sie Ihrem Mitarbeiter, dass Sie in diesem Gespräch selbstverständlich dazu bereit sind, Fragen dazu zu beantworten, wie Sie zu dieser Einschätzung gekommen sind und dass es einzig und allein darum geht, wie zukünftig besser verfahren werden kann.

Diese Hinweise und die zentrale Stellung der Anerkennung innerhalb der Triple-A-Methode machen deutlich, welch besonderer Stellenwert dem Gespräch zwischen Führungskraft und Mitarbeiter in der Personalentwicklung zukommt. Die Schaffung einer konstruktiven Kultur (siehe Teil I) findet seinen Ursprung ebenso in diesen Gesprächen wie die Ausrichtung des individuellen Handelns auf Leistung und Erfolge.

Gelingt Ihnen diese Form der Anerkennung, die wie beschrieben über die Alltagsdefinition hinaus auch das negative Feedback und die gemeinsame Exploration von Sachverhalten umschließt, haben Sie eine solide Basis für erfolgversprechende Anregungen geschaffen.

Kapitel 8

Anregung

Anregung bedeutet, Mitarbeiter zu einer gewünschten Leistung zu veranlassen und sie dabei zu unterstützen. Das kann eine Führungskraft einerseits ganz explizit tun, indem sie einem Mitarbeiter beispielsweise eine bestimmte Aufgabe überträgt und ihm gezielte Unterstützung für ihre Erfüllung anbietet. Andererseits fordert eine Führungskraft ihre Mitarbeiter durch ihr eigenes Verhalten, dem Vorbildcharakter zukommt, indirekt ständig dazu auf, bestimmte Dinge zu tun oder eben auch zu unterlassen. Letztlich ist also jede Ihrer Handlungen zumindest potenziell eine Anregung für Ihre Mitarbeiter. Schon der Unterschied zwischen einem freundlichen »Guten Morgen« und dem grußlosen Verschwinden im eigenen Büro macht dies deutlich. Beides wird seine »anregende« Wirkung auf die Mitarbeiter nicht verfehlen.

Ihnen stehen als Führungskraft also prinzipiell zwei Wege offen, Ihre Mitarbeiter zu einem bestimmten Verhalten anzuregen: Explizite und implizite Anregung, wobei sich letztere nicht vermeiden lässt.

Explizite Anregung umfasst bewusst eingesetzte Handlungen einer Führungskraft, die den Mitarbeiter zu einer bestimmten Leistung veranlassen oder ihn dabei unterstützen sollen. Dazu gehören beispielsweise Zielvereinbarungen, Task-Assignment, Job-Design und Training.

Implizite Anregung umfasst folglich die nicht bewusst und unspezifisch eingesetzten Handlungen einer Führungskraft, an denen sich die Mitarbeiter durch ein Lernen am Modell orientieren. Im Wesentlichen bedeutet implizite Anregung demzufolge ein Klima und eine Kultur zu schaffen, die bestimmte Verhaltensweisen fördern, andere hingegen hemmen.

Welche Bedeutung kommt nun den beiden Formen von Anregung zu? Der Vergleich mit einem Eisberg verdeutlicht es bildlich: Über dem Wasser ist der kleinere Teil sichtbar, in unserem Fall die explizite Anregung, der bei weitem größere Teil, die implizite Anregung, befindet sich sozusagen unsichtbar unter der Wasseroberfläche.

Abbildung 15: **Anregung nach dem Eisberg-Prinzip**

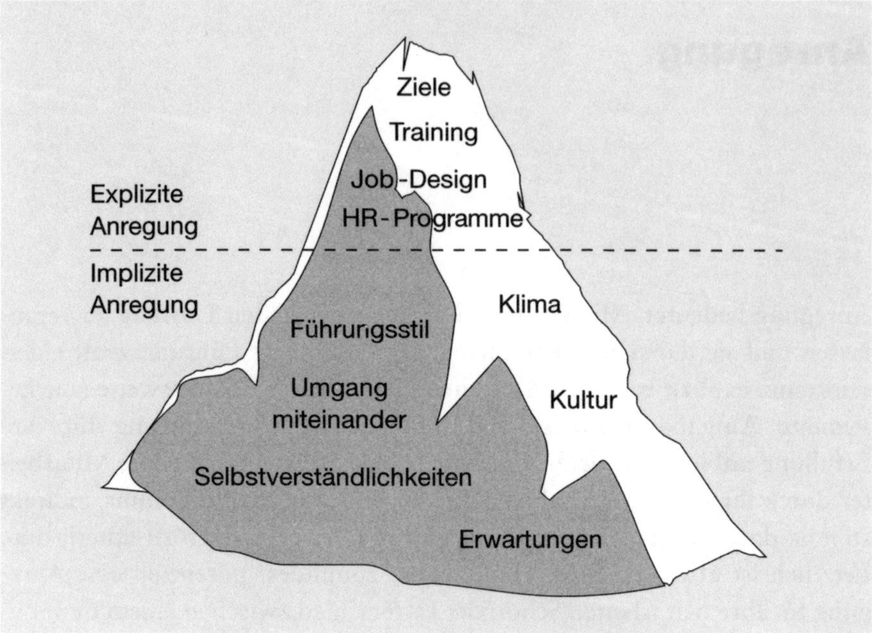

Impliziter Anregung wird trotz ihrer immensen Bedeutung nicht besonders viel Aufmerksamkeit gewidmet. Es gibt zwar Unternehmensleitbilder und -leitlinien, die positiv auf die Zusammenarbeit einwirken sollen, aber selten sind diese auch tatsächlich auf den operativen Führungsebenen präsent. Und selbst wenn sie es sind, ist der einzelnen Führungskraft mit einer abstrakten Leitlinie nicht viel geholfen. Werfen wir deshalb zuerst einen Blick auf die Möglichkeiten, die implizite Anregung der Führungskraft bietet.

Implizite Anregung

Eine ganz wesentliche Aufgabe der Personalentwicklung ist es, die Umgebung zu schaffen, in der sich Mitarbeiter entwickeln können und wollen; wie Harvard-Professor Edgar H. Schein in seinem Buch *Unternehmenskultur: ein Handbuch für Führungskräfte* bekräftigt. Es sei möglicherweise die wichtigste Aufgabe einer Führungskraft, die Unternehmenskultur zu formen und zu managen.

Bei diesem Schaffen von Kultur kommt der Person und dem Verhalten der Führungskraft eine ungeheuer wichtige Rolle zu. Ob es eine Führungskraft will oder nicht, in ihrer Rolle als »Alpha-Tier« – so der Natur- und Erziehungswissenschaftler Felix von Cube – bildet sie das Modell, an dem ihre Mitarbeiter sich ein Beispiel nehmen und lernen. Dabei spielen Prokura, eine große Führungsspanne, ein gutes Netzwerk oder ihr Expertenwissen nur eine kleine Rolle. Führungskräfte sind vor allem aus einem psychologischen Grund wichtig: Ihre Mitarbeiter orientieren sich an ihnen und betrachten sie als Rollenmodell. Führungskräfte haben über ihre Einstellung entschieden, haben einen beachtlichen Einfluss auf ihre weitere Karriere, und sie haben es – mit ihrer Persönlichkeit, ihrem Verhalten und Können – im Unternehmen zu etwas gebracht. Deshalb werten Mitarbeiter das Verhalten ihrer Führungskraft als Leitschnur für das eigene Verhalten sowie für das Miteinander im Team.

Ihre Mitarbeiter werden es bemerken, wenn Sie häufig ein anerkennendes Wort für gute Leistung auf den Lippen haben, und sich daran orientieren. Sie werden es selbst nicht so genau nehmen, wenn Sie morgens meistens erst kurz nach der Zeit im Büro eintreffen. Sie merken, wenn Sie bei Schwierigkeiten die Fassung behalten und werden ihre Schlüsse daraus ziehen, und zwar andere, als wenn Sie die Beherrschung verlieren. Wenn Sie an die Geburtstage Ihrer Mitarbeiter denken, empfinden Ihre Mitarbeiter eine höhere Wertschätzung als wenn Sie diese vergessen. Wenn Sie sich genauso an die Regeln halten, wie Sie es von Ihren Mitarbeitern erwarten, wird es deutlich weniger Ausnahmen von den Regeln geben. Wenn Sie Hilfe anbieten und auch selbst in Anspruch nehmen, wird sich das auf die Hilfsbereitschaft im gesamten Team günstig auswirken. Wenn Sie auch an sich selbst die höchsten Ansprüche stellen, wird es Ihren Mitarbeitern ein Ansporn sein. Das folgende Fallbeispiel illustriert die Wirkung impliziter Anregung.

Im Rahmen eines Management-Appraisals haben wir den Geschäftsführer eines pharmazeutischen Unternehmens kennen gelernt, nennen wir ihn Herrn Schmidt. Herr Schmidt bemängelte die etwas laxe Arbeitsmoral eines ihm zugeordneten Teams. Termine wurden nicht eingehalten und nicht selten befand sich das Team deshalb im Notfallmodus. Die Ursachen dafür sah er in den Führungskräften des Teams, weshalb er diese durch ein Management-Appraisal unterstützen wollte. Und in der Tat stellten wir in der Analyse einigen Entwicklungsbedarf bei den Führungskräften seines Teams fest. Noch viel interessanter waren für uns allerdings die Pausen, in denen wir die Gelegenheit hatten, Herrn Schmidt immer wieder einmal aus den Augenwinkeln heraus zu beobachten. Uns ist aufgefallen, dass er selbst durchaus Anlass dazu gab, die Dinge nicht ganz so »straff« zu handhaben, wie es möglich und vor allem notwendig gewesen wäre. So haben wir ihn beispielsweise wiederholt dabei beobachtet, wie er Fachzeitschriften las. Die Botschaft an die Mitarbeiter ist unmissverständlich, auch wenn sie – wie in diesem Fall – ganz anders gemeint war: Es ist angebracht, sich während der Arbeitszeit fachlich auf dem Laufenden zu halten (was ja an und für sich eine gute Sache ist), anstatt dringende Projekte zu bearbeiten (was dem Geschäft dann schon nicht mehr ganz so zuträglich ist). Etwas deutlicher formuliert: Wissen ist wichtiger als Ergebnisse. Diese Botschaft schien bei den Mitarbeitern durchaus angekommen zu sein, denn fachliche Exzellenz stand über allem. Auf diesen Umstand angesprochen, reagierte Herr Schmidt mit Überraschung, da er bisher keine direkte Verbindung zwischen seinem Verhalten und dem seiner Führungskräfte sah.

Die Folgen dieser »zufälligen« und unabsichtlichen Anregungen sind breit gefächert und reichen von vermeintlichen Kleinigkeiten wie der ständigen Verschiebung von Terminen und geringfügigen Ungenauigkeiten in der Ergebnisqualität bis hin zu den »großen« Themen wie der Unselbstständigkeit ganzer Teams, dem Vermeiden von Entscheidungen, unmäßigem Konkurrenzdenken oder auch – wie im Beispiel eben – der Ausrichtung eines Teams auf nicht unbedingt zielführende Aktivitäten. Die Chancen stehen in vielen Fällen nicht schlecht, dass die Führungskraft selbst mit ihrem Verhalten zur Situation beigetragen hat.

Der Gedanke, Vorbild zu sein, ist vielen Führungskräften allerdings wenig vertraut und manchen auch nicht ganz geheuer. Das ist Grund genug, einmal genauer hinzuschauen. Lassen Sie sich die in den folgenden Überschriften genannten Fragen durch den Kopf gehen, wenn Sie Ihren Berufsalltag hinsichtlich Ihrer Vorbildfunktion analysieren.

Vertrauen Sie Ihren Mitarbeitern?

Vertrauen ist der zentrale Wert einer fördernden Führungskraft. Ohne Vertrauen, also mit Misstrauen und Kontrolle, werden Sie Ihre Mitarbeiter nicht zu Höchstleistungen bewegen können. Sie würden sie zu bloßen Empfängern von Arbeitsaufträgen degradieren, die nur noch tun wie ihnen geheißen. Jegliche Initiative wäre schon im Keim erstickt. Mag dieses Muster vielleicht in Zeiten einfacher Arbeitsabläufe, beispielsweise in der frühen industriellen Fertigung, zumindest partiell und kurzfristig erfolgreich gewesen sein, ist es das heute ganz bestimmt nicht mehr. Schon alleine, weil die moderne Arbeitswelt viel zu komplex ist, als dass man sie durch einen einfachen Kontrollmechanismus beherrschen könnte. Vor allem aber, weil Sie Ihren Mitarbeitern damit signalisieren, dass Sie kein Zutrauen in ihre Fähigkeiten haben. Stellen Sie sich nur einmal vor, Ihr Chef würde Sie am Ende eines jeden Tages anrufen, um sich zu erkundigen, ob denn auch alle Projekte gut laufen und ob Sie Ihre Aufgaben vollständig bearbeitet haben. Ganz leicht entpuppt sich ein solches Vorgehen, das sich aus einer Einstellung des Misstrauens speist, als sich selbst erfüllende Prophezeiung. Das Ergebnis sind – im besten Fall – Gehorsam und mittelmäßige Leistungen anstelle von eigenständigem Arbeiten und Bestleistungen.

Doch wie können Sie Vertrauen erzeugen? Die Antwort ist ebenso einfach wie folgenreich. Vertrauen erzeugen Sie, indem Sie Vertrauen schenken. Das kann beispielsweise bedeuten, dass Sie darauf vertrauen, dass Ihre Mitarbeiter zu Ihnen kommen, wenn sie Probleme haben, anstatt dass Sie ihnen prophylaktisch hinterhertelefonieren oder ihnen beständig über die Schulter schauen. Oder, dass Sie eine wichtige Aufgabe, anstatt sie selbst zu erledigen, in die Hände eines Mitarbeiters legen und so Ihr Vertrauen unter Beweis stellen.

> Woran haben Ihre Mitarbeiter in letzter Zeit gemerkt, dass Sie ihnen vertrauen?

Jetzt ist es nicht von der Hand zu weisen, dass Sie ein Risiko eingehen, wenn Sie Ihren Mitarbeitern auf diese Weise Ihr Vertrauen schenken. Wenn Sie – wie oben beschrieben – wichtige Aufgaben delegieren und darauf vertrauen, dass diese in Ihrem Sinn erledigt werden, machen Sie sich von der Leistung Ihrer Mitarbeiter abhängig, wie Reinhard Sprenger in *Vertrauen führt* eindrücklich beschreibt. Und was, so könnte man jetzt ein wenig ketzerisch fragen, nützt alles Vertrauen, wenn diese Leistung nicht stimmt, wenn beispielsweise der wichtigste Kunde nach einigen Besuchen Ihres Mitarbeiters abspringt, die Vorstandspräsentation verpatzt ist oder Ihr Mitarbeiter eben doch nicht zu Ihnen kommt, wenn etwas schief zu gehen droht?

Doch dazu, dass Ihre Mitarbeiter Ihr Vertrauen derart enttäuschen, wird es, wenn überhaupt, nur in den seltensten Fällen kommen. Denn einerseits nehmen Sie Ihre Mitarbeiter durch Ihr Vertrauen ins Obligo. Verantwortung wirkt wie eine Garantie auf die achtsame Durchführung einer Handlung.

Ihre Mitarbeiter honorieren Ihren Vertrauensvorschuss und werden sich bemühen, ihm gerecht zu werden. Sprenger nennt das »Vertrauensdividende«. So wird sich beispielsweise der Mitarbeiter, der um die Wichtigkeit der Kundenbeziehung ebenso wie seine Verantwortung weiß, besonders anstrengen. Vielleicht wird es den einen oder anderen Fall geben, in dem Ihre Mitarbeiter Ihrem Vertrauen nicht 100-prozentig gerecht werden. Doch in Summe werden Ihre Mitarbeiter durch Vertrauen mit deutlich mehr Engagement an die Arbeit gehen und eine bessere Leistung liefern (siehe Teil 1). Vertrauen ist also die Grundlage, wenn es um die Anregung Ihrer Mitarbeiter geht.

Darüber hinaus wäre es geradezu fahrlässig, aufs Geratewohl zu vertrauen. Vertrauen erfordert immer ein gutes Augenmaß, denn sonst hieße das, blind oder aufs Glück zu vertrauen. Gelebtes Vertrauen setzt voraus, dass Sie die Fähigkeiten Ihrer Mitarbeiter kennen (siehe Aufmerksamkeit). Nur dann führt Vertrauen zu Leistung. Dann können Sie Ihrem Mitarbeiter Ihren wichtigsten Kunden anvertrauen, eine entscheidende Vorstandspräsentation, die Entwicklung einer neuen Kampagne, die Führung eines komplexen Projekts, die Einführung eines diffizilen Produkts oder das Mentoring jüngerer Kollegen.

Wenn Sie Vertrauen also an die Fähigkeiten Ihrer Mitarbeiter koppeln, gehen Sie ein *kalkuliertes* Risiko ein. Und dieses Risiko lohnt sich. Überlegen Sie deshalb am besten gleich jetzt, an welchen Stellen Sie Ihren Mitarbeitern mehr Vertrauen entgegenbringen können. Bestimmt fallen Ihnen einige Situationen ein, in denen das mit kalkulierbarem Risiko möglich ist.

Worauf richten Sie Ihre Aufmerksamkeit?

Einer der wirkungsvollsten Mechanismen, einen Schwerpunkt zu setzen und Entwicklung in einem Team anzustoßen, ist systematische Aufmerksamkeit (siehe Kapitel »Aufmerksamkeit«). Diese kann sich in beiläufigen, aber regelmäßigen Kommentaren ausdrücken bis hin zu den Dingen, die Sie kontinuierlich überprüfen, messen oder anerkennen.

Dafür gibt Edgar Schein in *Unternehmenskultur* zwei sehr plastische Beispiele:

Passend zu unserem Buch geht es im ersten um das Thema Führungskräfteentwicklung. Dem Präsidenten eines Unternehmens lag die Qualität der Nachwuchsführungskräfte am Herzen und er wollte deshalb ein Management-Development-Programm einführen. Zu diesem Zweck engagierte er einen Berater, von dem er sich ein komplettes Entwicklungsprogramm erhoffte, das er nur noch umzusetzen bräuchte. Doch anstatt ein ausgefeiltes Programm zu liefern, riet der Berater ihm, sein Anliegen in ein Bonus-Programm zu integrieren und gleichzeitig einen regelmäßigen Blick auf die erzielten Fortschritte zu werfen. Dem stimmte der Präsident zu und kündigte an, dass fortan 50 Prozent des Bonus eines jeden Senior Managers davon abhingen, was er für die Entwicklung der ihm direkt unterstellten Führungskräfte getan habe. Zusätzlich erkundigte er sich alle drei Monate in persönlichen Gesprächen nach dem Fortschritt, den seine Manager in Sachen Führungskräfteentwicklung machten. Das Ergebnis: Über einen Zeitraum von zwei Jahren hatten die Senior Manager ein einheitliches Entwicklungsprogramm für Führungskräfte implementiert, zum Teil aus Modulen, die bereits im Unternehmen vorhanden waren.

Im zweiten Beispiel schildert Schein den entgegengesetzten Sachverhalt: In der Abteilung für Produktentwicklung eines größeren Unternehmens befand sich kontinuierlich zu viel Personal, die Budgets waren im Branchenvergleich deutlich zu hoch und das Management achtete kaum auf die Kosten. All diese Probleme führten jedoch kaum zu nennenswerten Interventionen der Geschäftsleitung. Die Nachricht war klar: Solange niemand nach den Kosten fragt, ist es offensichtlich wichtiger, ein gutes Produkt zu entwickeln, als die Kosten im Griff zu haben. Richtet eine Führungskraft ihre Aufmerksamkeit somit *nicht* auf bestimmte Dinge, stehen die Chancen gut, dass die Mitarbeiter genau diesen Dingen auch keine große Beachtung schenken und nachlässig damit umgehen.

Wollen Sie also die Entwicklung bestimmter Verhaltensweisen bei Ihren Mitarbeitern fördern, richten Sie Ihre Aufmerksamkeit systematisch genau auf diese Verhaltensweisen.

Beachten Sie dabei, dass eine bestimmte Verhaltensweise in einem Umfeld sinnvoll ist, in einem anderen hingegen weniger wichtig sein kann. Greifen wir uns beispielsweise die Pünktlichkeit heraus. Einem Kundenberater kann Unpünktlichkeit das Leben recht schwer machen, in einem kreativen Entwicklerumfeld muss man es damit vielleicht nicht ganz so genau nehmen. Es ist also entscheidend, dass Sie bewusst auswählen, worauf Sie Ihre Aufmerksamkeit richten wollen und worauf erst einmal weniger. Hier ein paar Beispiele von Themen, auf die es sich lohnt, die Aufmerksamkeit zu lenken: Ergebnisse, Erfolge, Entwicklung, Lernschritte, Kundenzufriedenheit, innovative Ideen, persönliche Themen Ihrer Mitarbeiter, Kosten, Wettbewerb, Lernchancen, Leistungsexzellenz, Unterstützung und Hilfsbereitschaft. Die Liste ist lang, aber egal, wofür Sie sich entscheiden, Sie können davon ausgehen, dass die Wahrscheinlichkeit, gewünschtes Verhalten auch zu erzielen, signifikant zunimmt, wenn Sie Ihre systematische und kontinuierliche Aufmerksamkeit darauf richten.

Wählen Sie einen Punkt aus, von dem Sie meinen, dass er in Ihrem Team aktuell zu wenig Aufmerksamkeit findet. Überlegen Sie weiter, bei welchen Gelegenheiten und wie Sie die Aufmerksamkeit Ihrer Mitarbeiter in Zukunft auf diesen Punkt lenken können, beispielsweise durch gezieltes Fragen, in Meetings oder durch bestimmte Aufgaben. Ziehen Sie nach etwa 10 bis 14 Tagen eine erste Bilanz, inwiefern sich das Verhalten im Team verändert hat.

Jetzt liegt es auf der Hand, dass Sie nicht auf alles gleichzeitig achten können, da sonst der gewünschte Fokus verloren geht. Um diesen zu gewährleisten und ebenso mehrere Themen zu berücksichtigen, bietet sich die folgende Vorgehensweise an: Starten Sie Ihre Aufmerksamkeitsoffensive mit einem Aspekt, den Sie besonders beachten wollen und widmen Sie diesem Ihre volle Aufmerksamkeit. Wenn Sie feststellen, dass sich erste Erfolge einstellen, reduzieren Sie die Intensität, mit der Sie sich diesem Thema widmen und richten Sie Ihre Aufmerksamkeit schwerpunktmäßig auf einen anderen Aspekt, bis Sie auch hier wieder Verbesserungen bemerken. Dieses Vorgehen haben wir in der folgenden Abbildung veranschaulicht.

Mit welcher Konsequenz verfolgen Sie Entscheidungen?

Die Frage der Konsequenz ist eines der wichtigsten Kriterien, wenn es darum geht, als Führungskraft eine Vorbildfunktion einzunehmen. Nicht umsonst ist der Say-do-Gap (die Kluft zwischen Sagen und Tun) zum ge-

Abbildung 16: Sequenzielle Fokussierung der Aufmerksamkeit

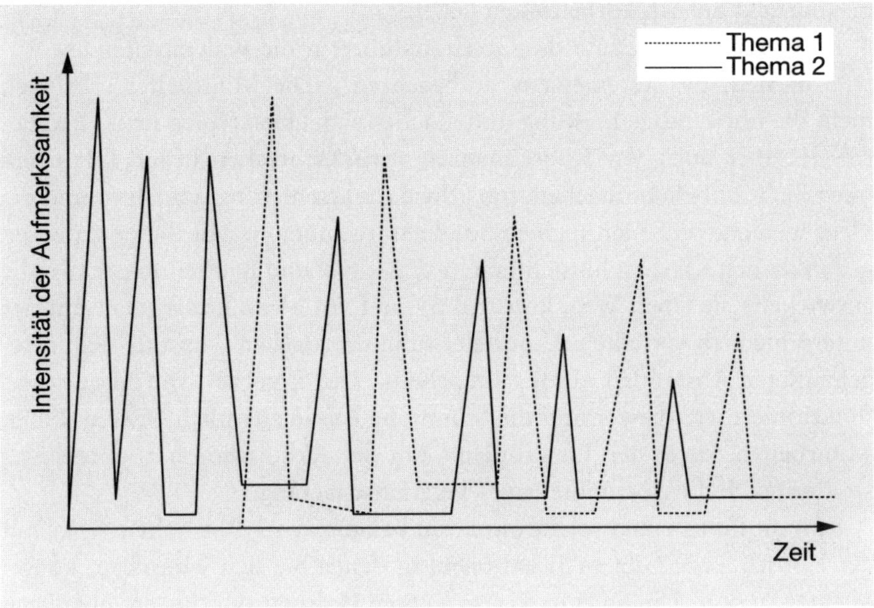

flügelten Wort in vielen Unternehmen geworden. Wir treffen immer wieder Führungskräfte, die sich wundern, dass ihre Mitarbeiter Vereinbarungen nicht einhalten und die geforderten Ergebnisse nicht liefern. Ein Fall für ein Training? Häufig nicht. In vielen Fällen liegt es weniger am Kompetenzmangel der Mitarbeiter, als viel mehr an der mangelnden Konsequenz der Führungskräfte.

So berichtete die Geschäftsführerin eines mittelständischen Beratungsunternehmens im Rahmen eines Coachings darüber, dass die zweite Ebene der Führungskräfte nicht genügend Zeit und Energie in die Akquisition neuer Kunden stecke. Als Ergebnis bliebe der Akquisitionsaufwand vor allem an ihr hängen. Um diesen Missstand zu beheben, habe sie ihre Mitarbeiter schon auf ein Vertriebstraining geschickt. Zudem spreche sie ihre Kollegen häufiger darauf an, sowohl im Einzelgespräch als auch (besonders gerne) vor versammelter Mannschaft. Sie habe beispielsweise in gemeinsamen Führungskräftesitzungen individuelle Auswertungen der mit Akquise verbrachten Arbeitszeit vorgelegt und die Mängel dadurch öffentlich gemacht. Dieses »Spiel« ging schon eine ganze Weile so, allerdings ohne jedwede Konsequenz. Das hatten natürlich auch die betroffenen Führungskräfte bemerkt, die die »Wellen heißer Luft« deshalb auch recht unbeeindruckt an sich vorbeiziehen ließen.

Im Coaching erkannte die Geschäftsführerin die widerstreitenden Anteile in sich, die sie einerseits aufbegehren (»Die Mitarbeiter erbringen nicht die notwendige Leistung und machen sich einen feinen Lenz«), andererseits aber auch vor Konsequenzen zurückschrecken ließen (»Ich will mich nicht unbeliebt machen, irgendwie funktioniert es ja auch so und ein klein wenig genieße ich meinen Sonderstatus auch«). Mit dieser größeren gedanklichen Klarheit hinsichtlich ihrer Motive und Beurteilungsmaßstäbe entwickelte sie einen Weg, konstruktiv und vor allem konsequent mit der unterschiedlich verteilten Akquiseleistung umzugehen – anstatt sich in regelmäßigen Abständen »Luft zu machen«. Das Ergebnis: Die Akquisition funktioniert jetzt besser und die Stimmung ist eine deutlich bessere. Einen Mitarbeiter, der in der Tat Probleme mit der Akquisition hat, unterstützt sie zusätzlich durch ein intensives Vertriebscoaching.

Kommt Ihnen einen solche Situation bekannt vor? Wie halten Sie es mit der Konsequenz? Gibt es Situationen, in denen Sie sich wünschen, konsequenter zu sein? Um an einer konsequenten Haltung zu arbeiten, überlegen Sie sich gut, was und wie viel Sie von Ihren Mitarbeitern fordern. Ziehen Sie bei Ihren Überlegungen aber gleich mit in Betracht, ob Sie im Fall, dass die Ergebnisse nicht erreicht werden, auch unliebsame Konsequenzen daraus ziehen wollen. Das kann bedeuten, sich erst einmal mit dem Mitarbeiter über die Minderleistung auseinander zu setzen, Unterstützung zu gewähren und, wenn alles nichts nützt, auch disziplinarische Schritte zu erwägen. Die größere Klarheit, die Sie mit diesem Vorgehen erzielen, unterstützt Ihre Mitarbeiter bei der Entwicklung in eine gewünschte Richtung.

Wenn es einen Punkt gibt, an dem Sie mit mehr Konsequenz vorgehen wollen, gehen Sie die folgenden Schritte durch:

- Beschreiben Sie das inkonsequente Verhalten. Worin drückt sich die Inkonsequenz aus?
- Was wäre anders, wenn Sie mehr Konsequenz zeigen würden?
- Was genau wollen Sie dafür an Ihrem Verhalten ändern?
- Was hat Sie bisher davon abgehalten, dieses Verhalten zu zeigen?
- Welche Risiken gehen Sie ein, wenn Sie das Verhalten jetzt ändern?

- Was brauchen Sie noch, um das Verhalten zu ändern?
- Wenn Sie alle Fragen geklärt haben, machen Sie sich ans Werk!

Wie reagieren Sie auf Fehler?

Die beste Art und Weise, mit Fehlern umzugehen, ist natürlich, sie zu vermeiden. Wenn Sie wollen, dass potenzielle Fehlerquellen aufgedeckt und Fehler frühzeitig entdeckt werden, bevor sie zu negativen Konsequenzen führen, sorgen Sie dafür, dass Sie eine »loyale Opposition« in den eigenen Reihen haben. Fordern Sie immer wieder den Widerspruch und die Kritik Ihrer Mitarbeiter an bestehenden Prozessen und Verfahrensweisen heraus und laden Sie Ihre Mitarbeiter dazu ein, offen ihre Meinung zu äußern und den Status quo infrage zu stellen, was natürlich auch Ihre eigenen Entscheidungen betreffen kann.

Nicht immer lassen sich Fehler allerdings vermeiden. Selbst bei Routineaufgaben entstehen mitunter Fehler, und erst recht, wenn man neues Terrain betritt und neu erworbene Fähigkeiten zur Anwendung kommen. Deshalb ist es über das Bemühen hinaus, fehlerfreie Arbeit zu machen, besonders wichtig, mit geschehenen Fehlern konstruktiv umzugehen. Reagieren Sie verärgert und drohen Sie Sanktionen an, dann sorgen Sie dafür, dass Fehler vertuscht werden, weil nämlich niemand Lust hat, sich für einen begangenen Fehler abkanzeln zu lassen. Wenn Sie Fehler hingegen aufgreifen, auf die Konsequenzen aufmerksam machen, dann aber schnell zur Behebung des Fehlers übergehen und den Schwerpunkt darauf legen, was man daraus für das nächste Mal lernen kann, wird sich der »Schuldige« viel schneller wagen, seinen Fehler einzugestehen. Darüber hinaus kommt auch hier wieder Ihre Vorbildfunktion zum Tragen.

Lassen Sie uns das an einem Beispiel aus dem Gesundheitswesen veranschaulichen. Dort kommt es besonders darauf an, keine Fehler zu machen, da es um Menschenleben geht. Stellen Sie sich vor, ein Stationsarzt begeht nach einer Operation den Fehler, seinen Patienten auf die falschen Medikamente einzustellen. Vielleicht hat er gerade zu viel gearbeitet, hatte zu Hause Schwierigkeiten oder war anderweitig abgelenkt. Jedenfalls ist der Fehler nun einmal passiert. Bei der abendlichen Ausgabe der Medikamente fällt dem Pfleger auf, dass er das verordnete Medikament bei diesem

Krankheitsbild noch nicht verwendet hat. Sie können sich die zwei Szenarien vorstellen, die sich entwickeln können, je nachdem, wie der Arzt mit – in diesem Fall seinen eigenen – Fehlern umgeht. Entweder der Pfleger weist den Arzt auf seinen Fehler hin, in der Gewissheit, das Richtige zu tun, sowohl im Sinne des Patienten als auch im Sinne des Arztes. Oder aber er schweigt lieber, im Bewusstsein, dass ihm das Aufzeigen von Fehlern Nachteile einbringen wird.

Wie reagieren Sie auf Fehler? Rufen Sie sich Situationen ins Gedächtnis, in denen Sie mit Fehlern von Mitarbeitern konfrontiert waren. Wie sind Sie damit umgegangen? Haben Sie Ihrem Ärger zuerst einmal Luft gemacht? Oder haben Sie zunächst darüber nachgedacht, wie die Situation wieder zu retten ist. Entwerfen Sie ein Szenario, wie Sie gegebenenfalls anders hätten reagieren können.

Wie halten Sie es mit der Freundlichkeit?

Freundlichkeit und, eng damit verbunden, Offenheit sind vielfach unterschätze »Zutaten« leistungsfähiger Unternehmenskulturen, so der Organisationsforscher Rob Cooke. Dass Freundlichkeit und Offenheit wichtige Faktoren für Erfolg sind, wird klar, wenn man die zunehmende Bedeutung von Teamarbeit in und zwischen Organisationen betrachtet. Doch vor lauter Arbeit und Hektik wird an freundlichen Worten schon einmal gespart.

Welche Impulse setzen Sie diesbezüglich, beispielsweise, wenn Sie morgens ins Büro kommen? Gehen Sie eher wortkarg an Ihren Schreibtisch oder begrüßen Sie Ihre Mitarbeiter freundlich, zeigen Sie Interesse für deren persönliche Belange und haben Sie auch etwas Zeit für Small Talk, wenn es sich ergibt? Nehmen Sie sich die ein oder zwei Minuten, um Ihren Mitarbeitern zuzuhören, dann bekommen Sie viel über deren Meinungen, Empfindungen und Stimmungen mit. Ein offenes Verhalten hat außerdem positive Auswirkungen auf Ehrlichkeit und Engagement in Ihrem Team – beides wichtige Voraussetzungen für Personalentwicklung. In einem freundlichen Klima fällt es nämlich entschieden leichter, zuzugeben, dass man etwas nicht kann. Und wer sich nicht Gedanken über Unfreundlichkeit machen muss (»Warum hat er mich jetzt nicht gegrüßt?«), ist mit mehr Energie bei der Sache.

Bevor Sie ins Büro kommen, denken Sie kurz über Ihre aktuelle Verfassung nach. Machen Sie sich Notizen über die Dinge, die Sie vielleicht belasten, dann können Sie sich erst einmal auf etwas anderes konzentrieren, ohne befürchten zu müssen, dass Sie etwas vergessen. Arbeiten Sie dann aktiv an einer freundlichen Ausstrahlung. Lachen Sie beispielsweise einfach einmal, denn Lachen und gute Gefühle bedingen sich gegenseitig. Gehen Sie mit einem Lächeln auf den Lippen (zumindest innerlich) durch die Tür und begrüßen Sie Ihre Mitarbeiter freundlich. Und denken Sie immer daran: Wie man in den Wald hineinruft ...

Eine spezielle Facette von Freundlichkeit ist Pünktlichkeit, die auch die Höflichkeit der Könige genannt wird. Sie ist insbesondere bei Meetings und Terminen wichtig, denn Ihre Mitarbeiter müssen sich in der Regel ja nach Ihnen richten. Führungskräfte, die chronisch unpünktlich zu Meetings kommen oder Termine häufig kurzfristig verschieben, sorgen für ein hohes Maß an Zeitverschwendung, Unzuverlässigkeit, Abhängigkeit und Unselbstständigkeit in einer Organisation. Die heimlichen Botschaften können lauten: Ich bin hier der Wichtigste. Oder auch: Vereinbarungen sind eigentlich nicht so wichtig. Und diese Spielregeln sind nicht unbedingt dazu geeignet, eigenverantwortliche Mitarbeiter zu fördern.

Folgende Hinweise können Ihnen helfen, wenn Unpünktlichkeit zu Ihren Schwächen zählt:

- Wenn Sie dazu neigen, bei Terminen mit Ihren Mitarbeitern verspätet zu erscheinen, planen Sie vor solchen Meeting einen Puffer ein. Binden Sie dazu auch Ihre Assistenz ein.
- Stellen Sie sich vor, Sie wären Ihr eigener Mitarbeiter und müssten wieder einmal eine halbe Ewigkeit warten, bis eine Besprechung anfängt, während Sie andere Aufgaben zu erledigen haben.
- Machen Sie sich bewusst, dass Sie durch ein verspätetes Erscheinen die Wichtigkeit einer Sache mindern. Denn wenn etwas wichtig für Sie ist, sind Sie auf jeden Fall zur Stelle.
- Stellen Sie sich vor, Ihre Mitarbeiter seien Ihre Kunden. Dort wären Sie ja auch pünktlich.

Wie unterstützen Sie Ihre Kollegen und Mitarbeiter?

Eng mit der Frage der Freundlichkeit verbunden ist diejenige nach der Unterstützung von Kollegen und Mitarbeitern. Anlässlich eines 360°-Feedbacks haben wir eine Führungskraft kennen gelernt, deren Abteilung im Unternehmen nicht wohl gelitten war. Anhand des Feedbacks stellte sich heraus, dass die Führungskraft wiederholt geringschätzig von anderen Bereichen im Unternehmen sprach, etwa indem sie andere als »Erbsenzähler« bezeichnete und mehr oder weniger unverhohlen die Kompetenz der Vorstände anzweifelte. Sie legte zudem recht wenig Wert auf die Interessen anderer Abteilungen und »kochte ihr eigenes Süppchen«, Unterstützung gewährte sie nur sehr widerwillig und auf mehrmaliges Nachfragen. Ihr Team tat es der Führungskraft mit der Zeit gleich und auch innerhalb des Teams war eine Tendenz zur Eigenbrötlerei zu spüren.

Das Ergebnis dieses destruktiven Verhaltens ist leicht abzusehen: Von Hilfsbereitschaft keine Spur, die Zusammenarbeit gestaltet sich schwierig, jeder denkt erst einmal an sich selbst und es treten Fehler auf, die schnell einzelnen Mitarbeitern angelastet werden und die vor allem leicht vermeidbar gewesen wären.

> Überlegen Sie bei anstehenden Aufgaben immer gleich mit, wer dazu einen wertsteigernden Beitrag leisten kann, sei es innerhalb Ihres Teams oder im Unternehmen. Geben Sie Ihren Mitarbeitern gezielte Hinweise, dass Sie es schätzen würden, wenn diese Person aufgrund ihrer Kompetenz um Rat gefragt würde.
>
> Überlegen Sie umgekehrt, wo Ihre Kompetenz oder die Ihres Teams gefragt sein könnte und bieten Sie diese ruhig aktiv an, wenn es passend erscheint.

Nach welchen Kriterien geben Sie Anerkennung?

Was müssen Ihre Mitarbeiter tun, um von Ihnen Lob und positive Anerkennung zu bekommen? Und welches Verhalten führt, im Gegenzug, zu einer Rüge? Dem Thema Anerkennung haben wir uns im vorherigen Kapitel ausführlich gewidmet. Deshalb weisen wir hier nur kurz darauf hin, dass Sie mit Anerkennung das Verhalten Ihrer Mitarbeiter auch indirekt beeinflussen und so Personalentwicklung betreiben. Beispielsweise, wenn ein Mitarbeiter beobachtet, wie Sie einem anderen Mitarbeiter Anerkennung zollen. Sie setzen damit den Standard, welches Verhalten gewünscht ist und welches nicht. Besonders deutlich wird dieser Punkt, wenn es um Beförderungen oder Kündigungen geht, welches Verhalten also einen Aufstieg oder den Ausstieg bedeutet.

Explizite Anregung

Im Gegensatz zu impliziter Anregung geht es bei expliziter Anregung darum, ganz gezielt und bewusst auf das Verhalten Ihrer Mitarbeiter einzuwirken. Das können Sie tun, indem Sie

- Ihren Mitarbeitern den Orientierungsrahmen für ihre Arbeit aufzeigen zum Beispiel durch Ziele, Mission und Strategie,
- die Aufgaben Ihrer Mitarbeiter anregend gestalten,
- Lernsituationen gezielt herbeiführen und Mitarbeitern individuelle Unterstützung anbieten.

Auf diese einzelnen Möglichkeiten gehen wir im Folgenden näher ein.

Anregung durch Orientierung

Ein bekanntes Motto von Personalentwicklern ist dieses Zitat von Antoine de Saint-Exupéry:

Wenn Du willst, dass die Menschen ein Schiff bauen, unterweise sie nicht im Hämmern, Schrauben und Sägen, sondern lehre sie die Sehnsucht nach dem Meer.

Auch wenn dieser Leitspruch recht pointiert ist, so vermittelt er doch die Ausgangsbasis für engagierte Mitarbeiter, die sich selbst mit neuen Aufgaben und den dafür notwendigen Fähigkeiten vertraut machen. Wenn Sie Ihre Mitarbeiter umfassend über ein »großes Ziel« informieren und ihnen ihren eigenen Beitrag dazu aufzeigen, ermöglichen Sie ihnen, selbst ein Gefühl dafür zu entwickeln, wohin es gehen soll und was konkret zu tun ist. Kennt der Mitarbeiter Rahmen und Zielrichtung des von ihm erwünschten Handelns, kann er also mehr Initiative zeigen und zielgerichtet eigene Ideen einbringen. Gleichzeitig geben Sie ihm einen Maßstab mit auf den Weg, mit dem er seine Leistung selbst einschätzen und eigenständig Korrekturen durchführen kann.

Zeigen Sie Sinnzusammenhänge auf

Was würden Ihre Mitarbeiter auf folgende Fragen antworten?

- Warum ist meine Arbeit für das Unternehmen wichtig?
- Wie trage ich zum Ganzen bei?
- Wohin wollen wir mit der Abteilung?
- Wofür steht das Unternehmen und was hat es vor?

Unsere Erfahrung zeigt, dass die Antworten auf diese Fragen in vielen Fällen recht einsilbig ausfallen und sich oft in Tätigkeitsbeschreibungen erschöpfen: Wir verkaufen Autos, ich mache die Buchhaltung, die Abteilung stellt Personal ein und so weiter. Aus diesen Aussagen spricht wenig Engagement, denn es fehlt der besondere Anspruch, man kann es gewissermaßen überall machen. Betten Sie die Arbeit Ihrer Mitarbeiter deshalb in einen größeren Kontext ein, indem Sie ihnen das Wieso und Warum vermitteln.

Selbst bei einfachen Abläufen und Tätigkeiten spielt die Kenntnis des größeren Zusammenhangs eine wichtige Rolle für die Arbeitsergebnisse, wie dieses Beispiel zeigt. Ein mittelständisches Unternehmen stellt unter anderem Spulen für Elektromotoren her. Viele der Mitarbeiter sind angelernt und führen die Tätigkeit in Teilzeitarbeit durch. Das ist auch kein Problem, dachte man sich, denn bei dem Wickeln der Spulen handelt es sich um eine sehr einfache Tätigkeit, die wenig fachliches Können voraussetzt. Deshalb befand es auch nie jemand für nötig, sich in größerem Umfang um diese Mitarbeiter zu kümmern – bis die Fehlerquoten eine Höhe erreicht hatten, die die Unternehmensleitung nicht mehr tolerieren konnte.

Man ging der Sache auf den Grund und stellte fest, dass die Mitarbeiter keine Ahnung davon hatten, was mit den fertigen Spulen passiert. Ihre Kenntnis des Produkts war auf die eigene, eng umrissene Tätigkeit beschränkt. Der Versuch, etwas gegen diesen Zustand zu unternehmen, war recht einfach, erwies sich allerdings als sehr wirkungsvoll: Man zeigte den

Mitarbeitern die Produkte auf, in denen die Spulen zum Einsatz kommen, vom kleinen Elektromotor bis hin zum Seitenruder eines Passagierjets, in dem der Motor mit der Spule seinen Dienst verrichtet. Die Mitarbeiter konnten sich jetzt eine Vorstellung davon machen, wofür ihr Produkt wichtig ist, und auch einen persönlichen Bezug dazu herstellen. Jeder von ihnen nutzte ab und zu ein Flugzeug, um in den Urlaub zu fliegen. Die Ausschussquote nahm nach dieser Intervention spürbar ab.

Auf übergeordneter Ebene steht die Unternehmensmission für den Sinnzusammenhang. Wofür steht das Unternehmen und wofür soll sich jeder Mitarbeiter folglich engagieren? Sehen wir uns dazu das Beispiel des australischen Brauers und Winzers Lion Nathan an, einem führenden und äußerst erfolgreichen Unternehmen dieser Branche. Das Firmenmotto lautet: »Making the world a more sociable place« (in etwa: Die Welt zu einem freundlicheren und geselligeren Ort machen). Dabei spielt natürlich das Produkt eine Rolle, das in geselliger Runde konsumiert wird. Andererseits versteckt sich hinter diesem Motto auch ein Engagement des Unternehmens für die Gesellschaft, beispielsweise für den verantwortungsvollen Umgang mit Alkohol. Doch auch das eigene Unternehmen soll ein freundlicher Ort sein. Hier wird auf einen freundlichen Umgangston geachtet und der CEO besucht persönlich die Niederlassungen des Unternehmens, um seine Erwartungen bezüglich eines freundlichen Umgangs miteinander bekannt zu machen. Und jeder Mitarbeiter weiß über seine eigentliche Tätigkeit hinaus, worum es bei seiner Arbeit geht.

Thematisieren Sie im Gespräch mit Ihren Mitarbeitern immer wieder einmal die Richtung, in die Sie gemeinsam mit ihnen gehen wollen. Und verdeutlichen Sie jedem Mitarbeiter, wie er an der Erreichung dieses »großen Ziels« beteiligt ist.

Mitarbeiter brauchen Informationen

Über die Kenntnis des »großen Ziels« eines Unternehmens hinaus ist es notwendig, dass die Mitarbeiter gut über das Geschehen im Unternehmen informiert sind: Welche Entscheidungen wurden gerade getroffen, wie ist die strategische Ausrichtung, welche Initiativen sollen gestartet werden, welche Mitarbeiter sind neu und so weiter. Dabei geht es nicht nur um Informationen, die den unmittelbaren Arbeitsplatz Ihrer Mitarbeiter betreffen. Wenn Sie wollen, dass Ihre Mitarbeiter über den Tellerrand hinaussehen und Unternehmensbelange bei ihrer Tätigkeit berücksichtigen, sind

Sie im Gegenzug in der Pflicht, Ihren Informationsvorsprung, den Sie als Führungskraft haben, mit ihnen zu teilen. Das ist im Alltagsgeschäft notwendig und in besonderem Maße in Phasen, in denen größere Umstrukturierungen im Unternehmen stattfinden.

Betrachten wir die Situation einer Sekretärin, die an den wöchentlichen Teammeetings teilnimmt. Nicht etwa, um das Protokoll zu schreiben, sondern damit sie gut über alle Aktivitäten der Kollegen informiert ist. So kann sie, um nur einige Beispiele zu nennen, sofort reagieren, wenn der unzufriedene Kunde anruft, weiß, worauf ein anderer Kunde Wert legt und kann sich beim Buchen der Geschäftsreisen besser auf die Kollegen einstellen, weil sie etwas von deren Arbeitstag mitbekommt.

Gerade in Situationen, in denen Unternehmen fusionieren und verkauft werden, hören wir häufig die Klage der Mitarbeiter, dass keine Informationen zu ihnen durchdringen, was nun mit dem Unternehmen, und speziell mit ihren Arbeitsplätzen passiert. Mit etwas Glück erhalten sie eine Rundmail, mit welcher der Vorstand meint, alles gesagt zu haben. Die Folgen liegen auf der Hand: Anstatt sich auf die Arbeit zu konzentrieren, machen sich die Mitarbeiter zu Recht Gedanken über ihre Zukunft.

Überprüfen Sie mithilfe der nächsten Übung Ihr eigenes Informationsverhalten.

> Wie häufig und mit welcher Regelmäßigkeit informieren Sie Ihre Mitarbeiter über Entscheidungen und Entwicklungen im Unternehmen, zu denen sie keinen direkten Zugang haben, beispielsweise weil sie in Besprechungen nicht dabei waren? Gehen die Informationen, die Sie geben, auch über das unmittelbar Notwendige hinaus und erlauben sie es Ihren Mitarbeitern, auch über ihre eigentliche Tätigkeit hinaus Orientierung zu finden?

Nach dem, was zahlreiche Mitarbeiter über die Informationspolitik in ihren Unternehmen verlauten ließen, dürften viele Antworten nicht so positiv ausfallen. Machen Sie es sich zur guten Angewohnheit, Ihre Mitarbeiter regelmäßig und zeitnah über neue Entwicklungen zu informieren. Das muss nicht in einem formell einberufenen Meeting geschehen, sondern kann auch mit einer kurzen Mail, beim Mittagessen oder informell auf dem Flur passieren. Wichtiger als die Form ist allerdings die Kontinuität.

Seien Sie für Ihre Mitarbeiter eine zuverlässige Quelle, wann immer es um relevante Informationen geht.

Thematisieren Sie den Weg zum Ziel

Wie zufrieden sind Sie mit Ihren jährlichen Zielvereinbarungsgesprächen? Wir kennen kaum eine Führungskraft, die begeistert davon zu berichten weiß. Dabei wird ein wahres Brimborium um diese Gespräche veranstaltet und der Prozess der Zielsetzung ist zu einer Wissenschaft für sich geworden: SMART müssen die Ziele sein und KRAFT sollen sie haben. Dass sich dennoch viele Führungskräfte schwer tun, einmal jährlich die Ziele mit ihren Mitarbeitern zu vereinbaren, überrascht allerdings wenig.

Versetzen wir den Zielsetzungsprozess einmal in die Welt des Sports: Wie sähe das Ziel eines Fußballers aus, das nach den SMART-Kriterien erstellt ist? Spezifisch soll es sein, also Tore soll er schießen. Messbar wird es durch die Zahl der Tore, sagen wir einmal, er soll mindestens acht Tore schießen. Fügen wir als Zeitraum noch die Hinrunde hinzu und fertig ist ein ebenso erreichbares wie realistisches, smartes Ziel. Doch was ist damit gewonnen? Hatte der Spieler nicht schon gewusst, dass er Tore schießen soll, und zwar möglichst viele?

Mit Zielen in Unternehmen verhält es sich ähnlich. Die Globalziele sind in der Regel durch die Unternehmensleitung vorgegeben: Steigerung des Umsatzes, der Produktivität, der Qualität, der Kundenzufriedenheit und so weiter. Diese Ziele muss man allerdings nicht mehr großartig vereinbaren, denn sie sind gesetzt und bieten Orientierung in Bezug auf Richtung und Größenordung der zu erreichenden Ergebnisse.

Kommen wir noch einmal zu unserem Fußballer zurück: Wäre ihm nicht vielmehr damit geholfen, wenn sein Trainer mit ihm seine Technik verbessert, das Spiel der gegnerischen Mannschaft analysiert, seinen Fortschritt vorantreibt, verfolgt und anerkennt und ihn dadurch auch tatsächlich in die Lage versetzt, gut zu spielen und die acht Tore zu schießen?

Manche Unternehmen, beispielsweise die Svenska Handelsbanken, sind vor diesem Hintergrund ganz von einer Planung im klassischen Sinn abgerückt. Stattdessen wird gemeinsam mit allen Mitarbeitern und flexibel vor Ort überlegt, wie man die Qualität des Produkts verbessern und mehr Kunden an das Unternehmen binden kann. Alle Mitarbeiter arbeiten also daran, die Leistungsfähigkeit des Unternehmens durch konkrete Aktivitäten zu steigern. Dieser Schritt war laut Direktor Jan Wallander eine radikale Veränderung der Bank. Diese ungeheure Maßnahme war getrieben von der Überzeugung des Direktors, dass seine Mitarbeiter kompetente, verantwortungsvolle Menschen seien, die von Natur aus den Wunsch verspürten, gute Arbeit zu leisten, die mit ihren Aufgaben wachsen würden, die man nicht kontrollieren müsse und die Vertrauen mit Leistung belohnen würden. Wendelin Wiedeking, der Vorstandsvorsitzende von Porsche, stellt fest, dass diese Vorgehensweise die Manager »aus der jährlichen Budgetierungsroutine (entlässt) und den Blick öffnet für andere, bessere Möglichkeiten der (...) Führung«.

Verwenden Sie nicht zu viel Zeit auf den Prozess der Zielvereinbarung und bleiben Sie vor allem nicht dort stehen. Involvieren Sie Ihre Mitarbeiter zügig in den Prozess, Wege zu finden, die Ergebnisse Ihres Teams zu verbessern und somit die gesetzten Ziele auch zu erreichen. Gerade bei komplexen Aufgaben, wie sie heute an der Tagesordnung sind, hat sich laut Friedemann W. Nerdinger gezeigt, dass anspruchsvolle Ziele alleine nicht ausreichen, um das gewünschte Ergebnis zu erzielen. Darüber hinaus kommt es darauf an, Pläne und Strategien zur Zielerreichung anzuwenden oder neu zu entwickeln. Ziele werden im Alltag nur dann wirksam, wenn der Weg zur Umsetzung bekannt ist. Dabei können Sie Ihre Mitarbeiter unterstützen, indem Sie mit ihnen gemeinsam über Fragen wie diese sprechen: Wie können wir unseren Kunden (intern wie extern) noch besser bedienen? Wie genau lassen sich Einsparungen erzielen? Wie können wir die Qualität steigern?

Loten Sie mit Ihren Mitarbeitern die Wege zum Ziel aus und laden Sie sie ein, eigene Ideen und Vorschläge beizusteuern. Sie setzen auf diese Weise ein enormes Kreativitätspotenzial frei und integrieren die Erfahrung Ihrer Mitarbeiter aus erster Hand. Weiterhin erreichen Sie durch die aktive Einbindung Ihrer Mitarbeiter auch noch das benötigte Commitment für die tatsächliche Umsetzung im Alltag. Wie Sie bei Reinhard Sprenger nachlesen können, hat das J.M. Servans schon 1767 erkannt: »Ein schwachsinniger Despot kann Sklaven mit eisernen Ketten zwingen; ein wahrer Fürst jedoch bindet sie noch viel fester durch die Kraft ihrer eigenen Ideen.«

Beginnen Sie einen intensiven und *kontinuierlichen* Diskurs mit Ihren Mitarbeitern. Und warten Sie damit nicht bis zum jährlichen Mitarbeitergespräch. Mit wenig Aufwand lässt sich jederzeit eine solche Diskussionsrunde einberufen. Hier einige Beispiele für Fragen, mit denen Sie Ihre Mitarbeiter »auf die richtige Fährte« setzen:

- Wie können wir noch besser werden?
- Was müssen wir dafür verändern?
- Gibt es Dinge, die wir unnötig kompliziert machen?
- Welches Feedback geben uns die Kunden zu unserer Leistung?
- Worauf legen unsere Kunden besonderen Wert?
- Wo erreichen wir noch nicht den Standard, den Kunden von uns erwarten und den Best-Practice-Verfahren definiert haben?
- Wie können wir noch schneller auf Kundenanfragen reagieren?
- Was können wir vom Wettbewerb lernen?
- Was gibt es fachlich Neues in unserem Bereich?
- Wie würden Sie die Veränderung angehen?
- Welche Ideen haben Sie, um ...?
- Wie ist Ihre Meinung zum optimalen Vorgehen?

Sie werden sehen, schon nach kurzer Zeit erzielen Sie mit diesem Vorgehen gute Ergebnisse.

Fordern Sie Leistungsexzellenz

Welche Leistungserwartungen stellen Sie an Ihre Mitarbeiter? Das ist eine der essenziellen Fragen, wenn Sie Leistungsexzellenz erzielen wollen. Nur wenn Sie höchste Ansprüche stellen, werden Sie Ihre Mitarbeiter dazu anregen, dauerhaft beste Leistungen zu erzielen und sich immer ein bisschen mehr anzustrengen, als vielleicht notwendig wäre. Ken Blanchard, der bekannte Management-Autor, drückt das in seinem Buch *Coaching* so aus: »Stellen Sie höchste Anforderungen und machen Sie klar, dass Sie sich mit weniger nicht zufrieden geben.«

Dieses Vorgehen hat einen einfachen, psychologischen Hintergrund, der als »Pygmalion-Effekt« bekannt ist: Ihre Mitarbeiter verhalten sich so, wie Sie es von Ihnen erwarten. Sind Ihre Erwartungen an die Ergebnisse Ihrer Mitarbeiter also gering, werden sich Ihre Mitarbeiter nicht so sehr anstrengen, als wenn Sie die Messlatte von vornherein höher hängen und Leistungsexzellenz einfordern.

Doch es ist im Alltag nicht immer so einfach, auf höchster Qualität zu bestehen. Und so gibt man sich manchmal auch mit Leistungen zufrieden, die zwar für den Moment hinreichend sein mögen, doch langfristig nicht den gewünschten Erfolg bringen. Die Gründe sind vielfältig: Zeitmangel, andere wichtigere Aufgaben, weil man den Mitarbeiter nicht kritisieren möchte oder auch, weil es ja auch so ganz gut zu klappen scheint, also ein bisschen aus Bequemlichkeit, wenn wir ehrlich sind.

Überlegen Sie bei neuen Aufgaben, welche Qualitätsansprüche Sie haben (»Für eine exzellente Leistung erwarte ich, dass ...«) und vermitteln Sie Ihren Mitarbeitern diesen Anspruch.

Wenn Sie die Ergebnisse überprüfen, legen Sie sich schon vorher konkrete Formulierungen für den Fall zurecht, dass Sie Abweichungen von Ihren Standards feststellen. Überprüfen Sie in diesem Gespräch auch, ob das Ergebnis auf einen Mangel an Qualifikation zurückzuführen ist und bieten Sie gegebenenfalls entsprechende Unterstützung an. Nach einigen Runden der eingeforderten Leistungsexzellenz werden Sie merken, dass diese auch Ihren Mitarbeitern zur Gewohnheit wird.

Egal, wie gut es gerade läuft, Sie können mit Ihrem Team immer wieder neues Entwicklungspotenzial ausmachen und realisieren. Das gilt für den einzelnen Mitarbeiter, aber auch für Ihre gesamte Abteilung. Wenn Sie mit Mittelmaß zufrieden sind, brauchen Sie sich auch nicht die Mühe zu machen, Personalentwicklung zu betreiben, das erreichen Sie auch so. Der Drang zum Besseren, der brennende Wunsch, die Arbeit jeden Tag aufs Neue auf die bestmögliche Art und Weise zu tun, ist sozusagen das Benzin der Triple-A-Methode.

Arbeit anregend gestalten

Die Gestaltung der Aufgaben Ihrer Mitarbeiter ist ein wesentlicher Stellhebel der Personalentwicklung, denn damit haben Sie einen großen Motivationsfaktor in der Hand. Um diesen voll auszuschöpfen, ist es notwendig, die Aufgaben den Fähigkeiten entsprechend zu verteilen und ganzheitlich zu gestalten.

Beachten Sie die Stärken Ihrer Mitarbeiter

Wenn eine neue Aufgabe ansteht, überlegen Sie zuerst, welcher Mitarbeiter dafür am besten geeignet ist. Handelt es sich um eine Aufgabe, bei der es primär um das Finden von Ideen geht, um die Planung eines größeren Projekts, um das Vorantreiben einer Angelegenheit oder um die Integration vieler Kollegen? Für jede dieser Anforderungen wird es einen Mitarbeiter geben, der über die notwendige Begabung, die persönlichen Stärken und auch über die Motivation verfügt, um sie besonders gut zu erfüllen (siehe Kapitel »Aufmerksamkeit«).

Wenn Sie Ihre Mitarbeiter in ihrer Entwicklung fördern wollen, ist es empfehlenswert, Aufgaben nach deren Stärken zuzuordnen. Denn man wird, wie es Fredmund Malik ausdrückt, einen typischen Denker, einen eher analytisch oder konzeptionell veranlagten Menschen, dessen Stärke das geistige Durchdringen eines Problems oder der Entwurf von Lösungen ist, selten in einen besonders wirksamen Macher verwandeln können. Ebenso wenig wird man einen Mitarbeiter, der ein Faible für die Details einer Sache besitzt, dazu bringen, bevorzugt das Gesamtbild zu betrachten. Er wird mit einer Aufgabe, bei der er die Genauigkeit einer Sache kontrollieren muss, bei der er kleinschrittig vorgehen kann, bei weitem besser bedient sein. Ebenso wenig wird ein überzeugter Eigenbrötler nie ein begnadeter Teamplayer werden. Muss er auch gar nicht, solange er entsprechend seiner Stärken eingesetzt ist.

Immer wieder hören wir jedoch von Mitarbeitern, dass Aufgaben nach Gutdünken, dem Zufallsprinzip oder auch danach vergeben werden, wer eben gerade Zeit hat. Bei dieser Art des Task-Assignments ist der Misserfolg vorprogrammiert, weil Aufgabe und Stärken des Mitarbeiters nicht zusammenpassen. Wenn ein eher kreativer und kontaktfreudiger Mitarbeiter damit betraut ist, eine intensive Analyse im Alleingang durchzuführen, wird das Ergebnis im Sinne der Leistungsexzellenz nicht das Optimum sein, auch wenn er sich noch so sehr dafür anstrengt. Und auch ein noch so gutes Training wird nicht wesentlich weiterhelfen. Deshalb ist es notwendig, Aufgaben möglichst so zuzuordnen (Task-Assignment), dass sie den Stärken der Mitarbeiter optimal entsprechen, wie Abbildung 17 veranschaulicht.

Wissen, Fertigkeiten und Kenntnisse, die zur Erledigung einer bestimmten Aufgabe notwendig sind, können Sie relativ leicht vermitteln – bestimmte persönliche Stärken, Talente und Motivation, die eine Aufgabe verlangt, jedoch nicht.

Ein Spezialfall des Talents sind auch die individuellen Motive eines Mitarbeiters (siehe Kapitel »Aufmerksamkeit«). Ein Mitarbeiter, der nach Status strebt, wird besonders motiviert sein, wenn ihm die erfolgreiche Durch-

Abbildung 17: **Anwendungsbereiche von Task-Assignment und Training**

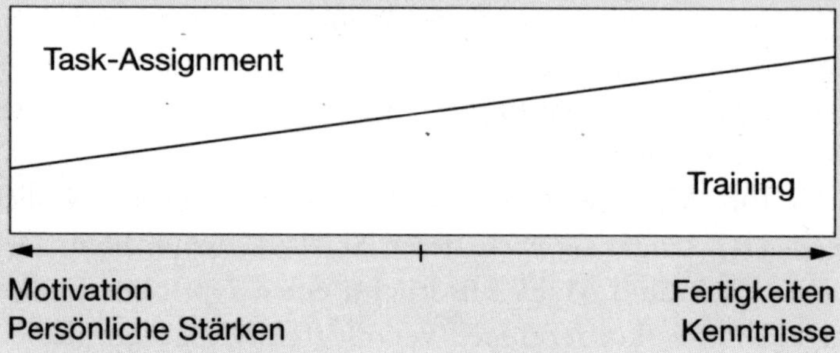

führung einer Aufgabe die Chance bietet, dass seine Leistung von anderen Kollegen gewürdigt wird. Ist jemand eher wettbewerbsorientiert, bieten sich Aufgaben an, bei denen es darum geht, als Erster fertig zu sein oder die beste Lösung zu entwickeln. Wer eher finanzielle Anreize bevorzugt, geht gerne mit Geld um und könnte diesen Aspekt einer Aufgabe übernehmen.

Achten Sie beim Task-Assignment immer auch auf Nuancen in den Stärkenprofilen Ihrer Mitarbeiter. Betrachten wir dazu das folgende Bespiel, in dem es um zwei Mitarbeiter geht, nennen wir sie Herrn Müller und Frau Schmidt, die sehr ähnliche Profile haben, sich jedoch in einem entscheidenden Merkmal unterscheiden:

Herr Müller und Frau Schmidt arbeiten beide als Consultants bei einer namhaften Beratungsgesellschaft. Beide haben nach ihrem internationalen BWL-Studium dort als so genannte Associates in der Prozessberatung angefangen und das Basistraining gemeinsam durchlaufen. Auf vielen Projekten waren sie zusammen eingesetzt und haben in ihrem ersten Berufsjahr sehr ähnliche Aufgaben bearbeitet. Bald wurden allerdings erste Unterschiede in der Arbeit der beiden deutlich: Während sich Herr Müller sehr leicht tat, die Kommunikation mit den Kunden zu pflegen und auch kritische Sachverhalte einfach darstellen konnte, profilierte sich Frau Schmidt zunehmend durch ihre besondere Expertise in Bezug auf die inhaltlichen Belange der Arbeit; sie konnte man stets fragen, wenn man einen fundierten fachlichen Rat brauchte. Ihr Vorgesetzter erkannte diese Begabungen frühzeitig und förderte beide ihren jeweiligen Stärken entsprechend. Heute sind beide, immer noch im selben Bereich, als Senior Manager tätig, jedoch mit sehr unterschiedlichen Aufgaben. Während Frau Schmidt neben ihrer

Projektarbeit das Intellectual Capital des Bereichs verantwortet, liegt der Schwerpunkt von Herrn Müller in der Akquise von neuen Aufträgen.

Sie sehen, schon einzelne Unterschiede im Kompetenzprofil eines Mitarbeiters können eine große Auswirkung auf dessen Tätigkeit haben. Deutlich wird an diesem Beispiel auch, dass sich der optimale Aufgabenbereich eines Mitarbeiters nur in den seltensten Fällen aus seiner Formalqualifikation ergibt. Es ist darüber hinaus immer auch notwendig, sich intensiv mit seinen individuellen Stärken auseinander zu setzen.

Bisher sind wir davon ausgegangen, dass es sich bei den Anforderungen einer Position um eine fixe Größe handelt. Das ist im Unternehmensalltag die gängige Praxis: Man kennt die Anforderungen und sucht dafür den passenden Mitarbeiter. Doch Sie haben noch eine weitere Stellschraube zur Verfügung, um die Passung von Mitarbeiter und Position zu optimieren, indem Sie nämlich die Position dem Mitarbeiter anpassen. Behalten Sie beim Task-Assignment immer im Blick, dass es notwendig und lohnend sein kann, das Aufgabenspektrum einer Position auf einen Mitarbeiter zuzuschneiden, also bestimmte Aufgaben auszulagern, für die Ihr Mitarbeiter einfach kein Händchen hat, oder andere hinzuzunehmen, für die Ihr Mitarbeiter besonders talentiert ist. Bevor Sie also zu aufwändigen Trainings- und Entwicklungsmaßnahmen greifen, überlegen Sie, ob es nicht möglich ist, das Positionsprofil entsprechend den Stärken des Mitarbeiters in Teilen abzuändern.

Sie tun also gut daran, um es mit einem Buchtitel von Frank McNair zu sagen, keine Enten in die Adlerschule zu schicken und stattdessen großen Wert auf die persönlichen Stärken, Talente und die Motivation Ihrer Mitarbeiter zu legen. Das richtige Tool für diese grundsätzlichen Weichenstellungen ist das Task-Assignment und, vorgeschaltet, das Recruiting. Nehmen Sie deshalb das Thema Mitarbeiterauswahl ernst. Eine passende Auswahl der Mitarbeiter ist die notwendige Bedingung für Personalentwicklung. Nutzen Sie den Auswahlprozess dazu, Ihre potenziellen Mitarbeiter unter den besagten Gesichtspunkten intensiv kennen zu lernen.

Ganzheitliche Aufgaben

Wesentliches Merkmal anregender Arbeit ist ein ganzheitliches Tätigkeitsspektrum, das es dem Mitarbeiter erlaubt, den Anfang und das Ende seines Aufgabenbereiches zu sehen und selbst für das Ganze verantwortlich zu sein. Ein Beispiel: Die Mitarbeiterin eines Finanzdienstleisters war mit dem Buchen von Hotelzimmern für eine Großveranstaltung betraut. Dabei kam es zu vielen Fehlern. Die Mitarbeiterin war nicht bei der Sache, denn es ging ja »nur« um Hotelzimmer. Unzufriedenheit machte sich bei ihr breit, und sie äußerte deshalb den Wunsch, bei ähnlichen Aufgaben einen größeren Verantwortungsbereich zu übernehmen.

Bei der folgenden Veranstaltung wurde ihr Aufgabengebiet so zugeschnitten, dass sie die Betreuung einer Kundengruppe komplett übernahm, und zwar von der Einladung über die Reiseorganisation bis zur Planung der Übernachtungen. Die Mitarbeiterin berichtete im Nachhinein, dass sie die neue Aufgabe wesentlich mehr herausgefordert habe, weil sie komplett für einzelne Kunden verantwortlich war und nicht nur für einen herausgelösten Arbeitsgang. Vor allem konnte sie den Erfolg ihrer Arbeit selbst sehen und bekam dafür Anerkennung. Gleichzeitig war die Zufriedenheit der Kunden gestiegen und die Zahl der Beschwerden fast auf null gesunken. Diese Art der Aufgabengestaltung birgt zwar ein gewisses Risiko für das Unternehmen, da es sich in größerem Maße von einzelnen Mitarbeitern abhängig macht. Doch dieses Risiko ist immer noch deutlich geringer, als mit wenig engagierten und unmotivierten Mitarbeitern geradezu vorprogrammiert Schiffbruch zu erleiden.

Machen Sie die folgende kurze Übung, um sich einen Überblick darüber zu verschaffen, wie Sie die Aufgaben in Ihrem Team so aufteilen können, dass sie das Engagement Ihrer Mitarbeiter fördern.

Gehen Sie den Aufgabenbereich Ihrer Mitarbeiter einzeln durch und überlegen Sie, wie Sie ihn interessanter und umfassender gestalten können, wie Sie Ihren Mitarbeitern einen größeren Verantwortungsrahmen geben können. Beispiele für solche ganzheitlichen Aufgaben gibt es ganz unterschiedliche: Der Buchhalter, der nicht mehr nur das Mahnwesen betreut, sondern für eine feste Kundengruppe in allen Belangen der Buchhaltung verantwortlich ist. Der Vertriebsmitarbeiter, der sich ganzheitlich um die Abwicklung der Aufträge kümmert, von der Präsentation bis zum Schreiben der Rechnungen. Der Personaler, der nicht nur das Recruiting erledigt, sondern die Mitarbeiter auch während der Probezeit betreut, um selbst zu sehen, wie gut seine Entscheidung war. Der Ingenieur, der nicht nur das Produkt entwickelt, sondern auch mit eingebunden ist, wenn es um die Anwendung geht. Und es kann auch der Manager sein, der eigenhändig eine Sendung für seinen Kunden eintütet.

Überlegen Sie in einem zweiten Schritt, welche Fähigkeiten Ihren Mitarbeitern noch fehlen, um die neue Aufgabenstellung bewältigen zu können. Zur Entwicklung einzelner Kompetenzen finden Sie weiterführende Hinweise in Teil III.

Zum Lernen anregen

Wir haben gezeigt, dass die Abstimmung der Stärken eines Mitarbeiters mit den Anforderungen seiner Position die Grundlage von Personalentwicklung ist. Im Weiteren ist es allerdings ebenso wichtig, die Lernfelder eines Mitarbeiters zu kennen und diese zu »bestellen«.

Gerade besondere Stärken und Talente verlangen danach, speziell gefordert und weiterentwickelt zu werden. Lernfelder zu bearbeiten heißt also nicht nur, wie fälschlicherweise oft behauptet wird, Schwächen zu verringern, sondern auch Stärken auszubauen. Denken Sie nur an den Leistungssport, wo eine sehr gute Leistung die Voraussetzung dafür ist, überhaupt mitzuspielen und sich die Verbesserungen irgendwo zwischen dem fünfundneunzigsten und hundertsten Perzentil bewegen, also ausschließlich am obersten Ende des Möglichen.

Kaum ein Mitarbeiter ist perfekt auf seine Rolle im Unternehmen zugeschnitten. Und bei den allermeisten Menschen sind außerdem nur wenige Talente und Stärken (ebenso wie Schwächen) extrem ausgeprägt. Beides sind gute Gründe dafür, auch an nur mittelmäßig ausgeprägten Fähigkeiten zu arbeiten und diese weiterzuentwickeln. Von der anderen Seite betrachtet, wird es in vielen Fällen auch gar nicht möglich sein, eine Position 100-prozentig den Stärken eines Mitarbeiters anzupassen, sodass bestimmte Fähigkeiten einfach trainiert werden müssen.

Für erfolgreiche Teamarbeit ist es notwenig, dass jeder Mitarbeiter über ein Mindestmaß aller Kompetenzen verfügt. Nur so sind gegenseitiges Verständnis und erfolgreiche Zusammenarbeit möglich – erinnern Sie sich an das Gesetz des Minimums, das wir in Teil I beschrieben haben. Auch der kreative Ingenieur sollte beispielsweise ein Minimum an Selbstorganisation anhand bestimmter Techniken erlernen. Ein eher introvertierter Mitarbeiter kann an seiner Gesprächstechnik feilen, um sich so Situationen zu erleichtern, in denen er seine Kenntnisse mit anderen teilen muss, auch wenn er in Sachen Rhetorik oder Small Talk wahrscheinlich nie ein Meister sein wird. Man sollte nur darauf achten, es mit dem Lernen nicht zu übertreiben. Denn, um noch einmal McNair zu zitieren, aus einer Ente macht man so schnell eben keinen Adler.

Doch was, wenn es sich tatsächlich um einen Adler handelt, der nur noch nicht weiß, wie gut er fliegen kann? Denn nicht jedes Unvermögen ist auch wirklich eine Schwäche. Nicht selten kommt es vor, dass ein Mitarbeiter durch die Beschäftigung mit einer »lang gehegten« Schwäche eine bisher verschüttete Stärke entdeckt. Es kann also sehr lohnend sein, es einmal auf den Versuch ankommen zu lassen, an einer Schwäche zu arbeiten. Aber auch, wenn der Mitarbeiter nur lernt, mit dieser Schwäche besser umzugehen, wird das zu einem besonders motivierenden Erfolgserlebnis führen und seinen Handlungsspielraum erweitern.

Training-on-the-Job

Eine gute Ausgangsbasis, die Kompetenzen Ihrer Mitarbeiter zu entwickeln, ist Training-on-the-Job. In den meisten Positionen bestehen eine ganze Reihe von Lernchancen: neue Kundengruppen, ein neues Computerprogramm, eine verantwortungsvollere Aufgabe, mehr Entscheidungsfreiheit, das Training von Mitarbeitern, neue Techniken oder das Erarbeiten von Verbesserungsvorschlägen. Nutzen Sie also ein erweitertes Aufgabenspektrum des Mitarbeiters, um seinen Kompetenzrahmen ganz bewusst zu vergrößern.

Abbildung 18: **Erweitern Sie die Kompetenzzone Ihrer Mitarbeiter**

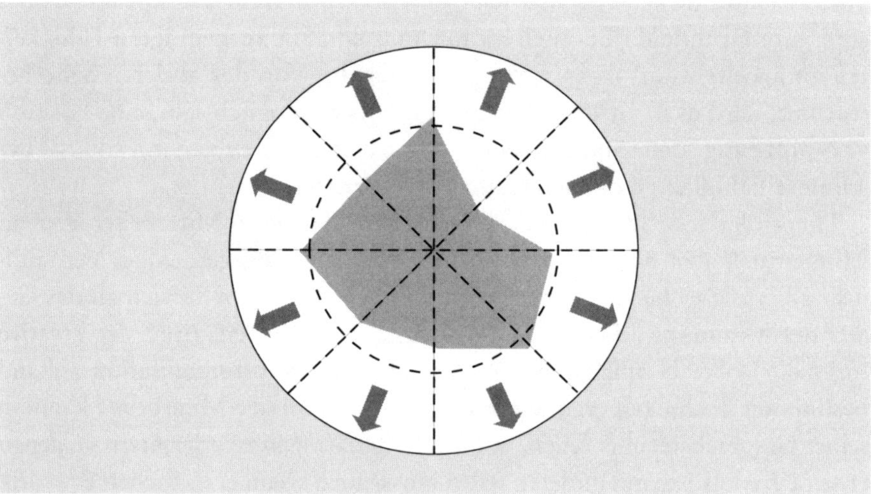

Wie funktioniert das nun in der Praxis? Eine einfache und effektive Trainingsmöglichkeit, die Ihren Mitarbeitern einen großen Mehrwert bietet, ist das gemeinsame Vereinbaren von Lernzielen. Ähnlich wie bei den Leistungszielen bestimmen Sie zusammen mit einem Mitarbeiter Kompetenzen, in denen dieser etwas hinzulernen oder sich verbessern will. Das können Sie entweder in regelmäßigen Abständen tun, oder immer, wenn eine neue Aufgabe oder ein neues Projekt beginnt. In manchen Branchen, beispielsweise der Beratung, drängt sich solch ein Vorgehen förmlich auf. Aber auch für vermeintlich gleichförmige Linienfunktionen ist es möglich.

Im Vorfeld des Gesprächs, in dem Sie mit Ihrem Mitarbeiter Lernziele vereinbaren, ist es empfehlenswert, schon einmal gedanklich die Bereiche durchzugehen, in denen Sie sich gut vorstellen können, dass der Mitarbeiter von einer solchen Erfahrung profitiert. Das können Bereiche sein, in denen er noch kleinere Defizite aufweist. Bevorzugen Sie aber Kompetenzen, bei denen Sie eine Stärke entdeckt haben, die Sie gerne weiter ausbauen wollen. Hier ein paar Beispiele:

- Ein Mitarbeiter im Sales-Support will seine Kundenbeziehungen verbessern und erhält die Gelegenheit, bei Kundenbesuchen dabei zu sein.
- Ein Mitarbeiter mit einem guten Organisationsgeschick bekommt erstmalig ein mittelgroßes Projekt übertragen.
- Ein Mitarbeiter, der für seine integrierende Rolle im Team bekannt ist, nimmt an Einstellungsinterviews teil.
- Ein Mitarbeiter hat seine Englischkenntnisse durch einen Sprachkurs aufgebessert und erhält vermehrt die Gelegenheit, mit ausländischen Geschäftspartnern zu telefonieren.
- Ein Mitarbeiter mit einer Stärke für Präsentationen übernimmt Ihre Vorstandspräsentation.

Mit ein bisschen Übung und im Gespräch mit Ihren Mitarbeitern werden Ihnen sicher viele Möglichkeiten einfallen, wie Sie Lernfelder bearbeiten können. Wenn Sie die Lernziele gemeinsam mit Ihrem Mitarbeiter fixiert haben, ist es an Ihnen, ihn mit entsprechenden Aufgaben zu betrauen, sodass er die Möglichkeit erhält, die vereinbarten Kompetenzen in der Praxis zu erproben. Denken Sie auch bei diesen Praxisaufgaben daran, den Lernfortschritt Ihrer Mitarbeiter zu verfolgen, konsequent nachzuhaken und Erfolge anzuerkennen.

Aus Misserfolgen lernen

Ähnlich wie Beschwerden von Kunden oft sehr gute Hinweise dafür geben, wie die Qualität des eigenen Produkts zu verbessern ist, eignen sich Misserfolge und Fehler sehr gut dazu, Optimierungspotenzial aufzuzeigen und sie als Lernchancen zu nutzen. Sehen Sie Misserfolge und Fehler deshalb prinzipiell als etwas Positives, in dem die Kraft zur Verbesserung steckt. Ganz so kostspielig wie im folgenden Beispiel von Edgar Schein sind Fehler normalerweise ja nicht.

Eine Nachwuchsführungskraft bei IBM hat eine Reihe von Fehlentscheidungen getroffen, die das Unternehmen einige Millionen Dollar gekostet haben. Daraufhin wurde er zum Bereichsleiter bestellt, in der Erwartung, dass er nun seine Entlassungspapiere in Empfang nehmen könne. Er eröffnete folglich das Gespräch mit den Worten: »Nach dieser Serie von Fehlern werden Sie mich sicherlich feuern.« Der Bereichsleiter soll geantwortet haben: »Das habe ich nicht vor, junger Mann, wir haben doch gerade ein paar Millionen Dollar ausgegeben, um Sie zu trainieren.«

Nehmen Sie sich nach einem Misserfolg die Zeit, mit Ihren Mitarbeitern die Lernpunkte zu besprechen. Das bedeutet zu erörtern, was diese aus dem Fehler lernen können und ein optimiertes Vorgehen für das nächste Mal zu erarbeiten (siehe »Kritisieren Sie lösungsorientiert und konsequent« im Kapitel »Anerkennung«). Behalten Sie dabei allerdings immer die Unternehmensziele im Blick, da eine Verhaltensänderung sowohl für den Mitarbeiter als auch für das Unternehmen sinnvoll sein muss.

Bieten Sie individuelle Unterstützung an

Herausforderung und Unterstützung sollten stets in Balance bleiben. Wenn Ihre Mitarbeiter durch neue Aufgaben oder Verantwortlichkeiten ihren Kompetenzrahmen erweitern, sind Sie auf der anderen Seite gefordert, sie dabei gezielt zu unterstützen. In Teil I haben Sie bereits erfahren, dass der so genannte Flow entsteht, wenn Anforderungen und Fähigkeiten im Gleichgewicht sind. Schaffen Sie es, herausfordernde Aufgaben mit der entsprechenden Qualifizierung in etwa im Gleichschritt weiter voranzutreiben, erreichen Sie bei Ihrem Mitarbeiter den Zustand des Flows. Der Mitarbeiter befindet sich im kontinuierlichen Lernprozess und ist dabei weder unter- noch überfordert, was Felix von Cube als Flow-Stepping bezeichnet.

Abbildung 19: **Flow-Stepping**

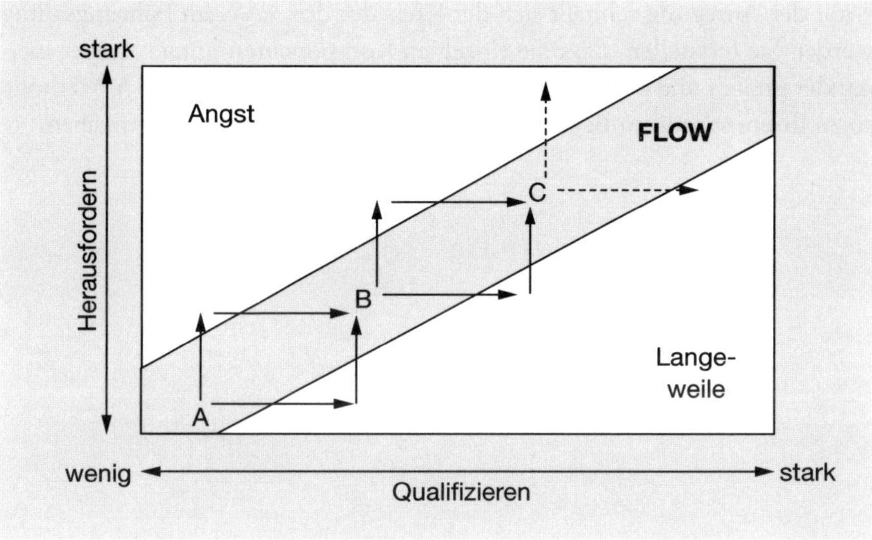

Um Ihre Mitarbeiter gezielt zu unterstützen, können Sie auf eine Reihe von Möglichkeiten zurückgreifen. Das kann ein Training sein, in dem bestimmte Fachkenntnisse vermittelt werden. Oder Sie stellen dem Mitarbeiter durch Mentoring einen erfahrenen Mitarbeiter aus einem anderen Bereich zur Seite. Dieses Vorgehen hat sich vielfach bewährt. Es trägt zum Wissensaustausch im Unternehmen bei und ist obendrein kostengünstig. Coaching ist wiederum für (Nachwuchs-)Führungskräfte der Königsweg der Entwicklung und, wenn es professionell betrieben wird, wirksamer als jedes Training.

Oft ist allerdings auch gar keine aufwändige Qualifizierungsmaßnahme notwendig, um einem Mitarbeiter bestimmte Kompetenzen zu vermitteln. Wenn Sie sich als Führungskraft die Zeit nehmen, Kompetenzlücken bei Ihren Mitarbeitern offensiv anzusprechen und Sie gemeinsam nach Lösungen suchen, werden Ihre Mitarbeiter in der Regel selbst zahlreiche gute

Ideen haben (siehe Kapitel »Anerkennung«). Spezielle Hinweise, wie Sie günstige Rahmenbedingungen für einzelne Kernkompetenzen schaffen und welche Tipps Sie Ihren Mitarbeitern zur Verbesserung einzelner Kernkompetenzen geben können, finden Sie in Teil III. Häufig ist es gerade diese Kombination aus einem konstruktiven Gespräch und dem »Gewusst wie«, das den Mitarbeiter ein gutes Stück voranbringt.

Sie haben jetzt alle drei Bausteine der Triple-A-Methode kennen gelernt – mit der Anregung schließt sich der Kreis der drei »A«. Im Führungsalltag werden Sie feststellen, dass die einzelnen Komponenten immer wieder ineinander greifen und aufeinander aufbauen. Sie können die Triple-A-Methode so zu Ihrem ständigen Begleiter in Sachen Personalentwicklung machen.

Teil III

Kompetenzbasierte Personalentwicklung mit der Triple-A-Methode

Der Fokus des dritten Teils liegt auf der individuellen Förderung einzelner Kompetenzen. Diese so genannten Kernkompetenzen – ein in der Personalarbeit viel genutztes Instrument – bilden erfolgsrelevantes Verhalten in Organisationen ab: Komplexe Situationen und Verhaltensweisen werden in ihre gut beschreibbaren und vor allen Dingen leichter veränderbaren Bestandteile herunter gebrochen. Indem wir die Triple-A-Methode auf diese Kernkompetenzen projizieren, erhalten Sie zahlreiche Tipps und Hinweise zur gezielten individuellen und teambezogenen Förderung Ihrer Mitarbeiter in den einzelnen Kompetenzbereichen.

So nutzen Sie die Kernkompetenzen

Im Kapitel »Aufmerksamkeit« in Teil II haben Sie das Konzept der Kernkompetenzen bereits kennen gelernt, um die Fähigkeiten Ihrer Mitarbeiter differenziert zu beschreiben. In diesem Teil finden Sie nun konkrete Tipps und Hinweise, wie Sie die Kompetenzen individuell fördern können. Die 14 ausgewählten Kernkompetenzen sind drei Clustern zugeordnet:

Arbeitsverhalten: Entscheidungskompetenz • Organisation und Planung • Ergebnisorientierung • Initiative und Verantwortung • Belastbarkeit • Fachkenntnis

Auftreten und Interaktion: Networking • Überzeugungskraft und Durchsetzungsstärke • Konfliktfähigkeit • Teamfähigkeit

Geschäfts- und Marktorientierung: Wettbewerbskenntnis • Kundenorientierung • Innovations- und Veränderungsfähigkeit • Kostenmanagement

Jeder Mitarbeiter hat seine Stärken in bestimmten Kompetenzen und wird seine Arbeit so erledigen, dass diese starken Kompetenzen bevorzugt zum Einsatz kommen. Die Entwicklung dieser »starken« Kompetenzen sollte immer auch im Fokus Ihrer Bemühungen liegen. Aber letztlich muss jeder Mitarbeiter auch über ein Mindestmaß aller hier dargestellten Kompetenzen verfügen, um eine reibungslose Zusammenarbeit im Team zu gewährleisten. Wahrscheinlich werden Sie, um ein Zitat aus Teil II aufzugreifen, aus einer Ente keinen Adler machen. Doch sollten Sie darauf achten, dass Ihre Mitarbeiter sich auch in Bereichen weiter entwickeln, die nicht unbedingt ihren aktuellen Stärken entsprechen.

Jede Kompetenz ist analog der Triple-A-Methode in drei Bereiche gegliedert, in denen die entsprechenden Fragestellungen thematisiert werden:

Aufmerksamkeit: Worauf können Sie Ihre Aufmerksamkeit lenken, um festzustellen, wie es mit der jeweiligen Kompetenz in Ihrem Team und bei einzelnen Mitarbeitern bestellt ist? Hier finden Sie sowohl positive (»Der Idealfall«) als auch negative (»Warnsignale«) Beispiele für die Umsetzung der jeweiligen Kompetenz im Arbeitsalltag. Nutzen sie diese Beispiele als

Orientierungspunkte, um gute und verbesserungsfähige Verhaltensweisen zu identifizieren.

Anerkennung: Wie können Sie das Verhalten eines Mitarbeiters im Hinblick auf eine bestimmte Kompetenz anerkennen? Wie gelingt es im Gespräch, einen gemeinsamen Kenntnisstand zu schaffen, auf dem Entwicklung aufbauen kann? Es geht in diesem Bereich also vor allem darum, die jeweilige Kompetenz gemeinsam mit Ihrem Mitarbeiter zu explorieren. Hierfür finden Sie vorformulierte Fragen für jede Kompetenz, die Ihnen das Gespräch mit Ihrem Mitarbeiter erleichtern.

Anregung: Wie können Sie die Entwicklung einer Kompetenz bei Ihren Mitarbeitern anregen? Hier finden Sie einerseits Tipps, wie Sie durch Ihr Verhalten ein konstruktives Umfeld für die jeweilige Kompetenz schaffen können. Zusätzlich finden Sie Hinweise, welche Anregungen Sie Ihren Mitarbeitern geben können, um die jeweilige Kompetenz individuell zu stärken. Hinweise zu weiterführender Literatur und verwandten Kernkompetenzen runden diesen Abschnitt ab.

Zu guter Letzt: Dieser Teil des Buches eignet sich eher zum Nachschlagen als zum Lesen an einem Stück. Nutzen Sie ihn deshalb entsprechend der aktuellen Situation und Ihren individuellen Anforderungen. Dies gilt auch hinsichtlich der ausgewählten Kompetenzen und der aufgeführten Verhaltensbeispiele. Es ist gut möglich, dass Sie auf speziellen Positionen weitere Kompetenzen beobachten und fördern können und dass Ihre Mitarbeiter weitere Verhaltensweisen als Ausdruck Ihrer Kompetenzen zeigen.

Kapitel 9

Arbeitsverhalten

Im Kompetenz-Cluster Arbeitsverhalten geht es darum, wie man an Aufgaben herangeht und sie bevorzugt bearbeitet. Dabei spielen Fachkenntnisse eine Rolle, bestimmte Techniken und persönliche Präferenzen wie beispielsweise Entscheidungskompetenz, Organisation und Planung sowie letztlich auch eher »weiche« Faktoren wie Belastbarkeit.

Entscheidungskompetenz

Unser Entscheiden reicht weiter als unser Erkennen.
Immanuel Kant

Allein das Wissen, dass 100-prozentige Erkenntnis kaum erreichbar ist, wird so manche Entscheidung leichter und auch schneller machen. Doch umso mehr Sorgfalt und Gründlichkeit muss bei der Analyse im Vorfeld der Entscheidung walten. Das beginnt mit der richtigen Fragestellung, gefolgt von der umfassenden Sondierung der relevanten Informationsquellen. Mit fundierter Fachkenntnis und der passenden Methodik gilt es dann, die gesammelten Informationen zielgerichtet und mit der nötigen, aber auch hinreichenden Tiefenschärfe auszuwerten und für andere nachvollziehbar aufzubereiten.

Aufmerksamkeit

Nachfolgend finden Sie die Beschreibung eines Mitarbeiters, der die verschiedenen Schritte bei der Entscheidungsfindung sehr gut beherrscht. Nutzen Sie diese Vorgehensweise, um auch in Ihrem Team Hinweise für eine gute Entscheidungskompetenz zu identifizieren.

Der Idealfall: Ihr Mitarbeiter ist mit einer Marktstudie für die Einführung eines neuen Produkts betraut. Nachdem er die relevanten Fragestellungen und Kategorien, die für seine Entscheidung grundlegend sind (Wettbewerber, Konkurrenzprodukte, Gesamtmarkt, Umsatzpotenzial et cetera), erarbeitet und nochmals kurz mit Ihnen abgestimmt hat, macht er sich daran, Informationen für die einzelnen Kategorien zusammenzutragen.

Über den Desk-Research hinaus nutzt er dabei aktiv sein Netzwerk innerhalb wie außerhalb des Unternehmens, um die Meinung weiterer Fachleute einzuholen. Als er merkt, dass sich die Daten verdichten, beendet er die Recherche vorerst und macht sich daran, die vorliegenden Informationen zu strukturieren. Dazu hat er eine übersichtliche Matrix entworfen, in der er die einzelnen Argumente für die jeweiligen Kategorien überträgt und bewertet.

Diese ersten Ergebnisse stellt Ihr Mitarbeiter informell einem kleinen bereichsübergreifenden Team vor, dessen Vorschläge er noch einarbeitet. Für die Abschlusspräsentation vor Ihnen und einigen Kollegen fasst er seine Argumente und Schlussfolgerungen in zwei verschiedenen Szenarien zusammen, in denen er kausale Zusammenhänge zwischen den gesammelten Informationen aufzeigt. Darauf aufbauend spricht er eine Handlungsempfehlung aus. Ebenso weist er auf offene Fragen und Unwägbarkeiten hin und lädt Sie zu einer bewusst kritischen Diskussion ein, aus der sich weitere Handlungsschritte ergeben.

Warnsignale: Die folgenden Verhaltensweisen sind ein Zeichen dafür, dass sich Ihre Mitarbeiter mit Entscheidungen schwer tun:

- Entscheidungen werden ausgesessen.
- Entscheidungen müssen häufig revidiert werden, weil im Nachhinein wichtige Aspekte, die bei der Analyse nicht bedacht wurden, sichtbar werden.
- Entscheidungen lesen sich auf dem Papier hervorragend, doch wird schnell klar, dass sie kaum umsetzbar sind.
- Analysen werden durchgeführt, ohne dass die relevanten Fragestellungen geklärt sind.
- Bei Entscheidungen wird »aus der Hüfte geschossen«, ohne dass notwendige Informationen als Entscheidungsgrundlage gesammelt werden.

- Aus Angst vor Fehlern wird »über-analysiert«, damit auch wirklich alle Faktoren bedacht werden und niemand kritisiert werden kann.
- Bei der Informationssammlung wird der bequemste Weg gewählt und in der Regel geht dieser nicht über die Internetrecherche hinaus.
- Informationen werden nicht strukturiert und schon gar nicht nach Relevanz bewertet, sondern stehen als Sammelsurium nebeneinander.
- Entscheidungen werden unter großem Termindruck getroffen, sodass für eine fundierte Analyse keine Zeit bleibt.
- »Fixe Ideen« einzelner Personen ersetzen die fundierte Analyse eines Sachverhalts.
- Entscheidungen werden an der Meinung von höher gestellten Mitarbeitern ausgerichtet, anstatt an realen Sachverhalten.
- Analysen und Entscheidungen werden nicht kritisch hinterfragt.

Anerkennung

Gerade bei einem so komplexen Thema wie der Entscheidungskompetenz kommt es darauf an, die einzelnen Schritte gezielt zu hinterfragen. Die folgenden Fragen erleichtern es Ihnen, mit Ihrem Mitarbeiter ins Gespräch zu kommen:

- Wie bewerten Sie die Qualität dieser Entscheidung?
- Welche Fragestellung stand am Beginn der Aufgabe?
- Worauf führen Sie die erfolgreiche Entscheidung zurück?
- Welche Informationsquellen haben Sie genutzt und wie haben Sie das notwendige Datenmaterial beschafft?
- Mit welchen Kollegen oder Abteilungen haben Sie bei der Informationsbeschaffung zusammengearbeitet?
- Was hätte Ihnen die Informationsbeschaffung erleichtert?
- Wo gab es bei der Informationsbeschaffung Schwierigkeiten?
- Was hätten Sie bei der Aufbereitung der Informationen noch verbessern können?
- Nach welchen Kriterien haben Sie die Informationen strukturiert und bewertet?
- Wie sind Sie bei der Strukturierung und Bewertung der Informationen vorgegangen?

- Wie haben Sie dafür gesorgt, dass Ihre Schlussfolgerungen kritisch überprüft werden?
- Welche Techniken oder Vorgehensweisen haben Sie bei Ihrer Entscheidungsfindung genutzt?
- Wie haben Sie unterschiedliche Meinungen oder Interessengruppen in Ihre Entscheidung integriert?
- Wie viele und welche Alternativen haben Sie berücksichtigt, bevor Sie eine Entscheidung getroffen haben?
- Wenn Sie Ihre Art und Weise, Entscheidungen zu treffen, einordnen, wo sehen Sie sich auf einer Skala zwischen »faktisch-rational« auf der einen Seite und »intuitiv-gefühlsmäßig« auf der anderen? Wie könnten Sie diese Art der Entscheidungsfindung durch die jeweils andere Seite unterstützen?
- Weshalb haben Sie sich mit der Entscheidungsfindung eher schwer getan?
- Wie hätten Sie zu einer schnelleren Entscheidung kommen können?
- Welche Lernpunkte nehmen Sie aus dieser Entscheidung für sich mit?

Anregung

Günstige Rahmenbedingungen schaffen: In dieser Rubrik finden Sie Hinweise, wie Sie die Entscheidungsfähigkeit in Ihrem Team verbessern können, indem Sie durch Ihr eigenes Verhalten die richtigen Rahmenbedingungen dafür schaffen.

- Zeigen Sie den größeren Rahmen der Aufgabenstellung auf und rücken Sie das Unternehmen in den Fokus der Betrachtung: Warum ist das für die Gesamtorganisation wichtig? So stellen Sie sicher, dass Sie keine Insellösungen als Ergebnis bekommen und erleichtern Ihren Mitarbeitern die Arbeit.
- Formulieren Sie eine klare Zielsetzung der gewünschten Analyse. Laden Sie Ihre Mitarbeiter ein, dabei mitzuwirken.
- Stellen Sie durch eine kurze Rückfrage sicher, dass Ihre Mitarbeiter die Aufgabe verstanden haben und selbstständig ausführen können.
- Fordern Sie, wo es sinnvoll ist, von Ihren Mitarbeitern verschiedene Alternativen ein, um vorschnellen Ideen und zu einfachen Lösungen vorzubeugen.

- Ermuntern Sie Ihre Mitarbeiter dazu, bei Analysen zusammenzuarbeiten und die Hilfe von Kollegen mit unterschiedlicher Expertise in Anspruch zu nehmen.
- Regen Sie Ihre Mitarbeiter dazu an, untereinander den Advocatus Diaboli zu spielen, bewusst Gegenargumente vorzubringen und so die anvisierte Lösung auf Herz und Nieren zu prüfen.
- Setzen Sie realistische Zeitbegrenzungen, damit das Projekt auch beendet wird. Lassen Sie Ihren Mitarbeitern dabei allerdings genügend Zeit, damit eine Entscheidung hinreichend fundiert getroffen werden kann. Von »Feuerwehr-Entscheidungen« hat selten jemand profitiert.
- Stellen Sie über die Zeit hinaus auch die anderen nötigen Ressourcen zur Verfügung, damit eine fundierte Entscheidung getroffen werden kann, beispielsweise Reisezeit und -kosten für Marktrecherchen oder persönliche Besprechungen mit Experten.
- Halten Sie mit Ihren eigenen Vorstellungen hinter dem Berg, auch wenn Sie denken, die Lösung eigentlich schon zu kennen. So kommt erst gar nicht die Gefahr auf, dass Mitarbeiter Ihnen zuliebe in eine bestimmte Richtung denken.
- Seien Sie nicht übermäßig kritisch bei der Beurteilung der Ergebnisse. Denn in Erwartung maßloser Kritik und betont kritischen Feedbacks werden Ihre Mitarbeiter alles daransetzen, 150-prozentige Ergebnisse zu liefern, was weder der Ergebnisqualität noch der benötigten Zeit zuträglich ist.
- Zeigen Sie deutlich Ihre Wertschätzung, wenn Ihre Mitarbeiter die Aufgabe beendet haben.
- Wenn Sie das Gefühl haben, in der Analyse sind nicht alle relevanten Fakten bedacht worden, nehmen Sie sich die Zeit, diese konstruktiv-kritisch mit Ihren Mitarbeitern durchzugehen und auf Verbesserungspotenzial hin zu überprüfen. Machen Sie deutlich, dass Sie nicht die Person, sondern die Sache kritisieren (siehe Feedbackregeln im Kapitel Anerkennung).

Anregungen geben: Die folgenden Hinweise können Sie einzelnen Mitarbeitern geben, um ihre Entscheidungskompetenz zu verbessern:

- Gerade bei recht umfangreichen und unübersichtlichen Problemstellungen ist es sinnvoll, die Aufgabe in Teilziele herunterzubrechen. Animieren Sie Ihren Mitarbeiter durch entsprechende Fragen dazu, beispielsweise: »Welches sind die Teilaspekte dieser Aufgabe?«

- Durch das Internet bekommt man schnell das Gefühl, alle verfügbaren Informationen lägen einem zu Füßen. Doch gerade innovative Ansätze (so genanntes Out-of-the-Box-Thinking) entstehen in der Regel nicht beim Surfen, sondern im Gespräch mit Kollegen, Kunden und Lieferanten. Halten Sie Ihren Mitarbeiter also über die Internetrecherche hinaus zu einem persönlichen Austausch über seine Aufgabe an: »Dazu hat sicher auch Frau Schmidt aus dem Controlling noch ein paar interessante Ideen.«
- Häufig werden Informationen nur angehäuft, ohne sie zu strukturieren. Schlagen Sie Ihrem Mitarbeiter vor, Kategorien zu bilden, nach denen er die Informationen gliedert. Schon eine einfache Tabelle oder Matrix bringt hier Klarheit. Darüber hinaus gibt es eine Vielzahl von Methoden wie die Kosten-Nutzen-Analyse, die SWOT-Analyse (Strenghts, Weaknesses, Opportunities, Threats) und den Entscheidungsbaum.
- Schlagen Sie Ihrem Mitarbeiter vor, gesammelte Informationen in Wenn-dann- oder Je-desto-Beziehungen zu setzen, um die Zusammenhänge optimal herauszuarbeiten.
- Auch wenn es darum geht, neue Ideen zu generieren, gibt es eine Vielzahl von Methoden und Techniken, die Sie Ihrem Mitarbeiter vorschlagen können, zum Beispiel die Walt-Disney-Methode, das Brainstorming und Mind-Maps.
- Jeder Mensch hat bei der Entscheidungsfindung bestimmte Präferenzen in der Vorgehensweise. So sind mache Mitarbeiter eher logisch-strukturiert, andere entwickeln eine Lösung eher »aus dem Bauch heraus«. Helfen Sie Ihrem Mitarbeiter, seine Vorgehensweise zu erkennen, den Nutzen der jeweils anderen Vorgehensweise zu sehen und gezielt anzuwenden.
- Begründen Sie Ihr Feedback, erläutern Sie Ihrem Mitarbeiter, warum seine Analyse zu knapp oder zu ausführlich war. Auf diese Weise unterstützen Sie ihn, selbst ein Gefühl dafür zu entwickeln, bei welchen Entscheidungen die vorbereitende Analyse sehr genau und bei welchen sie weniger genau sein muss.

Zum Weiterlesen: In den folgenden Literaturhinweisen finden Sie hilfreiche Ratgeber zum Thema Entscheidungskompetenz.

Goemann-Singer, Alja; Graschi, Petra; Weissenberger, Rita: *Recherchehandbuch Wirtschaftinformation. Vorgehen, Quellen, Praxisbeispiele*. Berlin: Springer 2004.

Noellke, Matthias: *Entscheidungen treffen. Schnell, sicher, richtig.* München: Haufe 2004.
Smith, Jane: *30 Minuten für die richtige Entscheidung.* Offenbach: Gabal 1998.
Wetterer, Eva-Christiane: *Die Kunst der richtigen Entscheidung. 40 Methoden die funktionieren.* Hamburg: Murmann 2005.

Verwandte Kompetenzen: Wenn Sie die Entscheidungskompetenz eines Mitarbeiters entwickeln, können sich unter Umständen die Kompetenzen Ergebnisorientierung, Überzeugungskraft und Durchsetzungsstärke, Innovations- und Veränderungsfähigkeit ebenfalls verändern.

Organisation und Planung

Organisation macht aus einem Inkompetenten noch kein Genie.
Dwight D. Eisenhower

Ein strukturiertes und geplantes Vorgehen mag zwar aus einem inkompetenten Mitarbeiter keinen genialen machen, aber es erleichtert doch vieles, auch wenn sich so mancher regelrecht dazu zwingen muss. Eine gute Organisation und Planung hilft, Ressourcen – insbesondere Zeit – zu sparen, die Ziele auch in hektischen Zeiten im Blick zu behalten, Prioritäten einzuhalten und Fehler zu vermeiden.

Bei einigen Kollegen wiederum ist es ein Zuviel an Planung und Organisation, das den Arbeitsalltag unflexibel macht, die eigentlichen Ziele in den Hintergrund treten lässt und somit selbst zum Stressfaktor wird. Es hängt also sehr viel von den Präferenzen des jeweiligen Mitarbeiters ab, wie er diese zu nutzen weiß und wie gut es ihm gelingt gegenzusteuern, wenn diese überzuborden drohen. Denn wie so oft kommt es auch hier auf das richtige Maß zwischen Planung und Organisation auf der einen und Flexibilität auf der anderen Seite an.

Aufmerksamkeit

Der Idealfall: In der folgenden Schilderung lernen Sie ein Team kennen, das seinen Arbeitstag durch eine durchdachte Planung und Organisation gut im Griff hat. An den geschilderten Verhaltensweisen können Sie sich orientieren, wenn Sie sich mit dieser Kompetenz beschäftigen:

Ihr Mitarbeiter kommt morgens an seinen Arbeitsplatz und findet bereits zwei E-Mails vor, die er beantworten muss. Obwohl er eigentlich geplant hatte, an diesem Vormittag an einem größeren Projekt zu arbeiten, nimmt er sich schnell die Zeit, die beiden Mails zu beantworten – somit ist das schon mal erledigt und er hat einen klaren Kopf für sein Projekt. Für die nächste Stunde schließt er seinen E-Mail-Empfang und leitet das Telefon auf die Mailbox um, damit er ungestört arbeiten kann. Sie bekommen das mit und lassen ihn für diese Zeit in Ruhe, obwohl Sie eigentlich etwas mit ihm besprechen wollten. Es ist jedoch nicht so dringend, sodass Sie ihm stattdessen eine E-Mail mit der Bitte um Rücksprache senden.

Als Ihr Mitarbeiter am späten Vormittag bei Ihnen vorbeischaut, besprechen Sie die Angelegenheit. Schnell wird deutlich, dass noch ein weiterer Mitarbeiter betroffen ist und Sie schalten ihn telefonisch hinzu, ohne gleich ein umfängliches Meeting anzuberaumen. Über Ihr Anliegen hinaus nutzt Ihr Mitarbeiter die Gelegenheit, kurz über sein Projekt zu sprechen.

Warnsignale: Wenn Ihnen die folgenden Verhaltensweisen begegnen, können Sie davon ausgehen, dass in Sachen »Organisation und Planung« Entwicklungsbedarf in Ihrem Team besteht:

- Termine und Zeitabsprachen werden häufiger vergessen. Sie hören Aussagen wie: »Oh, das muss ich übersehen haben.« Oder: »Gut, dass Sie mich daran erinnern, das hätte ich sonst völlig vergessen.«
- Es dauert unverhältnismäßig lange, bis sich Unterlagen auffinden, die eigentlich griffbereit sein sollten.
- Mitarbeiter machen durchgängig einen gestressten Eindruck und wissen gar nicht, »wo ihnen der Kopf steht« und mit welcher Tätigkeit sie beginnen sollen.
- Mitarbeiter reagieren unwirsch, wenn sie bei ihren Aufgaben unterbrochen werden, da sie dies als Störung ihres geordneten Tagesablaufs empfinden.
- Aufgaben werden vergessen und dann in letzter Minute fertiggestellt.
- Mitarbeiter lassen sich leicht von begonnenen Tätigkeiten ablenken, beispielsweise durch aktuelle E-Mails oder auch durch Telefonate.
- Projekte verzögern sich durch Mitarbeiter, die ihre Aufgaben nicht termingerecht fertig stellen.
- Richtlinien in Ihrem Unternehmen werden häufig ignoriert oder überschritten.

Anerkennung

Mit den folgenden Fragen kommen Sie mit Ihren Mitarbeitern über das Thema »Planung und Organisation« ins Gespräch. Sie schaffen damit eine Grundlage, auf der Sie Kritik und Entwicklung aufbauen können:

- Das hat ja alles prima geklappt. Welche Tipps würden Sie einem Kollegen geben, der diese Aufgabe das nächste Mal durchführt?
- Welche Aufgaben haben für Sie im Moment Priorität?
- Wie sind diese Prioritäten zustande gekommen?
- Welchen Stellenwert nimmt Planung in Ihrem Arbeitsalltag ein?
- An welchen Stellen können Sie von einer optimierten Planung profitieren?
- Wie ist es zu der Verzögerung gekommen?
- Welches sind aktuell die Zeitfresser in Ihrem Arbeitstag? Wie können Sie diese in den Griff bekommen?
- Wie können wir Meetings in Zukunft kürzer und effektiver gestalten?
- Wo sehen Sie sich auf einer Skala von »unstrukturiert« auf der einen und »sehr strukturiert« auf der anderen Seite? Wie drückt sich das aus?
- An welchen Stellen würden Sie von einer etwas strukturierteren Vorgehensweise profitieren? Wo wäre hingegen mehr Flexibilität von Vorteil?
- Mit welchen Techniken oder Methoden können Sie sich vorstellen, Ihren Arbeitstag besser zu planen?

Anregung

Günstige Rahmenbedingungen schaffen: In größerem Umfang als man gemeinhin annimmt, hängt eine gute Planung und Organisation von der Führungskraft ab. Hier finden Sie wichtige Hinweise, wie Sie selbst die Planungs- und Organisationsfähigkeit in Ihrem Team positiv beeinflussen können:

- Ein von Führungskräften häufig gezeigtes Symptom, insbesondere bei starker Arbeitsbelastung, sind verschobene Termine. So wird die terminierte Besprechung gerne vom Vor- auf den Nachmittag verlegt, um letztlich am nächsten Tag auf Zuruf einberufen zu werden. Das ist eine schlechte Vorbildfunktion für die Mitarbeiter, denn von diesen wird schließlich Termintreue erwartet. Disziplinieren Sie sich also selbst und halten Sie Termine mit Mitarbeitern auch ein.

- Meetings sind wahre Zeitfresser. Halten Sie deshalb nur so viele Besprechungen ab, wie unbedingt notwendig sind und strukturieren Sie diese straff. Ersetzen Sie unnötige Meetings durch persönliche Gespräche, Telefonate oder E-Mails.
- Verschaffen Sie sich einen guten Überblick über die Auslastung Ihrer Mitarbeiter und dosieren Sie neue Aufgaben entsprechend.
- Manche Führungskräfte nutzen ihre Mitarbeiter gerne einmal als »Feuerwehr« und laden dringende Arbeitsaufträge bei ihnen ab. Halten Sie diese Ad-hoc-Aufträge in engen Grenzen, denn Ihre Mitarbeiter haben anderes zu tun.
- Wenn sich Ad-hoc-Aufträge nicht vermeiden lassen, nehmen Sie sich die Zeit, die Prioritäten mit Ihren Mitarbeitern abzustimmen.
- Beobachten Sie Ihre Mitarbeiter und finden Sie heraus, welche Mitarbeiter einen strukturierten und welche einen eher unstrukturierten Tagesablauf schätzen. Stimmen Sie Ihr Verhalten darauf ab:
  - Für »überstrukturierte« Mitarbeiter gilt: Schaffen Sie möglichst viel Planungssicherheit im Arbeitsalltag dieser Mitarbeiter und vereinbaren Sie klare Prioritäten. Erkennen Sie die Fähigkeit zu strukturiertem Arbeiten an, weisen Sie aber zu passender Gelegenheit anhand von markanten Beispielen auf die Notwendigkeit zur Flexibilität hin.
  - Für unstrukturierte Mitarbeiter gilt: Erkennen Sie Flexibilität und Improvisationsfähigkeit dieser Mitarbeiter als Stärke an und weisen Sie durch konkrete Vorschläge gleichzeitig auf Möglichkeiten hin, sich den Arbeitstag durch Planung ein wenig einfacher zu machen. Bestehen Sie auf der Einhaltung einmal getroffener Vereinbarungen.
- Bewahren Sie den Überblick über vereinbarte Termine, zu denen Arbeiten fertig gestellt sein sollen und haken Sie zeitnah nach. Nur wenn die zu erbringende Leistung zum vereinbarten Zeitpunkt auch abgefordert wird, haben Mitarbeiter einen Anreiz, sich an diese Termine zu halten. Denken Sie ebenso an zeitnahes Feedback, damit Ihr Mitarbeiter nicht das Gefühl bekommt, die Arbeit sei vorerst »für die Schublade« und der Termin willkürlich gesetzt gewesen.

- Sorgen Sie dafür, dass Termine, insbesondere mit Dritten, realistisch vereinbart werden. Gerade Kunden verspricht man oft ein bisschen mehr als eigentlich möglich ist, mit der Konsequenz, dass sich das eigene Team ständig im Notfallmodus befindet und doch jeder auf die zugesagten Ergebnisse warten muss. Denken Sie an das Patientenmanagement in einer Arztpraxis: Nur weil das Wartezimmer zum Bersten voll ist, arbeitet der Arzt nicht mehr oder besser.
- Wenn Mitarbeiter keine Zeit für neue Aufgaben haben, hinterfragen Sie kritisch den Grad der Arbeitsbelastung. Nehmen Sie sich aber umso mehr Zeit, gemeinsam mit Ihren Mitarbeitern deren Prioritäten und die damit verbundenen Argumente zu hinterfragen und stellen Sie sicher, dass auch die »richtigen« Prioritäten gesetzt werden. Wenn Sie unterschiedliche Prioritäten setzen, stehen die Chancen nicht schlecht, dass Sie auch unterschiedliche Ziele verfolgen.

Anregungen geben: Wenn Sie bei einzelnen Mitarbeitern die Notwendigkeit erkennen, ihre Fähigkeiten zur Planung und Organisation zu optimieren, können Sie mit den folgenden Tipps praktische Hilfestellung bei der Umsetzung leisten.

- »Procrastination is the thief of time«, heißt es im Englischen so schön, frei übersetzt mit: Aufschieberei ist ein Zeitfresser. Vergegenwärtigen Sie Ihren Mitarbeitern also immer wieder folgenden Satz: »Tun Sie's sofort!« Bevor Ihr Mitarbeiter, besonders bei überschaubaren Aufgaben, To-do-Listen und Terminplanungen erstellt und die Aufgabe von einem Stapel und Tag auf den nächsten verfrachtet hat, könnte sie schon längst erledigt sein, beispielsweise die Antwort auf einen Brief zu verfassen, die man sowieso schon im Kopf hat.
- Perfektion ist ein weiterer Zeitfresser. Was man in einer Stunde perfekt erledigen kann, ist oft auch schon in 30 Minuten mit hinreichend guter Qualität getan. Regen Sie Ihren Mitarbeiter dazu an, darüber nachzudenken, wie viel Perfektion wirklich sein muss. Sonst passiert es, dass man 80 Prozent der Energie und Zeit für die letzten 20 Prozent des Ergebnisses verbraucht.
- Schlagen Sie Ihrem Mitarbeiter vor, seine Aufgaben nach Prioritäten zu ordnen. Dies geschieht klassischer Weise in einem Koordinatensystem nach den Kriterien des Eisenhower-Prinzips: Was ist wichtig und was weniger wichtig auf der einen Achse? Was ist dringend und was weniger dringend auf der anderen?

- Halten Sie insbesondere sehr unstrukturierte Mitarbeiter dazu an, Aufgaben- oder Projektlisten zu führen, damit sie einen guten Überblick über die zu erledigende Aufgaben haben.
- Schlagen Sie eher strukturierten Mitarbeitern vor, sich pro Tag eine bestimmte Zeit für unvorhergesehene Aufgaben zu reservieren und diese somit planbar zu machen.
- Gerade für sehr unorganisierte Mitarbeiter ist es hilfreich, sich über den Tag hinweg Zeitfenster für die Bearbeitung bestimmter Aufgaben zu reservieren, beispielsweise für Telefonate oder E-Mails, um so konzentrierter und effektiver arbeiten zu können. Dafür kann es sinnvoll sein, den E-Mail-Empfang für eine bestimmte Zeit auszuschalten – die Post kommt schließlich auch nur einmal am Tag.
- Regen Sie eher unorganisierte Mitarbeiter an, einen aufgeräumten Schreibtisch zu pflegen. Dadurch kann sich der Mitarbeiter leichter auf eine anstehende Aufgabe konzentrieren.
- Raten Sie Ihren Mitarbeitern, mit einem strukturierten Ablagesystem zu arbeiten, auch im Computer. Das macht viele Abläufe nicht nur schneller, sondern erleichtert auch den Kollegen den Zugriff auf Informationen, wenn einzelne Mitarbeiter nicht anwesend sind.

Zum Weiterlesen: In den folgenden Literaturhinweisen finden Sie hilfreiche Ratgeber zum Thema Organisation und Planung.

Dietze, Katharina, Institut für Training und Beratung: *Mit PEP an die Arbeit. Das Personal Efficiency Program für den beruflichen Erfolg.* Frankfurt/New York: Campus 2005.

Koenig, Detlef; Roth, Susanne; Seiwert, Lothar J.: *30 Minuten für optimale Selbstorganisation.* Offenbach: Gabal 2001.

Roth, Susanne: *Einfach aufgeräumt. In 24 Stunden mit der simplify-Methode das Chaos besiegen.* Frankfurt/New: Campus York 2005.

Seiwert, Lothar J.: *Life Leadership. Sinnvolles Selbstmanagement für ein Leben in Balance.* Frankfurt/New York: Campus 2001.

Verwandte Kompetenzen: Wenn Sie die Planung und Organisation eines Mitarbeiters entwickeln, können sich unter Umständen die Kompetenzen Belastbarkeit, Kundenorientierung und Ergebnisorientierung ebenfalls verändern.

Ergebnisorientierung

Der Mensch ist ein zielstrebiges Wesen, aber meistens strebt es zu viel und zielt zu wenig.

Günter Radtke

Am Ende eines Projektes oder einer Aufgabe sind es letztlich immer die Ergebnisse, die zählen. Da mögen die Vorsätze ehrbar, die Ideen brillant und die Anstrengung gewaltig sein: Selbst wenn das Ziel nur knapp verfehlt wird, war oft alles umsonst. Hartnäckigkeit und Einsatzbereitschaft sind wesentliche Voraussetzungen, Aufgaben und Projekte auch bei Gegenwind zu Ende zu bringen. Um allerdings nicht stur und verbissen am einmal eingeschlagenen Weg festzuhalten, ist stets auch eine gewisse Portion Flexibilität und Offenheit für sich ändernde Rahmenbedingungen gefragt. Sonst erreicht man zwar das Ziel, doch ist es inzwischen leider das falsche.

Eine weitere Facette der Ergebnisorientierung ist die Handlungsorientierung. Wer darüber verfügt, schreitet zügig zur Tat, auch wenn vielleicht noch nicht alle Parameter einer Situation abschätzbar sind. Zu guter Letzt spielt auch der Qualitätsanspruch eine wichtige Rolle, wenn es um das Erreichen von Zielen geht. Was nützt schließlich die termingerechte Zielerreichung, wenn im Nachhinein noch aufwändig nachgebessert werden muss.

Aufmerksamkeit

Der Idealfall: Eine ausgeprägte Ergebnisorientierung scheint leicht erkennbar zu sein, nämlich an Zielen, die auch tatsächlich erreicht werden. Doch wie genau bewerkstelligt man das? Lesen Sie dazu das folgende Beispiel:

Ihr Mitarbeiter steht kurz vor dem Vertragsabschluss für den Verkauf einer größeren Maschine. Im Prinzip ist man sich handelseinig, als der Käufer noch kurzfristig größere Änderungen sowie einen vorgezogenen Liefertermin verlangt. Ihr Mitarbeiter setzt sofort alle Hebel in Bewegung und lädt die beteiligten Kollegen aus Produktion, Engineering und Logistik zu einem Ad-hoc-Meeting ein, in dem er die Brisanz der Situation darlegt. Nach dem Abwägen der mit den Änderungen verbundenen Schwierigkeiten sind sich alle Beteiligten einig, dass sie diesen Auftrag unbedingt erhalten möchten. Der leitende Ingenieur überprüft seine Kapazitäten und stellt ein anderes Projekt von geringerer Dringlichkeit vorerst zurück. Zudem fragt er einen seiner Mitarbeiter, ob dieser das Projekt gemeinsam mit ihm auch am Wochenende vorantreiben würde. Der Produktionsleiter zieht einen Mitarbeiter von einem anderen Projekt ab und kümmert sich auch selbst mit ganzer Energie um die vorgezogene Produktion. Der Kollege aus dem Supply-Chain-Management kümmert sich mit Nachdruck um die vorrangige Bearbeitung der Aufträge bei den Zulieferern. Zufrieden mit dem guten Ergebnis ruft Ihr Mitarbeiter den Kunden an und bestätigt den Auftrag zu den neuen Konditionen.

Warnsignale: Die folgenden Verhaltensweisen sind Indizien dafür, dass es sich lohnt, an der Ergebnisorientierung in Ihrem Team zu arbeiten:

- Terminvorgaben werden häufig nicht eingehalten. Es herrscht die Ansicht, dass eine Aufgabe beendet ist, wenn sie eben fertig ist, anstatt zu einem bestimmten Zeitpunkt.
- Arbeiten werden zwar termingerecht abgeschlossen, doch sind sie häufig mit Fehlern behaftet.
- Mitarbeiter ergehen sich in endlosen Analysen und Planungen, um 100-prozentige Sicherheit zu erlangen, ohne dass die Erkenntnisse auch in die Tat umgesetzt werden.
- Mitarbeiter kommen ohne konkrete Ergebnisse aber mit den Worten zu Ihnen: »Ich habe mir wirklich alle Mühe gegeben und alles Mögliche versucht, aber es hat nicht funktioniert.«
- Mitarbeiter halten stur an einem einmal festgelegten Plan fest und merken erst zu spät, dass sich die Rahmenbedingungen geändert haben oder sie sind nicht bereit, ihr Vorgehen den veränderten Bedingungen anzupassen.
- Mitarbeiter machen häufig den Vorschlag, Ziele zu verändern, ohne dass Sie eine wirkliche Notwendigkeit dafür erkennen können. Die Gefahr besteht, dass Ziele aufgegeben werden, weil sie schwierig zu erreichen sind.
- Mitarbeiter lassen sich schnell entmutigen. Sobald ihnen eine Aufgabe als zu schwer erscheint oder unvorhergesehene Schwierigkeiten auftreten, werfen sie die Flinte ins Korn, anstatt sich mit vermehrtem Einsatz um die Behebung der Schwierigkeiten zu kümmern.

Anerkennung

Die folgenden Fragen unterstützen Sie im Gespräch mit Ihren Mitarbeitern dabei, hilfreiche und hinderliche Einflüsse und Verhaltensweisen in Sachen Ergebnisorientierung zu erkennen:

- Wie zufrieden sind Sie selbst mit dem Ergebnis?
- Wie sind Sie vorgegangen, um das Projekt trotz der Schwierigkeiten erfolgreich abzuschließen?
- Welche Fähigkeiten haben Ihnen am meisten dabei genützt, die Aufgabe erfolgreich zu beenden?
- Wie haben Sie sich trotz der vielen Rückschläge noch motiviert, am Ball zu bleiben?
- Ich habe den Eindruck, dass Sie sich wirklich sehr engagiert haben. Warum haben wir das Ziel trotzdem nicht erreicht?
- An welchen Stellen hätte mehr Einsatz zu einem besseren Ergebnis geführt?
- An welchen Stellen hätte eine bessere Vorbereitung zu einem besseren Ergebnis geführt?
- Was würden Sie beim nächsten Mal anders machen, wenn Sie wieder mit einem ähnlich großen Widerstand konfrontiert wären?
- Wie können Sie beim nächsten Mal sicherstellen, dass Sie neben den Terminvorgaben auch die Ergebnisqualität im Blick behalten?
- Was können wir tun, um im Verlauf eines Projekts besser auf sich verändernde Rahmenbedingungen zu achten?

Anregung

Günstige Rahmenbedingungen schaffen: Die Ergebnisorientierung in Ihrem Team können Sie verbessern, indem Sie die folgenden Hinweise beachten:

- Binden Sie Ihre Mitarbeiter in den Prozess der Zielfindung ein. Auf diese Weise sorgen Sie dafür, dass sich Ihre Mitarbeiter mit den Zielen und Aufgaben identifizieren. Legen Sie auch die Abschlusstermine und die Qualitätsstandards gemeinsam fest.
- Zu Beginn einer Aufgabe sollten Sie mögliche Vorgehensweisen gemeinsam mit Ihren Mitarbeitern besprechen. Vereinbaren Sie kurzfristige

Feedback-Runden mit Mitarbeitern, die wenig handlungsorientiert sind. Dadurch haben diese einen externen Ansporn, eine Leistung auch tatsächlich zu erbringen.

- Betonen Sie in Gesprächen mit Ihren Mitarbeitern immer wieder die Ergebnisse, die Sie erzielen wollen und schon erzielt haben. Behalten Sie immer den Überblick über den Leistungsfortschritt, den Ihre Mitarbeiter bei ihren Aufgaben realisieren. So machen Sie deutlich, dass Ihnen die Ergebnisse am Herzen liegen.
- Seien Sie fehlerfreundlich. Nur wenn Ihre Mitarbeiter die Gewissheit haben, dass sie bei Fehlern nicht gleich »einen Kopf kürzer gemacht werden«, werden sie zügig erste Ergebnisse vorlegen, ohne im Streben nach Perfektion unendlich lange an einer Aufgabe herumzudoktern.
- Erkundigen Sie sich in größeren Abständen nach dem Fortschritt, den ein Mitarbeiter mit einer bestimmten Aufgabe erzielt hat. Erkennen Sie diesen an und bieten sich als Diskussionspartner an, um gegebenenfalls das weitere Vorgehen zu besprechen.
- Spornen Sie Ihre Mitarbeiter an und sprechen Sie ihnen Mut zu, wenn Sie merken, dass der Projektfortschritt ins Stocken gerät. Betonen Sie ganz besonders, dass Sie Zutrauen in die Fähigkeiten Ihrer Mitarbeiter haben, die Aufgabe erfolgreich zu Ende zu bringen. Bieten Sie bei Bedarf Unterstützung an, sei es durch Sie selbst oder ein anderes Teammitglied. Oft reicht schon ein gezielter Gedankenaustausch, um eine Blockade zu überwinden.
- Sie sollten außerdem darauf achten, ob es einem Mitarbeiter vielleicht an fachlichem oder methodischem Know-how fehlt und ihm gegebenenfalls Unterstützung oder eine Schulung anbieten.
- Seien Sie besonders kritisch, wenn Mitarbeiter Zielsetzungen innerhalb einer Aufgabe oder eines Projekts ändern wollen, insbesondere bei Veränderungen von Fristen und Terminen. Sind die Ziele wirklich nicht mehr zeitgemäß oder verfolgenswert oder gibt es einen anderen Grund dafür, beispielsweise dass die Zielerreichung zu mühsam und anstrengend ist?
- Stellen Sie gute Ergebnisse besonders heraus und geben Sie großzügig Anerkennung für die erfolgreich geleistete Arbeit, beispielsweise in einem Abteilungsmeeting. Nutzen Sie diese Gelegenheit auch, um die Erfolgsfaktoren im Nachhinein zu beleuchten: Wie hat Ihr Mitarbeiter das gute Ergebnis erreicht? Dadurch haben alle etwas von dem Erfolg und Ihr Mitarbeiter bekommt zusätzliche Anerkennung, indem Sie seine Kompetenz besonders herausstellen.

Anregungen geben: Wenn Sie Verbesserungsbedarf bei der Ergebnisorientierung einzelner Teammitglieder festgestellt haben, finden Sie hier konkrete Anregungen, wie Ihre Mitarbeiter vorgehen können:

- Unerreichbar erscheinende Ziele erscheinen kleiner und handhabbarer, wenn diese in überschaubare Teilschritte aufgeteilt werden. Das ist insbesondere für Mitarbeiter mit einer geringen Handlungsorientierung sinnvoll.
- Sorgen Sie dafür, dass Prioritäten nicht täglich und nach (Ihrem) Belieben wechseln. Wenn dies dennoch erforderlich sein sollte, kennzeichnen Sie diese Situation ganz klar als Ausnahme und begründen Sie das neue Vorgehen.
- Lassen Sie Ihren Mitarbeiter die Erledigung der einzelnen Ziele an einen konkreten Zeitplan mit Meilensteinen koppeln und schlagen Sie Ihrem Mitarbeiter vor, sowohl die Ziele als auch den Fortschritt auf dem Weg zur Zielerreichung sichtbar zu machen. Dafür eignen sich beispielsweise Slogans (»Mach's einfach!«) und Zielformulierungen, die gut sichtbar aufgehängt werden, ein Foto auf dem Schreibtisch oder auch Klebepunkte, die je nach Fortschritt auf einen Projektplan geklebt werden.
- Wer weiß, dass er nicht der Genaueste ist, sollte sich selbst kontrollieren und nicht vom (mindestens) Vier-Augen-Prinzip abweichen. Denn Kunden, Kollegen und Geschäftspartner interpretieren Flüchtigkeitsfehler mit Vorliebe als mangelnde Wertschätzung.
- Regen Sie Ihren Mitarbeiter dazu an, über seinen Arbeitsstil nachzudenken. Ist er eher ein strukturierter Typ, der gerne seine Richtlinien und genaue Planung einhält oder aber handelt es sich um einen eher unstrukturierten Menschen, der gerne aus dem Moment heraus arbeitet und vieles erst in der letzten Minute fertig stellt? Fragen Sie Ihren Mitarbeiter nach den Risiken des jeweiligen Arbeitsstils und lassen Sie ihn über Gegenmaßnahmen nachdenken. Planungsliebende Mitarbeiter können mögliche Hindernisse oder potenzielle Fehler schon zu Beginn eines Projekts in Gedanken durchspielen. Unstrukturierte verlegen Termine gedanklich am besten nach vorne.
- In der Regel hat ein Ergebnis einen Adressaten, jemanden, der die Ergebnisse nutzen wird. Wie gut die Ergebnisse also sein müssen, erfährt Ihr Mitarbeiter, indem er den Ergebnisempfänger direkt befragt oder sich in dessen Lage versetzt. Dieser Perspektivenwechsel gelingt umso besser, je häufiger er geübt wird und je mehr Ihr Mitarbeiter über diese Person weiß. Selbstverständlich sollte sich Ihr Mitarbeiter regelmäßig

Feedback von den Abnehmern seiner Leistung einholen. Die ermittelten Qualitätsstandards sollte Ihr Mitarbeiter schriftlich fixieren.

Zum Weiterlesen:

Cube, Felix von: *Lust an Leistung*. München: Piper 1998.

Verwandte Kompetenzen: Wenn Sie die Ergebnisorientierung eines Mitarbeiters entwickeln, können sich unter Umständen Entscheidungskompetenz, Kundenorientierung sowie Organisation und Planung ebenfalls verändern.

Initiative und Verantwortung

Der Preis der Größe heißt Verantwortung.
Winston Churchill

Das wünscht sich jede Führungskraft: Mitarbeiter, die Initiative ergreifen und Verantwortung übernehmen, engagierte Mitarbeiter, die mitdenken, von sich aus sehen, was getan werden muss, es auch tun und nicht erst warten, bis man ihnen selbst das Offensichtliche souffliert. Auf diese Weise zeigen sie, dass sie sich für die Belange des Unternehmens interessieren und verantwortlich fühlen. Oft sind es gerade die kleinen Dinge und Situationen, in denen sich Initiative und Verantwortung offenbaren, so wie im nächsten Beispiel (»Der Idealfall«). Im Großen geht es darum, Geschäftsmöglichkeiten zu erkennen und eigenständig zu handeln.

Aufmerksamkeit

Der Idealfall: Wer, wie in unserem Beispiel, auch im Kleinen darauf achtet, Initiative und Verantwortung zu zeigen, wird dies erst recht auch bei »wichtigen« Anlässen tun:

Sie sind unterwegs und ein wichtiger Termin dauert länger als gedacht. Da es in Ihrer Verhandlung gerade turbulent zugeht, haben Sie auch nur kurz die Gelegenheit, im Büro durchzurufen und einem Ihrer Mitarbeiter die Nachricht zu hinterlassen, dass ein für den Nachmittag geplantes Meeting nicht stattfinden kann.

Ihr Mitarbeiter informiert selbstständig alle anderen Beteiligten per E-Mail und die, von denen er weiß, dass sie unterwegs sind, per Telefon. Diese Kontakte mit den Kollegen nutzt Ihr Mitarbeiter zum einen, um Ihnen direkt mehrere Terminvorschläge zu unterbreiten, und zum anderen, um einen Überblick über den Stand der Dinge zu bekommen sowie mit den Kollegen abzusprechen, welche weiteren Schritte bis zum verschobenen Treffen möglich und sinnvoll sind.

Warnsignale: Wenn einige der folgenden Warnsignale auf Ihr Team zutreffen, dann spricht vieles dafür, dass sich Ihre Mitarbeiter eher zurückhalten, wenn es darum geht, »das Rad ins Rollen zu bringen« oder Verantwortung zu übernehmen:

- Mitarbeiter tun nur das Offensichtliche und sind eher reaktiv.
- Sie müssen Ihre Mitarbeiter »zum Jagen tragen«. Selbst Geschäftsmöglichkeiten, die ziemlich offensichtlich auf der Hand liegen, werden nicht aktiv ergriffen.
- Von Ihren Mitarbeitern kommen kaum Anregungen für neue Herangehensweisen und Optimierung.
- Neue Projekte werden stets im Top-down-Prozess aus Unternehmenszielen abgeleitet. Von der Basis kommen keine Ideen.
- Fehler und Missstände werden zwar von Ihren Mitarbeitern bemerkt, jedoch fühlt sich niemand dafür verantwortlich, es tut sich nichts.
- Sie hören häufig Aussagen wie »Das hat mir aber niemand gesagt.« Ohne explizite Anweisung geschieht nichts.
- Neue Ideen werden aus Angst vor Veränderung abgewiegelt, noch bevor sie überhaupt diskutiert werden konnten.
- Neue Projekte finden nur schwer einen Abnehmer – jeder versteckt sich hinter seinen Aufgaben.
- Die Leitungsposition ist stets am schwierigsten zu vergeben, alle drücken sich vor Verantwortung.
- Jeder kocht sein Süppchen. Wer mit seinen eigenen Aufgaben fertig ist, geht nach Hause, und zwar ohne zu schauen, ob er die Kollegen noch unterstützen kann.
- Die Mitarbeiter verfolgen ihre eigenen Ziele, ohne deren Bedeutung für die Abteilung und das Unternehmen zu berücksichtigen.

Anerkennung

Initiative und Verantwortung sind ein heikles Thema. Schnell hat man sich in der Formulierung vergriffen, »das Kind mit dem Bade ausgeschüttet« oder den Mitarbeiter als »Drückeberger« abgestempelt. Die folgenden Fragen sollen Ihnen helfen, entspannt mit Ihrem Mitarbeiter ins Gespräch zu kommen:

- Welche positiven Erfahrungen haben Sie gemacht, als Sie die Projektleitung innehatten?
- Welche Projekte sind durch Ihre Initiative in letzter Zeit ins Rollen gekommen?
- Bei welchen Entscheidungen haben Sie sich sicher gefühlt, diese auch eigenständig treffen zu können? Bei welchen Entscheidungen hätten Sie lieber noch jemanden hinzugezogen?
- Wenn ein Verantwortlicher für ein Projekt gesucht wird, welche Gedanken lassen Sie zurückschrecken? Welche lassen Sie zugreifen?
- Für welches aktuelle Projekt würden Sie gern Verantwortung übernehmen?
- Haben Sie schon einmal eine Initiative eingebracht, die Ihrer Ansicht nach nicht ausreichend verfolgt wurde? Woran lag das?
- Haben Sie schon einmal schlechte Erfahrungen damit gemacht, verantwortlich zu sein? Wie kam es dazu?

Anregung

Günstige Rahmenbedingungen schaffen: Nicht selten ist es das Verhalten der Führungskraft, das Mitarbeiter zögern lässt, initiativ und verantwortungsvoll zu agieren. Lesen Sie die folgenden Hinweise, wie Sie für die Kompetenzen Initiative und Verantwortung ein günstiges Umfeld schaffen können:

- Sollen Mitarbeiter von sich aus Initiative zeigen, müssen sie wissen, welches Ziel verfolgt wird. Sollen sie darüber hinaus Verantwortung übernehmen, müssen sie mit den Zielen und dem Weg dorthin auch grundlegend einverstanden sein. Sorgen Sie also dafür, dass Ihren Mitarbeitern die Unternehmens- und Teamziele bekannt sind. Binden Sie Ihre Mitarbeiter aktiv in die Umsetzung der Ziele ein.

- Stellen Sie sicher, dass Ihre Mitarbeiter auf ein breites Informationsangebot zurückgreifen können, um gute Ideen entwickeln und selbstständig gute Entscheidungen treffen zu können.
- Haben Ihre Mitarbeiter einen genügend großen und klar definierten Entscheidungsspielraum, um eigenständig Entscheidungen zu treffen? Sprechen Sie diesen Punkt ganz offen mit Ihren Mitarbeitern an und ermutigen Sie sie dazu, bestimmte Entscheidungen auch wirklich selbstständig zu treffen.
- Schaffen Sie eine Teamkultur, die nicht durch Furcht vor falschen Vorschlägen und Fehlern geprägt ist, und führen Sie verantwortungsscheue Mitarbeiter behutsam an eigenständige Projekte heran. Stellen Sie dem Mitarbeiter erst einmal einen Kollegen zur Seite, bevor er eine Aufgabe alleine bewältigen muss.
- Vermitteln Sie die Vorteile von Verantwortung wie beispielsweise größere Entscheidungsbefugnisse und Konsequenzen des Erfolgs (Lob, Anerkennung, Bonus).
- Honorieren Sie Initiativen und das Übernehmen von Verantwortung. Stellen Sie gute Initiativen und besonderes Engagement öffentlich heraus.

Anregungen geben: Auch wenn es manchmal so scheinen mag, als ob Initiative und Verantwortung zu den unveränderbaren Persönlichkeitsmerkmalen gehören, lässt sich auch dieses Verhalten entwickeln. Lesen dazu die folgenden Tipps, die Sie Ihren Mitarbeitern geben können:

- Fordern Sie Ihre Mitarbeiter dazu auf, nach Optimierungspotenzialen zu suchen. In einem nächsten Schritt können sie deren Dringlichkeit und die Wichtigkeit einschätzen und gegebenenfalls die Initiative ergreifen. Dabei sollten sich Ihre Mitarbeiter untereinander über ihre Ideen austauschen und Ihnen anschließend die entsprechenden Projekte vorschlagen.
- Ermutigen Sie Ihren Mitarbeiter dazu, mit Fragen auf Kollegen, auch aus anderen Bereichen, zuzugehen und weitere Ressourcen zu identifizieren, die helfen können.
- Schlagen Sie Ihren Mitarbeitern vor, sich bei anstehenden Entscheidungen bewusst zu überlegen, ob sie diese eigenständig treffen können oder ob sie dazu jemanden fragen müssen.
- Ermutigen Sie Ihre Mitarbeiter dazu, auch Entscheidungen zu treffen, wenn Sie nicht anwesend sind. Für den Fall, dass sich Ihre Mitarbeiter unsicher sind, ob sie die Entscheidung selbst treffen können, nominieren Sie einen Stellvertreter.

Zum Weiterlesen:

Sprenger, Reinhard K.: *Das Prinzip Selbstverantwortung*. Frankfurt/New York: Campus 2004.

Verwandte Kompetenzen: Wenn Sie die Initiative und Verantwortung eines Mitarbeiters entwickeln, können sich unter Umständen die Kompetenzen Entscheidungskompetenz, Ergebnisorientierung, Teamfähigkeit, Innovations- und Veränderungsfähigkeit ebenfalls verändern.

Belastbarkeit

»Wenn es hart wird, legt sich der Härteste erst einmal zur Ruh.«
John Wayne

An nahezu jeden Mitarbeiter werden täglich vielfältige, häufig unkoordinierte Anforderungen aus verschiedenen Richtungen gestellt. Natürlich läuft da nicht immer alles »wie geschmiert«. Mitarbeiter, die sich belastbar zeigen, bewahren in solchen Situationen Ruhe und Gelassenheit, nehmen auch außergewöhnliche Belastungen gerne an und beschreiten ihren Weg unverdrossen weiter – gerade auch dann, wenn dieser etwas holpriger ist.

Aufmerksamkeit

Der Idealfall: Schnell kommen einem Klischees in den Sinn, wie wenig belastbare Mitarbeiter unter Stress reagieren. Doch wie lässt sich Verhalten beschreiben, das in Sachen Belastbarkeit zum Vorbild gereicht? Lesen Sie dazu das folgende Beispiel:

Ihr Mitarbeiter befindet sich mitten in der heißen Phase eines wichtigen Projekts. Da erfährt er, dass ihm bei einem aktuellen Auftrag eines wichtigen Kunden ein grober Fehler unterlaufen ist. Zu allem Überfluss wird auch noch ein Kollege krank, dessen Aufgaben er nun teilweise übernehmen muss. Diese Situation sieht er als günstige und zeitlich begrenzte Gelegenheit, seine Fähigkeiten und sein Organisationstalent wieder einmal zu beweisen.

Als Erstes nimmt er sich die Zeit, das Problem mit dem Kunden sofort aus der Welt zu schaffen. Dann priorisiert er die anstehenden Aufgaben und erstellt einen Zeitplan. Für eine Spezialfrage holt er sich Unterstützung bei einem Kollegen. Einige Termine verschiebt er. Leider muss er wegen des Zeitdrucks auch eine Verabredung zum Essen mit seinem Lebenspartner für diesen Abend absagen. Deshalb ist er natürlich enttäuscht, sieht aber schnell eine Alternative, indem er das Essen in einen Drink zu späterer Stunde umwandelt.

Bei alledem bleibt er gelassen und freundlich zu Kunden und Kollegen, denn er weiß, was er leisten kann, kennt die Anforderungen eines anspruchsvollen Jobs und mag es, ab und zu seine Grenzen auszuloten.

Warnsignale: Wenn Ihnen in Ihrem Team die folgenden Verhaltensweisen häufiger begegnen, ist es angezeigt, sich um eine Steigerung der Belastbarkeit Ihrer Mitarbeiter zu kümmern:

- Ihre Mitarbeiter bemerken gelegentlich, dass ihnen alles zu viel wird und Sie hören Aussagen wie: »Wie soll ich das bloß alles schaffen?« oder »Das kann ich jetzt nicht auch noch erledigen.«
- Ihre Mitarbeiter vergessen wichtige Aufgaben und machen viele Fehler. Nicht selten hören Sie Aussagen wie: »Oh, das tut mir wirklich leid. Das erledige ich sofort.«
- Wenn Sie oder Kollegen Ihre Mitarbeiter etwas zu einer aktuellen Sache fragen, haben sie den Vorgang nicht gleich präsent, sondern müssen erst darüber nachdenken oder sich informieren.
- Ihre Mitarbeiter sind leicht gereizt, werden laut oder behandeln Kollegen unwirsch.
- Fehler, die Ihre Mitarbeiter gemacht haben, werfen sie aus der Bahn und sie grübeln lange darüber.
- Ihre Mitarbeiter sind häufig sehr lange im Büro und werden mit ihren Aufgaben trotzdem nicht termingerecht fertig.
- Ihre Mitarbeiter bürden sich trotz einer großen Arbeitsbelastung immer noch mehr Aufgaben auf.

Anerkennung

Gerade wenn einzelne Mitarbeiter über einige Zeit hinweg an den Grenzen ihrer Belastbarkeit gearbeitet haben, erfordert es einiges Fingerspitzengefühl, das Thema zu adressieren, um den Druck nicht noch zu verstärken.

Nutzen Sie die nachfolgen Fragen, um entspannt mit Ihren Mitarbeitern ins Gespräch zu kommen.

- Wie schaffen Sie es, bei dieser hohen Arbeitsbelastung so guter Dinge zu sein und die Arbeit zu erledigen?
- Wie schaffen Sie für sich einen Ausgleich zu dem hohen Arbeitsdruck, der im Moment herrscht?
- Welche Fähigkeiten erleichtern es Ihnen, mit dieser Situation so gut umzugehen?
- Welche Situationen empfinden Sie als belastend? Mit welchen Situationen kommen Sie im Unterschied dazu gut klar?
- Was genau löst die Belastung aus? Was macht die Situation für Sie schwierig?
- Wie reagieren Sie in Situationen, die Sie als belastend empfinden? Wofür ist diese Reaktion nützlich? Was fördern oder behindern Sie damit?
- Können Sie die Situationen, die Sie als belastend empfinden, in eine Reihenfolge bringen. Sagen wir von extrem belastend bis kaum belastend? Wie unterscheiden sich die verschiedenen Situationen? Sind bestimmte Kollegen daran beteiligt?
- Was können wir tun, um Sie kurzfristig zu entlasten?
- Fallen Ihnen Situationen ein, in denen Ihnen eine große Belastung nur wenig ausgemacht hat? Welche sind das? Und was war in solchen Situationen anders als in denjenigen, die Sie als belastend empfinden?
- Was müsste passieren, damit Sie diese Situationen nicht als belastend empfinden? Was müssten Sie tun?
- Welche Verhaltensweisen möchten Sie gerne verändern, damit Sie auch in schwierigen Situationen den Anforderungen gewachsen sind? Wie wollen Sie das tun und welche Schritte haben Sie diesbezüglich bereits unternommen?
- Woran würden Ihre Kollegen oder ich bemerken, dass Sie besser auf Belastungen reagieren?
- Stellen Sie sich die Situationen, in denen Sie souverän agieren, im Detail vor – was passiert, was tun Sie?
- Welche Unterstützung würden Sie von mir als Führungskraft und Ihren Kollegen erwarten, um mit belastenden Situationen besser zurechtzukommen?

Anregung

Günstige Rahmenbedingungen schaffen: Mangelnde Belastbarkeit wird ursächlich gerne bei einzelnen Personen verortet. Doch das Arbeitsumfeld spielt nicht selten eine ebenso große Rolle. Informieren Sie sich anhand der folgenden Tipps, wie Sie eine Arbeitsumgebung schaffen, die sich positiv auf die Belastbarkeit Ihrer Mitarbeiter auswirkt.

- Achten Sie darauf, dass Sie anstehende Aufgaben nach Fähigkeiten delegieren. Stellen Sie Ihren Mitarbeitern Unterstützung zur Verfügung, wenn diese alleine nicht mehr weiterkommen.
- Sorgen Sie dafür, dass im Kollegenkreis die Möglichkeit besteht, über anfallende Probleme zu sprechen, indem Sie konkret danach fragen. Stellen Sie sicher, dass es möglich ist, Unwissenheit zuzugeben, Fragen zu stellen und Kollegen um Unterstützung zu bitten, ohne dafür belächelt zu werden. Am besten funktioniert das, wenn Sie selbst mit gutem Beispiel vorangehen. Sollte ein solches Verhalten dennoch gezeigt werden, machen Sie deutlich, dass Sie das in Ihrem Team nicht tolerieren.
- Heben Sie Situationen positiv hervor, in denen sich Ihre Mitarbeiter gegenseitig unterstützen und halten Sie Ihre Mitarbeiter aktiv zur Zusammenarbeit an. Das kann beispielsweise geschehen, indem Sie in Abständen Team-Meetings ansetzen, bei denen die Ideen der Kollegen zu aktuellen Projekten oder Aufgaben erfragt werden. Ein ausgeprägter interner Wettbewerbsgeist mag kurzzeitig beflügeln, langfristig leidet jedoch die Leistungsfähigkeit Ihres Teams darunter.
- Sprechen Sie nach Misserfolgen nicht nur Kritik aus, sondern unterstützen Ihre Mitarbeiter auch dabei, den Blick wieder nach vorne zu richten, indem Sie Lernpunkte für kommende Aufgaben erarbeiten und die anstehenden Ziele fokussieren (siehe »Anerkennung«).
- Machen Sie deutlich, dass Sie an Ergebnissen und nicht in erster Linie am Lösungsweg interessiert sind. So lassen Sie Ihren Mitarbeitern mehr Spielraum, die Dinge auf ihre Weise zu erledigen, was zu einem entspannten Arbeiten führt.
- Achten Sie darauf, dass ausreichend Ressourcen für die zu bewältigende Arbeitsmenge zur Verfügung stehen. Wenn Ihre Mitarbeiter ständig am Rande ihrer Leistungsfähigkeit arbeiten, führt das langfristig zu Leistungsabfall. Stehen die Ressourcen nicht im notwendigen Umfang zur

Verfügung, priorisieren Sie die anstehenden Aufgaben gemeinsam mit Ihren Mitarbeitern.
- Sorgen Sie nach besonders anstrengenden und intensiven Arbeitsphasen für eine Möglichkeit des Ausgleichs, beispielsweise durch einen (halben) freien Tag, einen Urlaub oder eine Teamfeier.

Anregungen geben: Mit den folgenden Hinweisen können Sie Ihre Mitarbeiter individuell dabei unterstützen, auf die Anforderungen des Arbeitstages gelassener zu reagieren. Eine geringe Belastbarkeit im Beruf kann auch von privat belastenden Situationen herrühren. Achten Sie trotzdem darauf, dass sich Ihr Gespräch immer an der beruflichen Relevanz Ihres Diskussionspunktes ausrichtet. Und thematisieren Sie das Privatleben Ihres Mitarbeiters nur, solange Ihr Mitarbeiter auch darüber sprechen will.

- Lassen Sie Ihren Mitarbeiter sein Aufgabenfeld analysieren: Womit kommt er gut klar, wo liegen seine Stärken und womit ist er in der Tat überfordert? Ist die Überforderung eher quantitativ oder qualitativ? Machen Sie dabei deutlich, dass man nur durch Herausforderungen lernen und wachsen kann. Wie könnte darüber hinaus eine sinnvolle Unterstützung aussehen, zum Beispiel Weiterbildung, Material und Ausstattung, Hilfe durch Kollegen oder Entlastung an anderer Stelle?
- Schlagen Sie Ihrem Mitarbeiter vor, die Organisation seines Arbeitsalltags zu überprüfen, vielleicht mithilfe eines entsprechenden Fachbuchs, denn durch mangelnde Organisation geht oft wertvolle Zeit verloren. Regen Sie an, dass er einen (groben) Arbeitsplan macht und diesen auch einhält. Beispielsweise nach dem Schema: Was muss zuerst getan werden und was ist am wichtigsten (vergleiche »Planung und Organisation«)?
- Manche Mitarbeiter neigen dazu, sich stark auf Detailfragen zu konzentrieren und die Dinge perfekt zu Ende bringen zu wollen. Dies führt nicht selten zu einer geringen Arbeitsgeschwindigkeit. Aus Angst, nicht fertig zu werden, wird schließlich Stress. Sensibilisieren Sie Ihren Mitarbeiter dafür, dass sich bei bestimmten Teilaufgaben aufgrund ihrer Relevanz für das Gesamtergebnis zwar mehr Engagement für das Detail lohnt, bei anderen allerdings weniger. Lassen Sie ihn Vorschläge machen, wo er vielleicht einmal weniger genau sein kann.
- Vielleicht gehört Ihr Mitarbeiter zu den Menschen, die es allen recht machen wollen und deshalb nicht gut »Nein« sagen können. Ermutigen Sie

ihn dazu, Prioritäten zu setzen und dazu, den Sachverhalt, dass er nicht alles auf einmal machen kann, offen bei seinen Kollegen anzusprechen.

- Ermutigen Sie Ihren Mitarbeiter dazu, nachzufragen, sei es bei Ihnen oder bei Kollegen, wenn ihm seine Aufgabe nicht klar ist oder er Unterstützung braucht.
- Ist Ihr Mitarbeiter selbst Führungskraft, kann er sein Delegationsverhalten überprüfen. Hat er hinreichend Vertrauen in seine Mitarbeiter und nutzt er deren Potenziale auch zu seiner Entlastung oder ist er ein Verfechter des Satzes »Hier kocht der Chef selbst – und den Abwasch erledigt er auch gleich mit?«

Unser Tipp: Achten Sie darauf, dass Sie die folgenden Hinweise nicht vorschnell ansprechen und so ins Psychologisieren geraten. Tasten Sie sich langsam vor und versuchen, Ihren Mitarbeiter von sich aus auf die richtige Fährte kommen zu lassen, wenn Sie denken, dass hier Entwicklungspotenzial liegen könnte. Der beste Ausgangspunkt ist immer die Arbeitsleistung des Mitarbeiters.

- Oft ist unser Verhalten mehr durch unsere inneren Bilder begründet als durch die objektiven Umstände. Hat Ihr Mitarbeiter genügend Vertrauen in seine Fähigkeiten, auch schwierige Situationen zu meistern? Regen Sie an, dass er eine Liste mit schwierigen Situationen macht, die er bisher erfolgreich gemeistert hat. Wie waren die Rahmenbedingungen und wie genau hat er erfolgreich reagiert? Was hat er aus der Situation gelernt? Auf diese Weise bekommt er auch neuen herausfordernden Situationen gegenüber eine positive Einstellung.
- Trainieren Sie mit Ihrem Mitarbeiter, auch in unangenehmen Situationen positive Aspekte zu sehen. Welche Chancen liegen in einem – auf den ersten Blick als Misserfolg erscheinenden – Ergebnis?
- Will Ihr Mitarbeiter immer und in jeder Situation der Schnellste oder Beste sein? Damit setzt er sich selbst unter Druck, denn auch unter seinen Kollegen werden sich ein paar besonders schnelle, besonders gute finden. Ermutigen Sie Ihren Mitarbeiter, die Zügel auch einmal locker zu lassen – es muss ja nicht für lange sein.
- Helfen Sie Ihrem Mitarbeiter dabei, Schwierigkeiten und Gegenwind als ganz normalen Teil seines Arbeitsalltags zu sehen und diese als selbst-

verständlich mit einzuplanen. Gäbe es keine Probleme und Schwierigkeiten bei seiner Arbeit, gäbe es auch seinen Job nicht.

- Halten Sie Ihren Mitarbeiter dazu an, sich nach Niederlagen nicht unnötig lange den Kopf darüber zu zermartern, was alles falsch gelaufen ist – dieses Verhalten führt in eine Abwärtsspirale, aus der er nur schwer wieder herauskommt. Helfen Sie ihm, den Blick auf Lernchancen und die nächsten Ziele zu richten.
- Schlagen Sie Ihrem Mitarbeiter vor, dass er sich nach jedem Arbeitstag eine kleine Auszeit nimmt, in der er seine guten Leistungen des Tages reflektiert und würdigt.

Unser Tipp: Mit den folgenden Vorschlägen, die das Privatleben betreffen, können Sie Ihren Mitarbeitern schnell zu nahe treten. Sprechen Sie diese Bereiche nur an, wenn Sie begründeten Verdacht haben, dass hier wirklich etwas im Argen liegt und machen Sie immer die Relevanz für die Arbeitsergebnisse deutlich.

- Regen Sie Ihren Mitarbeiter dazu an, sich einen Gesprächspartner zu suchen, mit dem er belastende Situationen besprechen kann.
- Thematisieren Sie die Lebensführung, zum Beispiel Ernährung und Bewegung. Ein aktiver Ausgleich fördert die Konzentrationsfähigkeit auch für den beruflichen Bereich. Die physischen und psychischen Energiereserven, die Ihr Mitarbeiter hier sammelt, können ihm helfen, besonders anstrengende Arbeitsphasen zu meistern. Sprechen Sie eventuell sogar das Thema Alkohol und Medikamente vorsichtig an, wenn Sie hier einen begründeten Verdacht hegen.
- Regen Sie Ihren Mitarbeiter an, Entspannungstechniken wie zum Beispiel autogenes Training zu erlernen und diese in Stresssituationen dazu zu nutzen, einen kühlen Kopf zu bewahren und überlegte Entscheidungen zu treffen.

Zum Weiterlesen: In den folgenden Literaturhinweisen finden Sie hilfreiche Ratgeber zum Thema Belastbarkeit:

Klein, Stefan: *Die Glücksformel. Oder wie die guten Gefühle entstehen.* Hamburg: Rowohlt 2002.

Küstenmacher, Werner Tiki, Seiwert, Lothar: *Simplify your Life. Einfacher und glücklicher leben.* Frankfurt/New York: Campus 2004.

Münchhausen, Marco von: *So zähmen Sie Ihren inneren Schweinehund. Vom ärgsten Feind zum besten Freund.* Frankfurt/New York: Campus 2002.
Münchhausen, Marco von: *Wo die Seele auftankt. Die besten Möglichkeiten, Ihre Ressourcen zu aktivieren.* Frankfurt/New York: Campus 2004.
Sprenger, Reinhard K.: *Die Entscheidung liegt bei Dir. Wege aus der alltäglichen Unzufriedenheit..* Frankfurt/New York: Campus 1999.
Stehling, Wolfgang: *Ja zum Stress.* München: Piper 2003.

Verwandte Kompetenzen: Wenn Sie die Belastbarkeit eines Mitarbeiters entwickeln, können sich unter Umständen die Kompetenzen Ergebnisorientierung, Konfliktfähigkeit, Organisation und Planung ebenfalls verändern.

Fachkenntnis

Eine Investition in Wissen bringt immer noch die besten Zinsen.
Benjamin Franklin

In unserer Wissensgesellschaft, in der die Halbwertszeit von Wissen immer kürzer wird und sich die Innovationszyklen stetig beschleunigen, ist es unumgänglich, dass alle Mitarbeiter ihre Fachkenntnis auf dem allerneuesten Stand halten. In vielen Unternehmen ist es zudem erfolgskritisch, selbst zu den Gestaltern von fachlichen Entwicklungen zu gehören. Und nicht zuletzt: Wissen ist Macht, zum Beispiel im harten Verhandlungsgespräch, wenn der Gesprächspartner längst widerlegte Erkenntnisse als Innovation präsentiert.

Was Sie also brauchen, sind Mitarbeiter, die Experten ihres Fachgebiets sind und sich auch so verstehen: die Forscherin, die ein Blockbuster-Medikament zur Markteinführung bringt; der Entwicklungsingenieur, der eine überlegene Baureihe entwickelt; die Prozessingenieurin, die eine hoch effiziente Fertigung aufbaut; der Treasurer, der seinem Unternehmen jährlich einen Millionenbetrag spart.

Aufmerksamkeit

Der Idealfall: Neben der persönlichen Expertise einzelner Mitarbeiter, spielen auch bei der Fachkenntnis eine Reihe ergänzender Fähigkeiten eine entscheidende Rolle, soll diese Kompetenz in Ihrem Team gut ausgeprägt sein. Lesen Sie dazu das folgende Beispiel:

Einer Ihrer Mitarbeiter hat in einer Fachzeitschrift einen interessanten Artikel gelesen, den er in einem Abteilungsmeeting vorstellt. Schnell kommt Ihr Team zu dem Schluss, dieses Thema zu verfolgen, weil es die Prozesse im Team erheblich vereinfachen würde. Es wird beschlossen, dass sich der Mitarbeiter, der das Thema aufgebracht hat, zu einem Seminar anmeldet, das im kommenden Monat in der Nähe stattfindet. Dort sucht er den intensiven Kontakt zu den Referenten und den anderen Teilnehmern, um sich ein möglichst umfassendes Bild von der Thematik zu verschaffen. Wieder zurück im Unternehmen berichtet der Mitarbeiter im Team von den Erfahrungen im Seminar. Auf dieser Basis wird eine kleine Projektgruppe ins Leben gerufen, die das Thema weiter vorantreiben soll. Nach drei Monaten ist das Projekt erfolgreich abgeschlossen, mit der Folge, dass Ihr Team jährlich einen fünfstelligen Betrag einspart.

Warnsignale: Treten die folgenden Warnsignale in Ihrem Team häufiger auf, ist es an der Zeit, sich dem Thema Fachkenntnis etwas intensiver zu widmen:

- Ihren Mitarbeitern unterlaufen häufig Fehler, die auf Unkenntnis zurückzuführen sind. Aussagen wie »Oh, das habe ich aber nicht gewusst.« hören Sie häufiger.
- Mitarbeitern passieren häufig »Schusseligkeitsfehler«, weil sie bestimmte Vorgehensweisen nicht bedacht haben oder diese nicht aus dem Effeff beherrschen.
- Fachzeitschriften werden kaum gelesen und das jüngste Fachbuch, das in den Regalen steht, ist mindestens drei Jahre alt.
- Kaum jemand in Ihrem Team nimmt an Fort- und Weiterbildungen teil, auch Sie selbst nicht.
- Ihre Mitarbeiter publizieren kaum in den relevanten Fachmagazinen oder anderweitig. Auch an Kongressen und ähnlichen Veranstaltungen nehmen sie nicht in einer aktiven Rolle teil.
- Ihr Team bringt kaum Innovationen hervor.

Anerkennung

Durch gezielte Fragen thematisieren Sie Ihre Erwartungen im Gespräch mit Ihren Mitarbeitern und geben schon erste Hinweise, in welche Richtung eine Entwicklung gehen kann. Nutzen Sie dieses Vorgehen auch, wenn Sie über Fachkenntnis sprechen. Die folgenden Fragen haben sich dafür bewährt:

- Mir fällt auf, dass Sie immer ausgezeichnet über die neuesten fachlichen Entwicklungen informiert sind. Haben Sie einen Tipp, auch für Ihre Kollegen?
- Würden Sie zu den neuesten Entwicklungen einen kurzen Vortrag vor den Kollegen halten?
- Welche fachlichen Entwicklungen haben Sie in letzter Zeit als entscheidend für unseren Bereich erlebt?
- Wer oder was sind die Treiber dieser Entwicklungen?
- Welche fachlichen Entwicklungen kommen aus Ihrer Sicht auf uns zu?
- An welchen Indikatoren machen Sie eine hohe Arbeitsqualität fest? Bei welchen dieser Indikatoren sehen Sie in unserer Abteilung/bei sich aktuell Handlungsbedarf?
- Wie beurteilen Sie die aktuelle Entwicklung von …?
- Wo sehen Sie in fachlicher Hinsicht noch Trainingsbedarf bei sich?
- In welchem Bereich sehen Sie sich – jetzt oder in Zukunft – als echten Experten? Was müssen Sie noch tun, um diesen Status zu erreichen? Und wie können wir Sie dabei unterstützen?
- Welche Aufgaben fallen Ihnen mitunter besonders schwer, weil Sie noch nicht das entsprechende Fachwissen haben?
- Welches waren in letzter Zeit fachlich die wichtigsten Lernpunkte für Sie?
- Mit welchen unserer Konkurrenten würden Sie uns fachlich am ehesten vergleichen?
- Welche Konkurrenten nehmen in unserem Bereich eine Spitzenstellung ein? Aufgrund welcher Faktoren ist das so?
- Wo müssen wir uns als Abteilung Ihrer Meinung nach fachlich noch besser aufstellen?

Anregung

Günstige Rahmenbedingungen schaffen: Eine gute Fachkenntnis lässt sich durch vielfältige Maßnahmen unterstützen. Wenn Sie die folgenden Tipps in der Praxis umsetzen, werden Sie schon bald feststellen, dass sich die Fachkompetenz in Ihrem Team positiv entwickelt.

- Lenken Sie das Gespräch mit Ihren Mitarbeitern regelmäßig auf neue fachliche Entwicklungen und diskutieren Sie, wie Ihr Team und das Unternehmen davon profitieren können. Ihre Mitarbeiter sollten dabei eine aktive Rolle übernehmen, indem sie diese Treffen vorbereiten.
- Teilen Sie Ihr Fachwissen regelmäßig mit Ihren Mitarbeitern, beispielsweise, indem Sie diese auf einen Artikel hinweisen, den Sie gelesen haben. Stellen Sie außerdem relevante Fachpublikationen zur Verfügung und erwarten Sie, dass sich Ihre Mitarbeiter auf dem Laufenden halten.
- Laden Sie in Abständen Experten ins Unternehmen ein, um mit diesen über neue Entwicklungen zu diskutieren.
- Unterstützen Sie Weiterbildungen finanziell oder mit freien Tagen. Wenn Sie diese Leistungen an den Verbleib des Mitarbeiters im Unternehmen koppeln (Rückzahlungsklauseln), profitieren beide Seiten von diesem Arrangement.
- Stellen Sie Ihren Mitarbeitern einen erfahrenen Mentor zur Seite. Oft arbeiten im Unternehmen erfahrene Mitarbeiter, die ihr Wissen gerne weitergeben. Diese Vorgehensweise hat gegenüber einem Training den Vorteil, dass sie sowohl in zeitlicher als auch finanzieller Hinsicht günstiger für das Unternehmen ist. Hinzu kommt die größere Praxisnähe und Transferwahrscheinlichkeit.
- Unterstützen Sie den fachlichen Austausch Ihrer Mitarbeiter mit Kollegen aus anderen Unternehmen, beispielsweise auf Kongressen oder in Interessenvereinigungen.
- Sorgen Sie dafür, dass Ihre Mitarbeiter auch innerhalb Ihrer Abteilung einen möglichst breiten Erfahrungsschatz sammeln, um so das Verständnis des Fachbereichs zu verbessern. Dafür eignen sich beispielsweise Urlaubsvertretungen oder auch Job-Rotation-Programme.
- Sorgen Sie dafür, dass Ihre Mitarbeiter durch neue Projekte oder Aufgaben immer wieder einmal neue Fähigkeiten erlernen müssen, von denen sie bisher keinen Gebrauch gemacht haben.
- Sorgen Sie dafür, dass auch reine Spezialisten und nicht nur Führungs-

kräfte Karriere machen können, indem Sie sich für Spezialistenlaufbahnen in Ihrem Team einsetzen.

Anregungen geben: In erster Linie ist Ihr Mitarbeiter selbst für die Aktualisierung seines Fachwissens verantwortlich. Dabei können Sie ihn mit den folgenden Hinweisen unterstützen:

- Fachtrainings sind der klassische Weg, um Fachkenntnis zu vermitteln. Gerade bei neuen Mitarbeitern ist ein fachlich ausgerichtetes Basistraining das Mittel der Wahl. Halten Sie Ihre Mitarbeiter dazu an, regelmäßig Fachliteratur zu lesen, und vielleicht auch selbst einmal einen Beitrag zu verfassen.
- Regen Sie Ihren Mitarbeiter dazu an, ein Kompetenzprofil von sich zu erstellen, in dem er seine Fähigkeiten auflistet und bewertet sowie einen Entwicklungsplan aufstellt.
- Lassen Sie Ihren Mitarbeiter einen jüngeren Kollegen oder Praktikanten anleiten. Dadurch bekommt er einen neuen Blick auf sein Fachgebiet und stärkt zudem noch sein Selbstvertrauen.
- Halten Sie Ihre Mitarbeiter dazu an, sich Termine für die Auffrischung ihres Wissens in den Kalender oder die To-do-Liste einzutragen, beispielsweise die wöchentliche Fachlektüre oder der vierteljährliche Vortrag. Sonst geht die Aktualisierung des Wissens im Alltagsbetrieb schnell unter.
- Regen Sie Ihre Mitarbeiter an, über den Tellerrand zu blicken und sich auch in entfernten Wissensgebieten zu informieren. Hierzu bieten sich in vielen Disziplinen die Naturwissenschaften an. Nicht wenige Ingenieure haben beispielsweise schon von Insektenforschern gelernt.

Zum Weiterlesen: Eine Liste mit Fachbüchern würde die Möglichkeiten dieses Ratgebers sprengen. Für den Start empfehlen sich die jeweiligen Standardwerke eines Fachbereichs, beispielsweise Philip Kotler im Marketing. Wenn Sie diese nicht sowieso schon kennen, lassen sie sich durch ein wenig Marktrecherche leicht herausfinden, etwa durch die »Hitlisten« der Internet-Buchhändler. Von dort aus geht es mit den jeweiligen Literaturverzeichnissen weiter. Hier finden Sie ausgewählte Werke zum Thema Wissensmanagement:

Nonaka, Ikujiro; Takeuchi, Hirotaka: *Die Organisation des Wissens. Wie japanische Unternehmen eine brachliegende Ressource nutzbar machen.* Frankfurt/New York: Campus 1997.
Probst, Gilbert J. B.; Raub, Steffen; Romhardt, Kai: *Wissen managen. Wie Unternehmen ihre wertvollste Ressource optimal nutzen.* Wiesbaden: Gabler 2003.

Verwandte Kompetenzen: Wenn Sie die Fachkenntnis eines Mitarbeiters entwickeln, können sich unter Umständen die Kompetenzen Innovations- und Veränderungsfähigkeit, Wettbewerbskenntnis sowie Initiative und Verantwortung ebenfalls verändern.

Kapitel 10

Auftreten und Interaktion

Im Kompetenz-Cluster Auftreten und Interaktion geht es darum, wie man auf andere wirkt, welchen Stellenwert Beziehungen in der Motivstruktur haben und darum, wie man interagiert und auf Konflikte reagiert.

Networking

Wer den Papst zum Vetter hat, kann leicht Kardinal werden.
Deutsches Sprichwort

Da aber nun einmal nicht jeder in solch vorteilhaften Verwandtschaftsverhältnissen lebt, ist es sinnvoll, selbst aktiv zu werden und ein weit verzweigtes berufliches Netzwerk zu unterhalten. Es ist, um nur ein Beispiel zu nennen, ein wichtiger Erfolgsfaktor, im rechten Moment die richtige Telefonnummer parat zu haben, wenn man einen Rat sucht, schnell Informationen benötigt oder auch, um einmal den »kurzen Dienstweg« nutzen zu können. Dies setzt voraus, dass man über den rein sachlichen und punktuell zweckbezogenen Austausch hinaus vielfältige berufliche Kontakte knüpft und diese gezielt pflegt und ausbaut. Dies gilt auf nationalem wie auf internationalem Parkett, innerhalb und außerhalb des eigenen Teams unternehmensintern sowie mit Kunden und Lieferanten.

Aufmerksamkeit

Der Idealfall: Wer, wie in unserem Beispiel, ein weit verzweigtes Netzwerk an Kontakten aufbaut und pflegt, wird schnell von dessen Vorteilen überzeugt sein:

Ihr Mitarbeiter war am Vorabend auf einer externen Veranstaltung zum Erfahrungsaustausch in seinem Fachbereich. Sofort überträgt er die neu geknüpften Kontakte in sein Adressverwaltungssystem. Denjenigen Personen, mit denen er sich länger unterhalten hat oder die sein Interesse geweckt haben, schreibt er eine freundliche E-Mail mit dem Tenor, dass er sich freuen würde, in Kontakt zu bleiben. Innerhalb Ihres Teams gibt er gleich noch zwei Namen weiter, die für die Kollegen interessant sein könnten.

Wenige Tage später klingelt bei Ihrem Kollegen das Telefon und einer der neuen Kontakte hat eine fachliche Anfrage. Ihr Mitarbeiter freut sich, dass seine Bemühungen fruchten und hilft gerne. Es ist ihm bewusst, dass man für ein funktionierendes Netzwerk etwas einbringen muss, denn schon am nächsten Tag könnte es umgekehrt sein. Dies hat Ihr Mitarbeiter schon oft erlebt und war froh darüber, dass er sich die Mühe gemacht hat, ein persönliches Netzwerk aufzubauen. Denn nicht selten hat er dafür die eine oder andere Stunde extra am Telefon und mit persönlichen Gesprächen verbracht.

Warnsignale: Wenn Sie die folgenden Warnsignale in Ihrem Team bemerken, sollten Sie gegensteuern, um die Kompetenz des Networkings zu stärken:

- Mitarbeiter haben eine feste Clique im Team oder sind Einzelgänger und tun sich sehr schwer damit, außerhalb eines sehr beschränkten Rahmens Kontakt aufzubauen, geschweige denn zu pflegen.
- Mitarbeiter sind überzeugte »Einzelkämpfer« und preisen diese Qualität explizit an: Von anderen könne man sowieso wenig lernen, da man die Dinge (alle natürlich!) selbst am besten mache.
- Sie tun sich schwer damit, innerhalb oder außerhalb des Unternehmens Unterstützung zu finden, wenn es darauf ankommt. Sie kennen selbst innerhalb des Unternehmens nicht die relevanten Ansprechpartner.
- Einige Mitarbeiter sind eigennützig und erhalten keine Unterstützung von Kollegen, weil sie selbst nichts in Netzwerke einbringen. Selbst bei Gelegenheiten, die zur Kontaktaufnahme einladen, halten sie sich zurück und gehen nicht auf andere zu.
- Mitarbeiter schrecken vor Situationen zurück, in denen sie in einer Fremdsprache kommunizieren müssen.

Anerkennung

Mit den folgenden Fragen schaffen Sie im Gespräch mit Ihren Mitarbeitern einen einheitlichen Kenntnisstand, der eine gute Basis für die weitere Entwicklung der Kompetenz Networking sein kann. Schnell sollte dabei deutlich werden, dass ein funktionierendes Networking nicht gottgegeben ist, sondern das Ergebnis konkreter Bemühungen.

- Wo haben Sie von Ihrem Netzwerk schon einmal profitiert?
- Wie haben Sie bei dieser Aufgabe von Ihrem Netzwerk profitiert?
- Was hat Ihnen besonders dabei geholfen, Ihr Netzwerk aufzubauen?
- Wie pflegen Sie Ihr Netzwerk?
- Wie hätten Sie bei dieser Aufgabe von einem größeren Netzwerk profitieren können?
- Wo sehen Sie Ansatzpunkte, Ihr Netzwerk noch weiter auszubauen?
- Was erwarten Sie von einem Netzwerk? Was können Sie einbringen?
- Bei welchen Kollegen haben Sie schon einmal mitbekommen, dass sich deren Netzwerk ausgezahlt hat?
- Was hat dieser Kollege getan, um sein Netzwerk auszubauen? Was könnten Sie sich in Sachen Netzwerkbildung von diesem Kollegen abschauen?
- Welche Gründe gibt es dafür, dass Sie bisher eher wenig Wert auf ein professionelles Netzwerk gelegt haben?
- Was würde Ihnen dabei helfen, ein Netzwerk aufzubauen?
- Welche Personengruppe würden Sie am ehesten in den Fokus Ihres Netzwerks nehmen?
- Was können die ersten konkreten Schritte sein, Ihr Netzwerk auszubauen?

Anregung

Günstige Rahmenbedingungen schaffen: Was Sie von Ihren Mitarbeitern verlangen, sollten Sie selbst vorleben. Nutzen Sie die folgenden Hinweise auch dazu, in Ihrem Team ein funktionierendes Networking zu etablieren:

- Pflegen Sie auch in Ihrem Team eine Kultur der Zusammenarbeit und Unterstützung. Betonen Sie beispielsweise, dass Sie Hilfe und Unterstützung der Kollegen untereinander wertschätzen. Treffen Sie Entscheidungen nicht nur nach der Sachlage, sondern bemühen Sie sich um einen Konsens im Team.

- Stellen Sie Fragen wie: »Wer könnte zu diesem Projekt noch etwas beitragen?« Oder: »Was Abteilung XY von diesem Vorgehen wohl hält?« Oder auch: »Haben Sie in dieser Angelegenheit schon mal mit Frau Schmidt aus der Zentrale gesprochen?«
- Gehen Sie mit gutem Beispiel voran und unterhalten Sie selbst ein weit verzweigtes Netzwerk innerhalb wie außerhalb der Firma, von dem Sie auch gerne berichten.
- Beugen Sie »Besitzdenken« im Networking vor, indem Sie den offenen Austausch über bestehende Kontakte fördern und Ihren Mitarbeitern eigene Kontakte zugänglich machen.
- Unterstützen Sie direkte Kontakte von Kollegen untereinander, ohne dass diese Verbindung über die jeweiligen Vorgesetzten zustande kommt. Unterstützen Sie außerdem Ihre Mitarbeiter dabei, ein persönliches Netzwerk aufzubauen. Übernehmen Sie dafür auch möglicherweise anfallende Reisekosten und stellen Sie die notwendige Zeit zur Verfügung, wenn für das Networking geeignete Veranstaltungen in die Arbeitszeit fallen.
- Nicht jeder ist der geborene »Small-Talker« und hat 100 »beste Freunde«. Gehen Sie auf die individuellen Präferenzen Ihrer Mitarbeiter ein und setzten Sie die Erwartungen an eher zurückhaltende Mitarbeiter nicht zu hoch an. Ermuntern Sie diese und unterstützen Sie sie beim Aufbau eines Netzwerks, indem Sie Vorteile und Wege der Umsetzung aufzeigen, aber erwarten Sie keine Wunder hinsichtlich Schnelligkeit oder Masse der geschlossenen Kontakte.

Anregungen geben: Die folgenden Hinweise und Techniken können Ihren Mitarbeitern dabei helfen, ein eigenes Netzwerk aufzubauen und erfolgreich zu unterhalten:

- Ermutigen Sie Ihre Mitarbeiter, sich Business-Clubs, Erfahrungsgruppen, Standesorganisationen und so weiter anzuschließen. Auch Online-Plattformen, beispielsweise www.openbc.com, sind gute Foren für den Aufbau eines Netzwerks.
- Beziehungen lassen sich nicht an- und ausschalten wie ein Lichtschalter. Halten Sie Ihre Mitarbeiter deshalb dazu an, regelmäßig den Kon-

takt auch mit solchen Personen zu pflegen, die aktuell nicht im Fokus der Aufmerksamkeit stehen oder für eine bestimmte Aufgabe gerade nicht gebraucht werden. Auch wenn das Zeit kostet, die Investition lohnt sich langfristig.

- Schlagen Sie Ihren Mitarbeitern vor, sich persönliche Details von Geschäftspartnern zu merken beziehungsweise aufzuschreiben. Das können der Geburtstag, die Namen der Kinder oder auch das letzte Urlaubsziel sein.
- Lassen Sie Ihre Mitarbeiter individuell überlegen, was sie sich von einem Netzwerk erwarten und was sie selbst einzubringen bereit sind.
- Insbesondere eher zurückhaltenden Mitarbeitern können Sie vorschlagen, Kollegen zu beobachten, die in der Kontaktaufnahme und -pflege versiert sind und sich von diesen das entsprechende Verhalten abzuschauen. Hilfreich ist es für eher zurückhaltende Mitarbeiter auch, bei sozialen Anlässen zu zweit aufzutreten.
- Wenn ein Mitarbeiter nicht gerade ein Profi in Sachen Small Talk ist, kann er sich zur Unterstützung in solchen Situationen eine Liste mit gängigen Formulierungen zurechtlegen. An Themen bieten sich beispielsweise an: aktuelle Nachrichten, Unternehmens- und Marktentwicklung sowie persönliche Themen wie Urlaub und Kinder.

Zum Weiterlesen: In den folgenden Literaturhinweisen finden Sie hilfreiche Ratgeber zum Thema Networking:

Hauser, Jürgen: *Kontrakte durch Kontakte. Networking für Verkäufer*. Wiesbaden: Gabler 2002.

Kunz, Hannes: *Beziehungsmanagement. Kunden binden, nicht nur finden. Zürich*: Orell Füssli 1996.

Scheddin, Monika. *Erfolgsstrategie Networking*. Nürnberg: BW Verlag 2003.

Seßler, Helmut: *30 Minuten für aktives Beziehungsmanagement*. Offenbach: Gabal 2003.

Templeton, Timothy L.; Rutledge Stephenson, Lynda: *Networking, das sich auszahlt*. Offenbach: Gabal 2004.

Verwandte Kompetenzen: Wenn Sie das Networking eines Mitarbeiters entwickeln, können sich unter Umständen die Kompetenzen Fachkenntnis, Überzeugungskraft und Durchsetzungsstärke, Teamfähigkeit und Kundenorientierung ebenfalls verändern.

Überzeugungskraft und Durchsetzungsstärke

Ein Mann mit einer Überzeugung ist stärker als 99 Leute mit Interessen.

John Stuart Mill

Wirklich von etwas überzeugt zu sein und sich mit seiner ganzen Person für eine Sache einzusetzen, ist ein wichtiger Erfolgsfaktor, wenn es darum geht, für Ideen, Pläne und Vorschläge Akzeptanz zu schaffen und sie in die Tat umzusetzen. Neben einem fundierten Standpunkt gehören dazu vor allem das persönliche Auftreten, die Einbeziehung der Interessen anderer, die Fähigkeit Meinungsunterschiede und Widerspruch auszuhalten und zwischen den Anschauungen zu vermitteln sowie ein guter Schuss Begeisterungsfähigkeit.

Aufmerksamkeit

Dass Überzeugungskraft und Durchsetzungsstärke auf einer Vielzahl von Ingredienzien beruhen, macht das folgende Beispiel deutlich:

Der Idealfall: Einem Ihrer Mitarbeiter haben Sie die Aufgabe übertragen, für die Geschäftsführung eine Entscheidungsvorlage für ein neues Investitionsprojekt zu erarbeiten. Ihr Mitarbeiter nutzt das Treffen mit Ihnen, um die genauen Rahmenbedingungen zu erfragen. Mit allen potenziell an dem Projekt beteiligten Kollegen sucht er das individuelle Gespräch, um sich bestmöglich über die Situation im Unternehmen zu informieren. Dieses Vorgehen behält er auch bei, als er einen ersten Entwurf erarbeitet hat: in Zweiergesprächen lotet er die Meinung der beteiligten Kollegen aus, nimmt Anpassungen vor und leistet Überzeugungsarbeit, wenn er auf Widerstand stößt.

Am Tag der Abschlusspräsentation fühlt er sich gut vorbereitet und trägt seinen Vorschlag freundlich und mit kräftiger Stimme vor; dabei hält er Blickkontakt mit den Zuhörern. Auf Fragen ist er gut vorbereitet und kann sie souverän beantworten. Auch durch Einwände lässt er sich nicht verunsichern: Er greift den Standpunkt des Gegenübers geschickt auf und erläutert überzeugend, durch welche Aspekte sein Vorschlag dem Einwand bereits Rechung trägt.

Warnsignale: Mangelnde Überzeugungskraft und Durchsetzungsstärke werden oft nicht gleich als solche erkannt. Nicht selten müssen die Umstände herhalten, wenn die Dinge nicht so laufen, wie man es sich gewünscht hätte. An den folgenden Warnsignalen erkennen Sie zielsicher fehlende Überzeugungskraft und Durchsetzungsstärke in Ihrem Team:

- In Ihrem Team entstehen eine Menge guter Ideen, die jedoch fast nie ins Stadium der Umsetzung gelangen.
- Einzelne Mitarbeiter oder auch das gesamte Team sind der Meinung, dass ihre Interessen zu wenig berücksichtigt werden.
- In Verhandlungen ziehen Mitarbeiter häufig den Kürzeren und können Ihren Standpunkt nicht mit der notwendigen Sicherheit vertreten.
- Sie hören Aussagen, die mit »Eigentlich sollten wir doch mal ...« beginnen, doch die Umsetzung lässt auf sich warten.
- Mitarbeiter stehen nicht zu ihren Meinungen und Entscheidungen, sobald jemand dagegen Position bezieht.
- Von Mitarbeitern hören Sie Aussagen wie: »Das ging so nicht, weil Herr Meier dagegen war.«
- Ihr Mitarbeiter scheut sich bei Projektpräsentationen vor der Rolle des Vortragenden.
- Ihr Mitarbeiter ist vor Präsentationen und öffentlichen Auftritten sehr nervös, sodass die Konzentration auf andere Aufgaben kaum möglich ist.
- Besonders durchsetzungsstarke Mitarbeiter dominieren das Team, sodass die übrigen Kollegen kaum zu Wort kommen.
- Einzelne Kollegen werden bei der Bildung von Arbeitsgruppen nicht berücksichtigt, weil sie zu dominant auftreten und die Interessen anderer nicht hinreichend berücksichtigen.

Anerkennung

Mit den folgenden Fragen können Sie das Thema Überzeugungskraft und Durchsetzungsstärke gemeinsam mit Ihren Mitarbeitern ausloten. Nutzen Sie die Ergebnisse Ihrer Unterhaltung dazu, gezielte Impulse für die weitere Entwicklung Ihrer Mitarbeiter zu setzen.

- In welcher Situation ist es Ihnen schon einmal gelungen, mehrere Kollegen mit unterschiedlicher Meinung unter einen Hut zu bekommen?

- Mir ist aufgefallen, dass Sie ein besonderes Talent dafür haben, Ihre Kollegen für Ihren Standpunkt zu gewinnen. Wie machen Sie das? Worauf führen Sie das zurück (beispielsweise Expertise, Seniorität, Eloquenz)?
- Wie hartnäckig sind Sie beim Durchziehen von Entscheidungen?
- Woran könnte es liegen, dass Sie hin und wieder die Rückmeldung bekommen, dass andere sich von Ihnen überrannt fühlen?
- Wie gehen Sie mit Widerständen um, sei es von Kunden, Kollegen oder Vorgesetzten?
- Wie reagieren Sie, wenn Ihre Meinung oder ein Vorschlag von Ihnen kritisiert werden?
- Was waren die Erfolgsfaktoren Ihrer Präsentation?
- Nach welchem Muster bauen Sie eine Präsentation auf?
- Was könnten Sie tun, um bei Präsentationen noch überzeugender aufzutreten?
- Wie würden Sie den Vorschlag erfolgreich durch die Hierarchien manövrieren?
- Wie können Sie ein Veto in letzter Sekunde zukünftig vermeiden?
- An welchen politischen Klippen ist der Vorschlag hängen geblieben?
- Wie können Sie die inoffiziellen Spielregeln und Kanäle im Unternehmen noch besser für sich nutzen?

Anregung

Günstige Rahmenbedingungen schaffen: Der Umgang miteinander in Ihrem Team hat einen nicht zu unterschätzenden Einfluss darauf, ob Ihre Mitarbeiter gute Voraussetzungen dafür haben, überzeugend und durchsetzungsstark aufzutreten. Beherzigen Sie dafür die folgenden Hinweise:

- Stärken Sie Ihren Mitarbeitern den Rücken, wenn eine Vorgehensweise einmal beschlossen ist. Vermeiden Sie es, den Aussagen Ihrer Mitarbeiter insbesondere bei Kunden oder in anderen Abteilungen im Nachhinein zu widersprechen. Sollte eine neue Vorgehensweise notwendig sein, lassen Sie den Mitarbeiter diese Veränderung selbst kommunizieren.
- Besprechen Sie mit Ihren Mitarbeitern die politischen Spielregeln im Unternehmen, damit diese gut darüber Bescheid wissen, wer für was zuständig ist und wen man für welche Entscheidung wann am besten ein-

bindet. Achten Sie dabei sowohl auf formelle als auch auf informelle Strukturen.
- Lassen Sie offenen Widerspruch zu, um eine Angelegenheit von allen Seiten zu beleuchten und mögliche Einwände anderer vorwegzunehmen.
- Gerade wenn einzelne Mitarbeiter eine Sache dominieren, fragen Sie aktiv nach der Meinung der anderen und stellen Sie so klar, dass Ihr Team keine Ein-Mann-Show ist.
- Schaffen Sie eine Atmosphäre, in der offenes Feedback geschätzt wird, sodass Ihre Mitarbeiter, beispielsweise bei Präsentationen, voneinander lernen können. Bieten Sie dieses Feedback auch selbst an.

Anregungen geben: Sicher, aus einem zurückhaltenden und eher schüchternen Mitarbeiter wird man keinen mitreißenden Rhetoriker machen, doch auch Überzeugungskraft und Durchsetzungsfähigkeit lassen sich trainieren. Unterstützen Sie Ihre Mitarbeiter dabei durch die folgenden Hinweise:

- Schlagen Sie Ihrem Mitarbeiter vor, sich einen Kollegen als Vorbild zu suchen, der für seine Durchsetzungsstärke bekannt ist. Diesen kann er, beispielsweise bei Verhandlungen, begleiten.
- Halten Sie Ihre Mitarbeiter dazu an, einflussreiche Mitarbeiter in der Organisation zu identifizieren und selbst ein weit verzweigtes Netzwerk aufzubauen, um im Fall der Fälle auf Unterstützung zurückgreifen zu können.
- Ermuntern Sie Ihren Mitarbeiter, sich bezüglich seines nonverbalen Auftretens einen vertrauten Feedback-Partner zu suchen, der regelmäßig darauf achtet, wie der Mitarbeiter steht (aufrecht oder nicht), spricht (klar und deutlich, freundlich, bestimmt, unsicher et cetera) und gestikuliert (gar nicht, hektisch, zu viel).
- Halten Sie Ihren Mitarbeiter dazu an, seine Präsentationen auf die Zielgruppe abzustimmen und sich schon im Vorfeld zu überlegen, was diese besonders interessiert. So wird sich ein Vorstand nur in den seltensten Fällen mit technischen Details beschäftigen wollen, auch wenn diese brillant sind. Stattdessen wird ihn eine gelungene Metapher oder ein kurzes Praxisbeispiel eher überzeugen.
- Schlagen Sie Ihrem Mitarbeiter vor, dass er sich mögliche Gegenargumente oder Einwände schon vor einer Präsentation überlegt. Oft ist es darüber hinaus hilfreich, die Präsentation mit der anschließenden Einwandbehandlung in einer Art »Generalprobe« zu üben.

- Bewegen Sie Ihre Mitarbeiter dazu, rhetorische Strategien und Argumentationstechniken zu erlernen.
- Erläutern Sie Ihrem Mitarbeiter die Bedeutung der Mikrobotschaften für ein überzeugendes Auftreten (zum Thema Mikrobotschaften siehe Kapitel »Aufmerksamkeit« in Teil 2). Empfehlen Sie ihm, die Mikrobotschaften anderer und vor allem die Reaktionen seiner Gesprächspartner auf sein eigenes Auftreten zu nutzen, um ein Gespür für seine eigenen Mikrobotschaften zu entwickeln.

Zum Weiterlesen: In den folgenden Literaturhinweisen finden Sie hilfreiche Ratgeber zum Thema Überzeugungskraft und Durchsetzungsstärke.

Garten, Matthias: *Best Business Presentations. Expertenwissen für Multimediapräsentationen und professionelle Vorträge.* Wiesbaden: Gabler 2004.

Fisher, Roger; Ury, William; Patton, Bruce: *Das Harvard-Konzept. Der Klassiker der Verhandlungstechnik.* Frankfurt/New York: Campus 2003.

Forsyth, Patrick: *30 Minuten für mehr Durchsetzungskraft.* Offenbach: Gabal. 2000.

Püttjer, Christian; Schnierda, Uwe: *Die heimlichen Spielregeln der Verhandlung. So trainieren Sie Ihre Überzeugungskraft.* Frankfurt/New York: Campus 2002.

Seifert, Josef W.: *Visualisieren, Präsentieren, Moderieren.* Offenbach: Gabal 2004.

Verwandte Kompetenzen: Wenn Sie die Überzeugungskraft und Durchsetzungsstärke eines Mitarbeiters entwickeln, können sich unter Umständen die Kompetenzen Networking, Konfliktfähigkeit, Teamfähigkeit und Ergebnisorientierung ebenfalls verändern.

Konfliktfähigkeit

Streit ist der Vater aller Dinge.
Heraklit

Mit dieser Gewissheit im Rücken sollte es doch ein Leichtes sein, eine konstruktive Konfliktkultur zu etablieren. Doch die Realität in Unternehmen sieht vielerorts anders aus: Nicht selten wird alles aus Prinzip kritisiert und die Rechthaberei dominiert. Oder aber es herrscht ein Geist der Angepasstheit und niemand wagt sich, um des lieben Friedens willen, auch nur ein kritisches Wort zu äußern. Wie kann man also pfleglich miteinander umgehen und gleichzeitig Meinungsunterschiede und Kritik zulassen? Die Antwort liegt in einer konstruktiven Team- und Streitkultur, in der es nicht darum geht, Recht, zu behalten oder als Gewinner aus einer Situation herauszugehen, sondern durch die man gemeinsam die bestmöglichen Ergebnisse im Sinne der Zielsetzung findet. Auf diesem Weg sind widerstreitende Argumente, mit konstruktiver Absicht und im passenden Ton vertreten, wichtige Schritte.

Im Kern geht es darum, unnötige Konflikte zu vermeiden, unausweichliche Konflikte früh zu erkennen und anzusprechen, diese gemeinsam konstruktiv zu lösen und, sollte das nicht möglich sein, trotzdem noch verträglich miteinander zu arbeiten.

Aufmerksamkeit

Lesen Sie das folgende Beispiel, in dem eine Projektgruppe es schafft, eine aufgeladene Stimmung zu drehen und konstruktiv miteinander in die Auseinandersetzung zu treten. Vielleicht dient Ihnen das Verhalten der Teammitglieder als Anregung, wenn Sie selbst das nächste Mal in eine solche Situation gelangen.

Der Idealfall: Eine Arbeitsgruppe Ihres Teams ist inhaltlich festgefahren. Der Ton hat sich verschärft und die Stimmung ist aufgeheizt. Ein Mitglied der Arbeitsgruppe hat sich sichtlich beleidigt zurückgelehnt, ein anderes zetert lautstark, dass das doch alles sowieso nichts bringt, während ein dritter Mitarbeiter dabei ist, einen Schuldigen für die Misere auszumachen – ein handfester Konflikt ist entbrannt.

In dieser kritischen Situation ergreift der Leiter der Projektgruppe das Wort: »So kommen wir nicht weiter. Wie wäre es mit einer kurzen Pause? Und ich möchte, dass sich in der Pause jeder einen Vorschlag überlegt, was wir als Nächstes machen können, was uns unserem Ziel näher bringt.« Etwas verdutzt, weil man sich ja gerade so schön »eingestritten« hatte, horchen die Kollegen auf, akzeptieren aber den Vorschlag.

Nach der Pause kommen in der Tat zwei konstruktive Vorschläge, die weiter diskutiert werden. Aus diesen beiden Vorschlägen entsteht in einer kritischen Diskussion, zu der fast alle Mitglieder des Teams etwas beitragen, das vorläufige Arbeitsergebnis der Gruppe.

Warnsignale: Wenn Sie die folgenden Warnsignale in Ihrem Team häufiger beobachten, sollten Sie schnellstens aktiv werden. Denn ein konstruktiver Umgang mit Konflikten ist eine notwendige Bedingung für exzellente Arbeitsergebnisse.

- Mitarbeiter sind nicht dazu bereit oder trauen sich nicht, eindeutig Stellung zu beziehen. Ihre Aussagen sind ausweichend und unverbindlich.
- Konflikte werden nicht oder nicht offen ausgetragen.
- Ideen und Vorschläge werden durchgängig ohne Hinterfragen oder auch nur einen Hauch von Kritik angenommen.
- Mitarbeiter widersprechen kaum, schon gar nicht dem Chef.
- Mitarbeiter geben die eigene Position vorschnell auf, ohne auch nur den Versuch gemacht zu haben, gute Argumente dafür anzuführen.
- Einzelne Mitarbeiter dominieren das Team; es wird nur gemacht, was diese Mitarbeiter sagen.
- Neue Vorschläge und Ideen werden erst einmal kategorisch abgelehnt, Arbeitsergebnisse herabgewürdigt.
- In der Abteilung herrscht ein Gewinner-Verlierer-Denken. Jeder versucht, möglichst gut dazustehen und profiliert sich auch auf Kosten anderer oder greift zu unlauteren Mitteln, beispielsweise rhetorischen Schlägen unter die Gürtellinie. Hauptsache, man geht als Sieger aus einer Situation hervor.
- Im Team oder zwischen bestimmten Personen herrscht durchgängig eine aggressive Stimmung, Unterhaltungen gipfeln häufiger in Streitgesprächen. Oft reichen schon Kleinigkeiten, um einen Streit vom Zaun zu brechen.
- Einzelne Mitarbeiter gehen sich aus dem Weg, sprechen zeitweise oder dauerhaft nicht miteinander.

Anerkennung

Thematisieren Sie die Konfliktfähigkeit in Ihrem Team in regelmäßigen Abständen. Sei es, dass jemand einen Konflikt konstruktiv gelöst hat oder aber, dass Sie einen schwelenden Konflikt bemerken, den Sie lösen wollen. Die folgenden Fragen werden Sie dabei unterstützen:

- Wie haben Sie es geschafft, den Konflikt zu entschärfen?

- Mir ist aufgefallen, dass Sie Meinungsverschiedenheiten häufig erfolgreich schlichten. Verwenden Sie dabei eine bestimmte Vorgehensweise?
- Welche Ideen haben Sie, wie wir jetzt einen Schritt vorankommen?
- Welches sind Ihre Vorstellungen, wie eine Lösung der Ausgangsfrage/des Konflikts zu erreichen ist?
- Was hat Sie so heftig reagieren lassen?
- Was würden Sie der anderen Partei raten, um den Konflikt zu klären?
- Angenommen, Sie würden dem Konflikt als unbeteiligter Dritter zuschauen – was wäre Ihr Eindruck?
- Was müssten Sie tun, um den Streit noch weiter anzuheizen?
- Wie empfinden Sie generell die Stimmung im Team? Warum?
- Wie nehmen Sie Diskussionen im Team wahr?
- Wie kommen wir aus Ihrer Sicht normalerweise zu Ergebnissen bei Diskussionen? Was können wir besser machen?
- Gibt es Beispiele, wie Sie durch eine kontroverse Diskussion zu einer guten Lösung gekommen sind?
- An welchen Punkten tun wir uns/Sie sich durch unnötige Reibereien eher schwer, eine Lösung zu finden?
- Wie sehen Sie Ihre Rolle in Konflikten und Auseinandersetzungen?
- Wenn es um das Vertreten Ihrer Meinung im Team geht, wo sehen Sie sich auf einer Skala von »dominant« bis »zurückhaltend«?
- Was lässt Sie eher zurückhaltend/dominant sein? Wie könnten Sie von der gegenüberliegenden Seite profitieren?
- In welchen Situationen haben Sie dazu beigetragen, dass es über eine Meinungsverschiedenheit zum Streit kam?
- Was würde Sie dabei unterstützen, etwas offensiver/defensiver im Umgang zu sein?

Anregung

Mehr noch als bei manch anderer Kompetenz ist die Konfliktfähigkeit vom Umgang innerhalb Ihres Teams abhängig. Nutzen Sie die folgenden Hinweise, um die Grundlagen für eine gesunde und konstruktive Streitkultur zu schaffen.

Günstige Rahmenbedingungen schaffen:

- Fokussieren Sie ganz klar die Ziele Ihres Teams und machen Sie deutlich, dass es Ihnen um die Sache geht, insbesondere um Kundenorientierung. So bleibt wenig Raum und Energie für interne Zänkereien. Falls doch, kontern Sie, beispielsweise mit: »Welche Auftragsnummer hatte noch gleich dieser Streit?«
- Fördern Sie in Ihrem Team einen freundlichen Umgangston und eine Zusammenarbeit, die von Hilfsbereitschaft geprägt ist, beispielsweise, indem Sie häufig anerkennendes Feedback geben und bei erfolgreich erledigten Aufgaben die Teamleistung in den Vordergrund stellen. In einem solch konstruktiven Umfeld fällt es sehr schwer, einen wirklichen Streit vom Zaun zu brechen.
- Geben Sie negatives Feedback auf eine taktvolle Art und Weise, ohne die Mitarbeiter herabzusetzen und stellen Sie im Gespräch sicher, dass Ihr Mitarbeiter die Rückmeldung nachvollziehen kann (zum Thema Feedback siehe auch Kapitel »Anerkennung« in Teil II). Auf diese Weise vermeiden Sie eine negativ aufgeladene Stimmung.
- Machen Sie konstruktive Auseinandersetzungen unter dem Motto »Let's agree to disagree« zu einem festen Bestandteil Ihrer Teamkultur. Fordern Sie die Meinung der Teammitglieder heraus, insbesondere bei neuen Aufgaben und Projekten, und suchen Sie für eine bestimmte Zeit ganz gezielt nach Gegenmeinungen. So stellen Sie einerseits sicher, dass jeder Mitarbeiter Gehör findet. Andererseits kommen Sie durch die Vielzahl der Ideen zu einem besseren Ergebnis. Dazu kann es notwendig sein, auch Ihre eigene Meinung infrage stellen zu lassen.
- Aktivieren Sie zurückhaltende Mitarbeiter auch im Alltag immer wieder einmal durch Nachfragen, ihre Meinung und Vorstellungen zu bestimmten Themen zu äußern.
- Suchen Sie in Diskussionen oder Streitgesprächen nach Lösungen, nicht nach Schuldigen. Sollte es in der Tat einen Schuldigen geben, lässt sich die Situation nach einer Diskussion besser im Vier-Augen-Gespräch klären.
- Greifen Sie bei Diskussionen ein, die ins Kontraproduktive abzugleiten drohen, beispielsweise durch so genannte »Killerphrasen« oder durch ein Übermaß an Kritiklust, und machen Sie deutlich, dass Sie einen solchen Umgangston in Ihrem Team nicht dulden, unabhängig von den Inhalten der Diskussion, beispielsweise: »Ich sehe, so kommen wir nicht weiter.

Wollen wir es einmal mit einem freundlicheren Ton versuchen?« Stellen Sie darüber hinaus Fragen wie: »Was kann uns weiterbringen?« Oder: »Ich würde gerne noch einmal die eigentliche Fragestellung aufgreifen. Wie kann eine für alle zufrieden stellende Lösung aussehen?« Oder auch: »Die Kritikpunkte kennen wir jetzt, wer hat einen konstruktiven Vorschlag, wie es weitergehen kann?«
- Setzen Sie notorisch streitlustigen Mitarbeitern und Querulanten im Einzelgespräch deutliche Grenzen und zeigen Sie Konsequenzen auf, wenn es mit freundlicher Unterstützung nicht getan ist.

Anregungen geben: Gerade weil es bei Konflikten emotional oft hoch hergeht, ist es notwendig, dass jeder einzelne Mitarbeiter für dieses Thema sensibilisiert ist und an seiner eigenen Konfliktfähigkeit arbeitet. Die folgenden Hinweise können dabei helfen:

- Ermutigen Sie Ihre Mitarbeiter, offen ihre Meinung und auch Kritik zu äußern und diese fundiert zu begründen.
- Machen Sie Ihren Mitarbeiter auf seine »empfindlichen Stellen« aufmerksam. Denn oft sind es immer wieder dieselben Situationen, in denen ein Mitarbeiter sensibel reagiert: »Welches sind die Situationen, die Sie immer wieder heftig reagieren lassen?« Helfen Sie Ihrem Mitarbeiter, sich diese Situationen bewusst zu machen und sich eine Strategie zu überlegen, wie er besser damit umgehen kann.
- Gerade wenn sich Ihr Mitarbeiter zu sehr in einer Opferrolle sieht und vermeintlich nichts für den Konflikt kann, richten Sie seine Aufmerksamkeit auf mögliche Missverständnisse und seinen Anteil am Geschehen: »Wo sehen Sie auch eigene Anteile am Konflikt?«
- Schlagen Sie Ihrem Mitarbeiter vor, in Auseinandersetzungen, die aus dem Ruder zu laufen drohen, ganz bewusst einen Schritt zurückzutreten, gegebenenfalls auch seine eigenen Forderungen ein Stück zurückzuschrauben und sich wieder auf die eigentliche Fragestellung zu konzentrieren. So nimmt eine eher aggressive Unterhaltung recht schnell wieder konstruktive Züge an. Hilft das nichts, ist es sinnvoll, wenn Ihr Mitarbeiter die Situation einfach für eine Weile unterbricht und damit bewusst entschärft.

Zum Weiterlesen: In den folgenden Literaturhinweisen finden Sie hilfreiche Ratgeber zum Thema Konfliktfähigkeit:

Dehner, Ulrich: *Die alltäglichen Spielchen im Büro. Wie Sie Zeit- und Nervenfresser erkennen und wirksam dagegen vorgehen.* Frankfurt/New York: Campus 2001.
Etrillard, Stéphane: *Gekonnt gekontert. Souverän, schlagfertig und fair in jeder Situation.* Hamburg: Hoffmann und Campe 2004.
Heigl, Peter: *30 Minuten für faires Streiten und gute Konfliktkultur.* Offenbach: Gabal 2003.
Hertel, Anita von: *Professionelle Konfliktlösung. Führen mit Mediationskompetenz.* Frankfurt/New York: Campus 2003.
Herzlieb, Heinz-Jürgen: *Konflikte lösen. Konfliktpotenziale erkennen – In Konfliktsituationen souverän agieren.* Berlin: Cornelsen 2004.
Jiranek, Heinz; Edmüller Andreas: *Konfliktmanagement. Als Führungskraft Konflikten vorbeugen, sie erkennen und lösen.* München: Haufe 2003.
Schwarz, Gerhard: *Konfliktmanagement. Konflikte erkennen, analysieren, lösen.* Wiesbaden: Gabler 2003.
Schulz von Thun, Friedemann: *Miteinander reden I.* Hamburg: Rowohlt 1996.
Thomann, Christoph: *Klärungshilfe. Konflikte im Beruf. Methoden und Modelle klärender Gespräche bei gestörter Zusammenarbeit.* Hamburg: Rowohlt 1998.

Verwandte Kompetenzen: Wenn Sie die Konfliktfähigkeit eines Mitarbeiters entwickeln, können sich unter Umständen die Kompetenzen Überzeugungskraft und Durchsetzungsfähigkeit, Teamfähigkeit und Ergebnisorientierung ebenfalls verändern.

Teamfähigkeit

Mit einer Hand lässt sich kein Knoten knüpfen.
Mongolische Weisheit

Teamfähigkeit gehört in Stellenanzeigen zu den meist geforderten Eigenschaften von Bewerbern, ist also geradezu eine Eintrittsvoraussetzung ins Unternehmen. Gleichzeitig ist Teamarbeit allerdings auch als Effizienzvernichter verschrien. Und wer einmal nachfragt, was denn eigentlich unter Teamarbeit zu verstehen sei, bekommt die verschiedensten Antworten.

Betrachtet man ein Team näher, beispielsweise im Sport, stellt man fest, dass es sich aus den unterschiedlichsten Spezialisten zusammensetzt, von denen jeder seine ureigene Aufgabe erfüllt, um ein bestimmtes Ziel zu erreichen – also beispielsweise der Stürmer oder die Verteidigung beim Fußball. Gerade diese Grundlage wird aber oft übersehen: Jedes Team hat eine konkrete Aufgabe und jeder Mitarbeiter im Team übernimmt eine Teilaufgabe, für die er besonders befähigt ist oder die er gerade erlernen will. Erst auf dieser Basis geht es darum, das Zusammenspiel zu optimieren, das so genannte Teambuilding durchzuführen. Dafür bedarf es einerseits persönlicher und sozialer Kompetenzen wie beispielsweise Kooperationsfähigkeit und Durchsetzungsvermögen, andererseits bestimmter Arbeitstechniken, wie etwa Projektplanung und Brainstorming. Bei alledem gibt es die unterschiedlichsten Arbeitsformen, von denen virtuelle Teams die neueste Entwicklung sind.

Aufmerksamkeit

Der Idealfall: Dass Teamarbeit in der Tat kein Zeitfresser sein muss, zeigt unser folgendes Beispiel sehr deutlich. Straff organisiert ist Teamarbeit in vielen Situationen das Mittel der Wahl, um qualitativ hochwertige Arbeitsergebnisse zu erzielen. Lesen Sie selbst:

Sie sind von einem Ihrer Mitarbeiter zu einem Team-Meeting eingeladen worden, das von ihm moderiert wird. Schon im Vorfeld hat Ihr Mitarbeiter kritische Punkte in Zweiergesprächen geklärt. Zu Beginn des Meetings umreißt er kurz den aktuellen Stand des Projekts und den Diskussionsstand mit den einzelnen Teilnehmern, sodass alle Anwesenden über den selben Kenntnisstand verfügen. Danach schildern alle Teilnehmer den Arbeitsfortschritt der von ihnen übernommenen Aufgaben. Für alle sichtbar hält der Teamleiter die Projektschritte fest und markiert die bereits erreichten Meilensteine. Das weitere Vorgehen wird abschließend diskutiert. Neue Aufgaben werden an Teilgruppen vergeben, Analysen und Detailausarbeitungen an einzelne Mitarbeiter. Nach einem straffen Meeting machen sich alle wieder an die Arbeit. Nur einen Kollegen aus dem Team bittet ihr Mitarbeiter noch zum Vier-Augen-Gespräch, da sich herausgestellt hat, dass er für seine Aufgabe noch nicht die hinreichende Qualifikation mitbringt.

Warnsignale: Da Teamarbeit bei vielen Aufgaben unerlässlich ist, sollten Sie besonders schnell agieren, wenn Sie die folgenden Warnsignale in Ihrem Team beobachten.

- Arbeiten, die von Teams erledigt werden sollen, schleppen sich über lange Zeiträume hin, ohne dass Ergebnisse sichtbar werden.

- Einzelne Mitarbeiter halten sich von Teamarbeit fern. Sind sie doch einmal Teil eines Projektteams, integrieren sie sich nicht in die Arbeitsabläufe.
- Soll eine Projektgruppe zusammengestellt werden, melden sich immer dieselben Mitarbeiter freiwillig, andere bleiben außen vor.
- Teamarbeiten enden in der Regel mit Unmut oder sogar im Streit: Der eine reißt alles an sich, der andere ruht sich auf Kosten des Teams aus.
- Der eingesetzte Projektleiter wird nicht respektiert, rasch kristallisiert sich eine informelle Führungsperson heraus, die unter Umständen sogar abweichende Ziele verfolgt.
- Gruppenentscheidungen werden von einzelnen Mitgliedern bestimmt, die anderen werden durch Konformitätsdruck zum Zustimmen veranlasst.
- Ob Aufgaben im Team oder einzeln bearbeitet werden, hängt nicht von der Aufgabe ab, sondern von dem, der diese Entscheidung trifft.
- Es werden gute Diskussionen geführt und fachlich richtige Entscheidungen getroffen, aber die Arbeit insgesamt kommt nicht voran.
- Aufgaben im Team sind nicht klar verteilt, jeder redet überall mit.

Anerkennung

Als vermeintlich »weiches« Thema wird Teamarbeit zu Unrecht oft nicht hinreichend thematisiert. Wirken Sie dem entgegen, indem Sie die Qualität der Teamarbeit mit Ihren Mitarbeitern gemeinsam besprechen. Die folgenden Fragen bieten Ihnen dafür Anhaltspunkte:

- Wie schätzen Sie die Zusammenarbeit in diesem Projektteam ein?
- Was ist wirklich gut gelaufen und hat das schnelle und gute Ergebnis ermöglicht?
- Wo haben Sie den größten Mehrwert für das Team erbracht? Welche Fähigkeiten haben Sie dazu genutzt?
- Welche Verbesserungsvorschläge haben Sie im Nachhinein für diese Teamarbeit? Was hätte das Team anders machen können?
- Bei welchen Aufgaben haben Sie in letzter Zeit in besonderer Weise von der Teamarbeit profitiert?
- Bei welchen Projekten fühlten Sie sich durch das Team gebremst?
- An welchen Punkten bitten Sie typischerweise Kollegen um Unterstützung?

- Welche Funktion erfüllen Sie normalerweise in einem Team? Sind das immer dieselben oder ändert sich das von Situation zu Situation?
- Mit welcher Art von Aufgaben kommen Sie in Projektteams gut zurecht? Mit welcher weniger?
- Welche Ihrer Stärken können Sie in der gemeinsamen Arbeit mit anderen besonders gut nutzen?
- Welcher von Belbins Teamrollen würden Sie sich selbst zuordnen (zum Thema Teamrollen siehe Kapitel »Aufmerksamkeit« in Teil II)?
- Was schätzen Sie an Teamarbeit? Was nicht? Was stört Sie besonders?
- Mit welchem Typ kommen Sie persönlich in gemeinsamen Projekten nicht gut zurecht? Welche Eigenschaften hat jemand, mit dem Sie nicht in einem Team zusammenarbeiten wollten?
- Mit welchem Typ kommen Sie besonders gut klar? Was macht die gute Zusammenarbeit aus?
- Wie sieht Ihrer Ansicht nach der ideale Teamkollege aus?

Anregung

Günstige Rahmenbedingungen schaffen: Es gibt eine ganze Reihe von Methoden und Techniken, die sich fördernd auf Teamarbeit auswirken. Hier stellen wir Ihnen eine wirksame Auswahl vor:

- Überlegen Sie, ob eine Aufgabe sinnvoll im Team bearbeitet werden kann. Teams sind besonders effizient, wenn Aufgaben bearbeitet werden, bei denen es um Kreativität, die Vielfalt der Ideen, die Vollständigkeit der Informationen und die Akzeptanz der Entscheidungen geht.
- Lassen Sie Ihre Mitarbeiter zu Beginn einer Teamarbeit die gemeinsamen Ziele und Interessen festlegen und aufschreiben.
- Gerade bei größeren Aufgaben ist es für ein Team förderlich, identitätsstiftende Maßnahmen wie den Entwurf eines Logos, das Finden eines Teamnamens oder eine Kick-off-Veranstaltung durchzuführen.
- Formulieren Sie deutlich, dass Sie ein Teamergebnis erwarten, keine Einzellösungen. Achten Sie darauf, Wertschätzung für alle Teammitglieder zu zeigen.
- Nehmen Sie sich die Zeit, die Stärken und Präferenzen der Teammitglieder, sei es auf Abteilungs- oder Projektbasis, herauszufinden und transparent zu machen. Dazu eignen sich besonders das Modell der Teamrol-

len von Belbin und die Kategorien des Myers-Briggs-Typenindikators® (siehe dazu auch Kapitel »Aufmerksamkeit« in Teil II). Setzen Sie Ihre Mitarbeiter entsprechend ihrer Stärken und Präferenzen ein.

- Bedenken Sie bei der Zusammenstellung von Teams, dass heterogene Teams in aller Regel die besseren Ergebnisse produzieren, auch wenn sie schwieriger zu managen sind als homogene Teams. Bringen Sie also beispielsweise Experten mit Anfängern zusammen, risikofreudige mit sicherheitsbewussten und analyseorientierten Mitarbeitern sowie Männer mit Frauen.
- Bei Teamarbeit ist Kommunikation das A und O. Stellen Sie also Zeit, Raum und Infrastruktur dafür zur Verfügung. Geben Sie den Mitgliedern auch bei verstreuten oder virtuellen Teams die Möglichkeit, sich persönlich kennen zu lernen, denn die Technik kann den persönlichen Austausch nicht ersetzen.
- Wählen Sie die passende Kommunikationsstruktur für die jeweilige Aufgabe, jede hat Vor- und Nachteile: Eine sternförmige Kommunikation mit dem zentralen Projektleiter, über den alle Informationen laufen, bedeutet mehr Führung und weniger Kanäle. Eine dezentrale Kommunikation, in der jedes Teammitglied die Möglichkeit hat, mit jedem anderen in Kontakt zu treten, verringert die Notwendigkeit nach Führung, erhöht aber die Komplexität durch die vielen Kommunikationskanäle. Als Faustregel gilt: Je komplexer die Aufgabe, umso wichtiger ist Dezentralisation, da sich dort Fehler leichter korrigieren lassen.
- Wenn Sie in der Teamarbeit gruppendynamische Störungen bemerken, machen Sie diese zum Thema! Solange sie unter der Oberfläche bleiben, werden Sie das Verhalten aller Teammitglieder, die Sachebene und die Ergebnisse dominieren.
- Achten Sie immer darauf, dass auch kritische Äußerungen ihren Platz haben und nicht durch Konformitätsdruck unterbunden werden.
- Beachten Sie die Gefahr des sozialen Faulenzens. Hier sollten Sie durch konkrete Absprachen gegensteuern: Wer hat was bis wann und mit wem erledigt?
- Verfolgen Sie den Teamerfolg in Abständen und zeigen Sie Anerkennung. Überlegen Sie, wie Sie Einzel- und Gruppenleistungen honorieren wollen. So fördern Sie mit dem Sichtbarmachen von Einzelleistungen das Engagement einzelner Teammitglieder und verhindern soziales Faulenzen. Anerkennung für das gesamte Team fördert hingegen den Zusammenhalt.

- Favorisieren Sie nicht frühzeitig einen bestimmten Lösungsweg, da sonst unter Umständen kritische Anmerkungen und alternative Ideen nicht mehr geäußert werden.
- Seien Sie besonders wachsam, wenn das Team zu risikofreudigen Entscheidungen neigt. Das ist ein typisches Phänomen bei Teamentscheidungen.

Anregungen geben: Obwohl eine gute Teamleistung mehr sein sollte, als die Summe der Einzelleistungen, sind letztlich doch die individuellen Bemühungen um eine erfolgreiche Teamarbeit ausschlaggebend. Halten Sie Ihre Mitarbeiter deshalb dazu an, ihre eigene Teamfähigkeit zu stärken:

- Schlagen Sie den Teammitgliedern zum Beispiel vor, sich das erfolgreiche Ergebnis der Teamarbeit bildhaft vorzustellen: Was ist dann für wen erreicht? Woran sieht man das? Ermutigen Sie die Teammitglieder, wenig vertraute Rollen auszuprobieren. Jedes Mitglied sollte beispielsweise einmal moderieren, delegieren und integrieren.
- Regen Sie Ihre Mitarbeiter dazu an, sich mit den Teamrollen nach Belbin und den Kategorien des MBTI® vertraut zu machen und ihre eigenen Stärken damit herauszufinden. Dabei ist es hilfreich, unterschiedliche Aufgaben wahrzunehmen.
- Ermuntern Sie die Teammitglieder dazu, sich ein oder zwei persönliche Lernziele zu setzten, beispielsweise die freie Rede zu üben oder mehr auf die Meinung der anderen Gruppenmitglieder zu achten. Fordern Sie Ihre Mitarbeiter auf, sich hierzu von den Teamkollegen Feedback einzuholen.
- Ermutigen Sie die Teammitglieder dazu, offen zu sagen, wenn sie mit einer Vorgehensweise oder Meinung nicht einverstanden sind oder wenn sie Unterstützung brauchen. Bei internationalen Teams müssen zum Beispiel die Sprachfähigkeiten ehrlich geprüft und trainiert werden.
- Fordern Sie die Mitglieder eines Teams auf, sich regelmäßig über ihre Zusammenarbeit auszutauschen. Konstruktives Feedback (siehe Kapitel »Anerkennung« in Teil II) – im Gesamtteam oder in Zweiergesprächen – kann den weiteren Projektverlauf für alle Beteiligten erheblich angenehmer und erfolgreicher gestalten.

Zum Weiterlesen: In den folgenden Literaturhinweisen finden Sie hilfreiche Ratgeber zum Thema Teamfähigkeit:

Haeske, Udo: *Team- und Konfliktmanagement*. Berlin: Cornelsen 2002.
Lencioni, Patrick: *Mein Traum-Team. Oder die Kunst, Menschen zu optimaler Zusammenarbeit zu führen*. Frankfurt/New York: Campus 2004
Lessel, Wolfgang: *Projektmanagement*. Berlin: Cornelsen 2002.
Spieß, Erika: *Effektiv kooperieren. Wie aus lauter Solisten ein erfolgreiches Orchester wird*. Weinheim: Beltz 2003.

Verwandte Kompetenzen: Wenn Sie die Teamfähigkeit eines Mitarbeiters entwickeln, können sich unter Umständen die Kompetenzen Konfliktfähigkeit, Überzeugungskraft und Durchsetzungsstärke ebenfalls verändern.

Kapitel 11

Geschäfts- und Marktorientierung

Im Kompetenz-Cluster Geschäfts- und Marktorientierung geht es darum, den Blick über das eigene Unternehmen und den eigenen Tätigkeitsbereich hinauszurichten und eigenes Verhalten auf externe Anforderungen abzustimmen.

Wettbewerbskenntnis

Unseren Feinden haben wir viel zu verdanken. Sie verhindern, dass wir auf der faulen Haut liegen.

Oscar Wilde

Praktisch hinter jeder Ecke und jedem Klick kommt ein Wettbewerber zum Vorschein. Und nie war es für Ihre Kunden so einfach wie heute, ihn auch zu finden. Selbst interne Dienstleister sind schon längst nicht mehr auf der sicheren Seite. Grund genug zu wissen, was die Konkurrenz im Sinn hat, auf welchen Erfolgspfaden sie voranschreitet (oder besser doch: hinterherhinkt). Darüber hinaus dienen diese Informationen Ihrem eigenen Unternehmen dazu herauszufinden, an welchen Stellen es noch Optimierungspotenzial besitzt. Schließlich können Sie durch eine fundierte Interpretation der Daten Kenntnis darüber erlangen, in welche Richtung sich der Markt entwickelt.

Aufmerksamkeit

Wer den Markt – wie in unserem Beispiel – aufmerksam beobachtet, kann zwar manch unliebsame Überraschung erleben. Doch ist die

Marktbeobachtung mit einer gewissen Regelmäßigkeit gepaart, wird in der Regel noch genügend Zeit sein, mit dem eigenen Leistungsangebot gegenzusteuern. Und nicht immer ist der Erste auf dem Markt ja auch der Erfolgreichste.

Der Idealfall: In Ihrem wöchentlichen Abteilungsmeeting greifen Sie den Hinweis eines Mitarbeiters auf, den dieser Ihnen am Vormittag gegeben hat. Er hat nämlich durch einen Kontakt in einem anderen Unternehmen gehört, dass ein relativ neuer Konkurrent auf dem Markt eine neue Dienstleistung entwickelt, die Ihr Haus noch nicht anbietet und die durchaus das Potenzial dazu haben könnte, Ihnen den einen oder anderen Kunden abspenstig zu machen. Ein bisschen ärgert Sie das, denn eigentlich hätten Sie und Ihre Mitarbeiter auch selbst darauf kommen können.

Schnell stellt sich heraus, dass noch ein weiterer Mitarbeiter schon einmal entfernt etwas von der neuen Dienstleistung gehört hat, als er vor vier Wochen einen Fachkongress besuchte, er dem Thema damals allerdings keine große Bedeutung beimaß. Jetzt sieht die Sache anders aus. Sofort melden sich zwei Kollegen, die einen guten Draht in den Markt haben, und bieten sich für weitergehende Recherchen an. Darüber hinaus wird eine Task-Force gegründet, die an einer Machbarkeitsstudie arbeitet. Sie selbst als Abteilungsleiter übernehmen die Aufgabe, Ihre hausinternen Kontakte zu interviewen und das Produkt intern auf seine Durchführbarkeit und Akzeptanz zu überprüfen.

Schon am Ende derselben Woche stellt sich heraus, dass Sie das neue Produkt aufgrund seines Marktpotenzials sofort mit Priorität umsetzen werden – und zwar mit besseren Leistungsmerkmalen als die Konkurrenz. Diese Qualitätsmerkmale dürften Ihren etwas verspäteten Markteintritt mehr als wettmachen.

Warnsignale: Wenn die Beobachtung der Konkurrenz eine Weile lang nicht auf der To-do-Liste Ihres Teams stand, werden Sie einige der folgenden Warnsignale beobachten können:

- Ihr Bereich wird häufig von den Schachzügen der Konkurrenz überrascht. Häufig bemerken Sie selbst oder Ihre Mitarbeiter mehr oder weniger durch Zufall, dass ein Wettbewerber eine tolle Idee in die Praxis umgesetzt hat. Sie hingegen sind nicht hinreichend vorbereitet, zeitnah mit eigenen Antworten zu kontern.

- Nachdem Ihr Team eine neue Produktidee eine Weile lang verfolgt hat, bemerken Sie durch Zufall, dass ein Wettbewerber mit derselben Idee kurz vor der Markteinführung ist.
- Über Wettbewerber wird abfällig gesprochen. Die können einem ja sowieso nicht das Wasser reichen, liegen in allen Statistiken weit hinter Ihnen, sind per se schlecht, beschäftigen nur Leute, die man selbst nicht haben wollte und so weiter.
- Ihre Mitarbeiter sind nur unzureichend über den Wettbewerb informiert. Dies drückt sich beispielsweise darin aus, dass sie diesen nicht vollständig kennen, wesentliche Merkmale wie Marktstrategie und besondere Stärken nicht bekannt sind, sie mit veralteten Zahlen arbeiten oder Ihnen Ideen als »neu« verkaufen, die andernorts schon umgesetzt sind.
- Ihr Team sammelt zwar Wettbewerbsdaten, nutzt diese allerdings nicht, um durch interne Diskussion und eine umfassende Analyse den eigenen Bereich nach vorne zu bringen.
- Die Erkenntnisse aus den Marktanalysen Ihrer Mitarbeiter führen immer wieder zu kurzfristigen »Schnellschüssen«. Allerdings haben sie schon wieder ein neues Ziel entdeckt, bevor sich der Rauch verzogen hat.

Anerkennung

Ohne die eigene Verpflichtung zu genuiner Innovation zu vernachlässigen, ist es meistens sehr lohnend, ein intensives Gespräch über die Aktivitäten der Konkurrenz ebenso wie darüber zu führen, was Ihre Mitarbeiter getan haben, um sich zu informieren. Die folgenden Fragen helfen Ihnen dabei:

- Sie kennen sich auffallend gut mit unseren Wettbewerbern aus. Wie bleiben Sie auf dem Laufenden?
- Durch welche Quellen informieren Sie sich über unseren Wettbewerb?
- Welches sind unsere relevanten Wettbewerber? Wen sehen Sie regional/national/international als wichtigen Wettbewerber an?
- Welche Kategorien halten Sie für geeignet, um unsere Wettbewerber zu analysieren?
- Worin sehen Sie die spezifischen Vorteile der einzelnen Wettbewerber am Markt?
- Welche Best-Practice-Verfahren kennen Sie, die die Konkurrenz anwendet?

- Wie beurteilen Sie die Stärken und Schwächen unserer drei größten Wettbewerber? Wie sehen Sie unser Unternehmen im Vergleich dazu?
- Welche neuen Wettbewerber sind in letzter Zeit im Markt aufgetaucht? Und wodurch sind diese gekennzeichnet?
- Wie setzen Sie die Informationen über unseren Wettbewerb zu unserem Vorteil um?
- In welchen Situationen hat Ihnen eine gute Kenntnis unseres Wettbewerbs besonders genutzt? Mit welchem Ergebnis?
- In welchen Situationen hätte Ihnen eine bessere Kenntnis unseres Wettbewerbs genützt?
- Was hat es Ihnen bisher erschwert, sich über unsere Konkurrenz zu informieren, wo gibt es Hindernisse?
- Welche unserer Stärken sollten wir im aktuellen Wettbewerbsumfeld besonders ausbauen?
- Was müsste passieren, damit wir die Informationen über unseren Wettbewerb zeitnah in bessere Produkte umsetzen?
- Was können Sie als nächsten Schritt tun, um sich noch besser über unsere Wettbewerber zu informieren?

Anregung

Konkurrenzbeobachtung ist potenzielle Nestbeschmutzung. Deshalb ist es bei dieser Kompetenz besonders wichtig, dass Sie ein offenes Klima schaffen, in dem die eigenen Vorgehensweisen beständig hinterfragt werden. Lesen Sie dazu unsere Tipps:

Günstige Rahmenbedingungen schaffen: Fördern Sie einen Geist, der Best-Practice- und State-of-the-Art-Verfahren verlangt und fördert.

- Heben Sie positive Beispiele, gerade auch von anderen Unternehmen, öffentlich hervor und diskutieren Sie diese regelmäßig mit Ihren Mitarbeitern. Dabei müssen Sie nicht den alleinigen Input liefern, sondern können Aufgaben wie Marktrecherche auch an Ihr Team delegieren.
- Überlegen Sie, inwiefern Sie Aufgaben rund um die Konkurrenzbeobachtung als eine Standardaufgabe für Ihre Mitarbeiter definieren.
- Haben Sie stets ein offenes Ohr für Entwicklungsnotwendigkeiten und Verbesserungen, ja fordern Sie diese aktiv ein. Das schließt die offene

Kritik an bestehenden Verfahrensweisen ein. Kehren Sie vermeintlich unangenehme Themen nicht unter den Teppich, nur weil Ihr Bereich dabei aktuell schlecht wegkommen könnte. Nur so können Sie mit Ihrem Team konstruktiv nach neuen und besseren Lösungen suchen.

- Seien Sie offen für neue Ideen, unterschiedliche Meinungen und auch Kritik am eigenen Vorgehen. Ein »Das haben wir schon immer so gemacht« ist wenig zielführend, wenn es darum geht, Ihr Team erfolgreich gegen die Konkurrenz zu positionieren.
- Initiieren und organisieren Sie einen unternehmensinternen Austausch über aktuelle Entwicklungen bei der Konkurrenz. Denken Sie dabei auch an Kollegen aus anderen Bereichen, mit denen Sie normalerweise nicht in ständigem Kontakt stehen.
- Seien Sie besonders wachsam, wenn Ihr Bereich oder das Unternehmen beispielsweise zu den Markt- oder Technologieführern gehört oder aktuell über ein Alleinstellungsmerkmal verfügt. Sorgen Sie gerade dann dafür, dass der Wettbewerb ständig auf dem Radar erscheint. Denn sonst besteht leicht die Tendenz, sich als Nabel der Welt zu betrachten und Ihre Marktbegleiter auszublenden.
- Fördern Sie den Austausch über die Entwicklungen beim Wettbewerb, beispielsweise indem Sie Informationen dazu von Ihren Mitarbeitern einfordern und Ihre eigenen Beobachtungen offen mit Ihrem Team teilen.
- Achten Sie darauf, dass genügend Ressourcen und die entsprechende Methodologie zur Verfügung stehen, um den Markt zu beobachten, beispielsweise Fachzeitschriften, Marktforschung, Kundenbefragungen und Konkurrenzanalysen.

Anregungen geben: Jeder Ihrer Mitarbeiter kann täglich zur Konkurrenzbeobachtung beitragen. Hier finden Sie Tipps, was zu tun ist:

- Als Einstieg können Ihre Mitarbeiter die Websites von Konkurrenzunternehmen sowie deren Jahresberichte lesen und analysieren. Analystenberichte sind eine weitere gute Quelle für Unternehmensinformationen, ebenso die Publikationen der Branchenverbände. Alle größeren Zeitungen haben Online-Archive, auf die Ihre Mitarbeiter zugreifen können. Halten Sie Ihre Mitarbeiter weiterhin dazu an, eine relevante Auswahl an Fachzeitschriften zu lesen, um sich regelmäßig über den Wettbewerb zu informieren.
- Lassen Sie Ihre Mitarbeiter alle im Haus verfügbaren Informationsquellen nutzen. Oft ist im eigenen Unternehmen mehr Wissen vorhanden,

als man im eigenen Bereich denkt. Wenn Sie im Vertrieb arbeiten, kann Ihnen beispielsweise der Einkauf wichtige Informationen über Konkurrenzunternehmen liefern und umgekehrt.

- Halten Sie Ihre Mitarbeiter dazu an, in regelmäßigen Abständen an unternehmensübergreifenden Veranstaltungen wie Konferenzen und Messen teilzunehmen, um dort das Gespräch mit Kollegen aus anderen Häusern zu suchen.
- Regen Sie Ihre Mitarbeiter dazu an, sich mit den Marktdaten vertraut zu machen und diese zur besseren Verständlichkeit auch grafisch darzustellen. Auf diesen Daten kann die weitere Analyse fußen, beispielsweise mit der Frage, aufgrund welcher Veränderungen der jeweiligen Unternehmensstrategien sich Marktdaten verändert haben. Die so gewonnenen Erkenntnisse sollten im gesamten Team besprochen werden.
- Geben Sie Ihren Mitarbeitern die Aufgabe, eine Analyse von ausgewählten Wettbewerbern zu erarbeiten. Unterstützen Sie diese dabei wenn nötig durch das gemeinsame Erarbeiten von geeigneten Kategorien und Kennzahlen, beispielsweise Marktstrategien, Allianzen und Kooperationen oder auch interne Prozesse.
- Geben Sie Ihren Mitarbeitern die Aufgabe, Best-Practice-Verfahren in Ihrem Bereich zu identifizieren.
- Lassen Sie Ihre Mitarbeiter Unternehmen identifizieren und beobachten, die in Ihrem Bereich eine Spitzenstellung einnehmen. Was macht diese Unternehmen so erfolgreich?
- Lassen Sie Ihre Mitarbeiter insbesondere die »Ränder« des Wettbewerbs beobachten, beispielsweise neue oder kleinere Unternehmen mit einer besonderen Herangehensweise. Denn auch Großkonzerne haben einmal klein angefangen.
- Ermuntern Sie Ihre Mitarbeiter, ihre Kunden nach deren Erfahrung mit anderen Anbietern zu fragen.

Zum Weiterlesen: In den folgenden Literaturhinweisen finden Sie hilfreiche Ratgeber zum Thema Wettbewerbskenntnis:

Deltl, Johannes: *Strategische Wettbewerbsbeobachtung. So sind Sie Ihren Konkurrenten laufend einen Schritt voraus.* Wiesbaden: Gabler 2004.

Porter, Michael E.: *Wettbewerbsstrategie. Methoden zur Analyse von Branchen und Konkurrenten.* Frankfurt/New York: Campus 2002.

Prahalad, C. K.; Ramaswamy, Venkat: *Die Zukunft des Wettbewerbs. Einzigartige Werte mit dem Kunden gemeinsam schaffen.* Wien: Linde 2004.

Verwandte Kompetenzen: Wenn Sie die Wettbewerbskenntnis eines Mitarbeiters entwickeln, können sich unter Umständen die Kompetenzen Fachkenntnis, Entscheidungskompetenz (insbesondere Analysekompetenz) und Ergebnisorientierung ebenfalls verändern.

Kundenorientierung

Der wahre Präsident des Unternehmens ist der Konsument.
Helmut O. Maucher

Egal, ob interner oder externer Kunde, letztlich entscheidet seine Zufriedenheit mit Ihrer Leistung darüber, ob er wieder bei Ihnen kaufen wird, also über Ihren Erfolg. Das soll nicht bedeuten, immer alles und vor allen Dingen nicht nur das zu tun, wonach der Kunde verlangt. Aber: Die Frage des Mehrwerts der eigenen Leistung für den Abnehmer muss eine maßgebliche Messlatte des eigenen Handelns sein, für den Außendienstmitarbeiter genauso wie für den Personaler. Und dafür wird es mehr als nur einmal notwendig sein, sich für den Kunden besonders anzustrengen.

Aufmerksamkeit

Wer so kundenorientiert agiert wie der Mitarbeiter in unserem Beispiel, wird schnell eine tragfähige Beziehung mit seinen Kunden aufbauen – zum beiderseitigen Vorteil. Lesen Sie, wie's geht:

Der Idealfall: Ihr Mitarbeiter hat, wie er das immer macht, wenn er einige Zeit nichts mehr von einem Kunden hört, zum Hörer gegriffen, um den Kontakt aufzufrischen. Nach einigen freundlichen Worten des Small Talks kommen die beiden auf den letzten Auftrag zu sprechen, den Ihr Unternehmen für den Kunden ausgeführt hat. Der Kunde ist zufrieden, doch stellt sich heraus, dass er zu einer Detailanwendung noch Fragen hat, deretwegen er nicht extra anrufen wollte. Ihr Mitarbeiter kann den Sachverhalt nicht selbst klären, verspricht aber, sich sofort bei einem Kollegen zu erkundigen und sich alsbald wieder zu melden.

Gesagt, getan: Nach nicht einmal einer viertel Stunde und zwei internen Telefonaten ist die Frage des Kunden geklärt und der Kunde zufrieden. Ihr Mitarbeiter nutzt die Chance, noch ein wenig über das Geschäft zu plaudern. Währenddessen kann er dem Kunden noch einen wertvollen Tipp in einer anderen Sache geben und erfährt gleichzeitig, dass der Kunde Bedarf an einer Leistung hat, die ein Kollege betreut. Nachdem er sich beim Kunden rückversichert hat, dass ein Anruf des Kollegen erwünscht ist, gibt Ihr Mitarbeiter die Information auch sofort weiter.

Warnsignale: Schon bei den leisesten Anzeichen der folgenden Warnsignale sollten Sie äußerst hellhörig sein. Denn die Geduld der Kundschaft mit unzureichendem Kundenservice wird (zu Recht) immer weniger. Steuern Sie also gegen, solange es sich um Einzelfälle oder ein kleineres Malheur handelt:

- Kunden rufen häufig an, um sich zu beschweren, beispielsweise, weil vereinbarte Leistungen nicht in vollem Umfang oder termingerecht erbracht wurden oder weil Lieferungen fehlerhaft waren. Oder noch schlimmer: Der Kunde greift nicht mehr zum Hörer, sondern sendet eine E-Mail oder schreibt einen Brief.
- Der Kunde wird mit Sätzen vor den Kopf gestoßen wie: »Das geht so nicht«, »So schnell ist das aber nicht machbar«, oder »Da müssen Sie warten, bis der zuständige Kollege wieder da ist«.
- Interne Prozesse bestimmen die Vorgehensweisen im Kundenkontakt und verlangsamen die Geschwindigkeit der Leistungserbringung.
- Der Umsatz mit einem bestimmten Kunden geht kontinuierlich zurück oder die Abstände, in denen ein Kunde mit Ihnen Geschäfte macht, werden deutlich länger; der prozentuale Anteil des Wiederholungsgeschäfts mit Bestandskunden sinkt stetig.
- Sie werden von Ihren bestehenden Kunden nicht oder kaum weiterempfohlen oder hören Gerüchte, dass Ihre Kunden mit Ihrer Leistung nicht zufrieden sind.
- Kunden tendieren dazu, sich vermehrt zu melden, wenn ihr eigentlicher Ansprechpartner nicht im Hause ist, sondern beispielsweise im Urlaub.
- Ihre Mitarbeiter halten sich unnötig lange mit zu vernachlässigenden Details auf und beschäftigen sich um der Sache selbst willen mit einer Aufgabe. Den Bedarf und den Nutzen für den Kunden verlieren sie dabei aus den Augen.

- Ihre Mitarbeiter tun nahezu alles für ihre Kunden, ohne jedoch darauf zu achten, dass zumindest langfristig der Return on Investment stimmt.

Anerkennung

Ob Ihr Mitarbeiter nun besonders kundenorientiert arbeitet oder aber gerade nicht, es lohnt sich immer, über diese Kompetenz vertiefend ins Gespräch zu kommen. Sie werden in aller Regel mit neuen, guten Ideen aus diesen Gesprächen herausgehen. Nutzen Sie die folgenden Fragen, um das Gespräch mit Ihrem Mitarbeiter zu steuern:

- Ich habe gerade ein prima Feedback zur Betreuung Ihres Kunden bekommen. Was haben Sie gemacht, dass er so zufrieden ist?
- Worauf führen Sie die hohe Zufriedenheit Ihrer Kunden zurück?
- Wie haben Sie es geschafft, diese gute Kundenbeziehung aufzubauen?
- Wie schätzen Sie die Zufriedenheit Ihrer Kunden ein?
- Gibt es Unterschiede zwischen den einzelnen Kunden?
- Gibt es Unterschiede im Zeitverlauf?
- Was würden Ihre Kunden über die Art und Weise sagen, wie sie von Ihnen betreut werden?
- Worauf führen Sie die Unzufriedenheit dieses Kunden zurück? Was können Sie tun, um dessen Zufriedenheit zu verbessern?
- Welche Aktivitäten haben Sie bisher unternommen, um die Kundenzufriedenheit zu verbessern?
- Auf welche Weise informieren Sie sich über den Grad der Zufriedenheit Ihrer Kunden?
- Welches sind Ihre wichtigsten Kunden und wie segmentieren Sie diese?
- Welches ist im Moment das drängendste Problem Ihres wichtigsten Kunden?
- Wann haben Sie sich zuletzt für einen Ihrer Kunden ganz besonders ins Zeug gelegt? Mit welchem Ergebnis?
- Welchen Nutzen bieten Sie Ihren Kunden jenseits Ihres eigentlichen Produkts?
- Wann ist es das letzte Mal vorgekommen, dass ein Kunde Sie von sich aus angerufen hat, um ein Anliegen mit Ihnen zu besprechen?
- Wie stellen Sie sicher, dass Sie Kundenwünsche rechtzeitig erfassen und umsetzen?

- Wie wollen Sie in Zukunft sicherstellen, dass Ihre Arbeit treffsicherer die Kundenbedürfnisse zufrieden stellt?
- Was unternehmen Sie, um Kundenbedürfnisse proaktiv zu erfassen, bevor diese mit einem Anliegen zu Ihnen kommen?

Anregung

Da der Erfolg Ihres Teams letztlich von der Zufriedenheit Ihrer Kunden bestimmt wird, sollten Sie nicht müde werden, das Thema Kundenorientierung gebetsmühlenhaft zu bearbeiten. Um günstige Rahmenbedingungen in Ihrem Team zu schaffen, nutzen Sie die nachfolgenden Tipps:

Günstige Rahmenbedingungen schaffen: Kundenorientierung fängt im Kleinen und vor allem im internen Verhältnis an. Machen Sie deutlich, dass Sie auch im Innenverhältnis, also zwischen Kollegen, absolute Kundenorientierung erwarten und gehen Sie mit gutem Beispiel voran, beispielsweise indem Sie Mitarbeitern Unterstützung anbieten:

- Sorgen Sie für ein Klima des konstruktiven Miteinanders in Ihrem Bereich. Nur so können sich Ihre Mitarbeiter voll und ganz auf ihre Kunden konzentrieren.
- Machen Sie die Wertschöpfungskette deutlich und weisen Sie immer wieder darauf hin, dass Ihre Kunden letztlich die Existenzberechtigung Ihrer Abteilung (und jedes einzelnen Arbeitsplatzes) sind. Das sollte natürlich nicht in Form von monologartigen Belehrungen passieren. Thematisieren Sie stattdessen in regelmäßigen Abständen beispielsweise die Höhe der Umsätze mit Ihren Kunden oder deren Zufriedenheit und machen Sie deutlich, wie Umsatz und Zufriedenheit mit den Leistungen Ihrer Mitarbeiter zusammenhängen.
- Sprechen Sie mit Ihren Mitarbeitern immer wieder darüber, dass Sie an langfristigen, profitablen Kundenbeziehungen interessiert sind. So wirken Sie kurzfristigen Geschäften entgegen, die zwar den schnellen Profit versprechen, aber den Unternehmens- und Kundennutzen langfristig nicht mehren.
- Stellen Sie positive Beispiele heraus, wie Ihr Team den Kundennutzen gemehrt hat und wie sich das auf Kundenzufriedenheit und weitere Aufträge für Ihr Team ausgewirkt hat.

- Überlegen Sie in regelmäßigen Abständen mit Ihren Mitarbeitern, welches Ihre relevanten Kundengruppen sind und lassen Sie diese gegebenenfalls priorisieren.
- Thematisieren und hinterfragen Sie immer wieder den Mehrwert, den Ihre Kunden durch Ihr Produkt erhalten. Stellen Sie häufig und unmissverständlich die Frage: Wodurch haben Sie Ihrem Kunden heute einen Vorteil verschafft?
- Ordnen Sie Ihren Kunden feste Ansprechpartner aus Ihrem Team zu. So haben Sie beste Chancen, dass sich eine vertrauensvolle und auch kenntnisreiche Kundenbeziehung aufbaut, dass die Mitarbeiter die Bedürfnisse ihrer Kunden schneller und facettenreicher erfahren und dass sie gezielt darauf reagieren können. Sorgen Sie gleichzeitig dafür, dass ein Vertreter als Ansprechpartner benannt ist, wenn der eigentliche Mitarbeiter nicht greifbar ist.

Anregungen geben: Selbst Mitarbeiter, die sehr kundenorientiert arbeiten, können von dem einen oder anderen Tipp noch profitieren. Deshalb lohnt es sich, die folgenden Hinweise immer wieder einmal zu thematisieren, beispielsweise in einer Teambesprechung. Wenig kundenorientierte Mitarbeiter sollten Sie im Einzelgespräch zur Umsetzung dieser Hinweise anregen:

- Schlagen Sie Ihren Mitarbeitern vor, jeden Tag mit der Frage zu beginnen, wie sie ihren Kunden heute von Nutzen sein können.
- Ihre Mitarbeiter sollten über die expliziten Kundenwünsche hinaus immer auch eigenständig überlegen, was sie dem Kunden empfehlen würden. Dabei sollte ein richtiger Rat auch einmal auf Kosten des kurzfristigen Umsatzes gehen können.
- Lassen Sie Ihre Mitarbeiter Kenngrößen erarbeiten, mit denen sich die Kundenzufriedenheit messen lässt. Einige Vorschläge: Wiederholungsgeschäft, Anteil am verfügbaren Budget des Kunden, Reklamationsquote, Empfehlungen eines Kunden, Entwicklung des Umsatzes, direkte Befragungsergebnisse zur Zufriedenheit.
- Animieren Sie Ihre Mitarbeiter dazu, regelmäßig den Kontakt zu ihren Kunden zu suchen. Und zwar in der aufsteigenden Reihenfolge: Brief, E-Mail, Telefonat, persönliches Treffen. Gerade bei persönlichen Kontakten werden oft Informationen ausgetauscht, an die Sie sonst nicht herankommen.

- Regen Sie Ihre Mitarbeiter dazu an, sich ihre Kunden möglichst bildhaft vorzustellen und sich in deren Lage zu versetzen. Dies kann beispielsweise anhand geeigneter Fragestellungen passieren: »Was braucht mein Kunde jetzt am dringendsten?« oder auch »Wenn ich mein Kunde wäre, was würde ich erwarten?«
- Ihre Mitarbeiter sollten sich ganz bewusst einige Zeitfenster reservieren, die sie speziell für die Kundenpflege nutzen.
- Machen Sie Ihren Mitarbeitern den Vorschlag, sich innerhalb des Unternehmens gezielt mit Kollegen zu vernetzen, die direkt oder indirekt mit den eigenen Kunden zu tun haben. So können sie einen noch besser abgestimmten Service liefern.
- Regen Sie Ihre Mitarbeiter dazu an, ihre Kunden in Abständen ganz direkt nach ihrer Zufriedenheit zu fragen und auch Verbesserungsvorschläge einzuholen. Auf diese Weise beugen sie Beschwerden vor und bekommen prima Ideen, wie sie ihren Service noch verbessern können.
- Lassen Sie Ihre Mitarbeiter die Marktsegmentierung überdenken, die sie aktuell vornehmen. Die (neuen) Segmente sollten sie nach verschiedenen Kriterien bewerten (aktuelle oder zukünftige Wichtigkeit, Marktstellung und so weiter). Überlegen Sie, welche Folgen das für Ihre Ressourcenallokation hat.

Zum Weiterlesen: In den folgenden Literaturhinweisen finden Sie hilfreiche Ratgeber zum Thema Kundenorientierung:

Bellabarba, Alexander; Radtke, Philipp; Wilmes, Dirk: *Management von Kundenbeziehungen*. München: Hanser 2002.

Haeske, Udo: *Beschwerden und Reklamationen managen. Kritische Kunden sind gute Kunden*. Weinheim: Beltz 2001.

Homburg, Christian: *Kundenzufriedenheit. Konzepte – Methoden – Erfahrungen*. Wiesbaden: Gabler 2003.

Homburg, Christian; Stock, Ruth: *Der kundenorientierte Mitarbeiter. Bewerten, begeistern, bewegen*. Wiesbaden: Gabler: 2000.

Meister, Ulla; Meister, Holger: *Kundenzufriedenheit messen und managen*. München: Hanser 2002.

Nerdinger, Friedemann W.: *Kundenorientierung*. Göttingen: Hogrefe 2003.

Verwandte Kompetenzen: Wenn Sie die Kundenorientierung eines Mitarbeiters entwickeln, können sich unter Umständen die Kompetenzen Wettbewerbskenntnis, Ergebnisorientierung, Innovations- und Veränderungsfähigkeit ebenfalls verändern.

Innovations- und Veränderungsfähigkeit

Nichts ist stärker als die Gewohnheit.
Ovid

Die Fähigkeit, mit einer vertrauten Gewohnheit zur richtigen Zeit zu brechen, sich frühzeitig auf veränderte Rahmenbedingungen einzustellen und deren Veränderung aktiv mitzugestalten, gehört zu den wesentlichen Erfolgsfaktoren. Die rechtzeitige Anpassung von Strategien, Zielen, Prozessen und Vorgehensweisen an die Erfordernisse des Marktes ist entscheidend für das Überleben. Hierzu ist es notwendig, dass die Mitarbeiter Rahmenbedingungen aufmerksam verfolgen, altbewährte Vorgehensweisen bewusst hinterfragen und neue Möglichkeiten aufzeigen.

Eine weitere Komponente von Veränderungsfähigkeit ist die Gestaltung und Umsetzung von angestrebten Veränderungen im Alltag. Um Reaktionen wie Pro-forma-Zustimmung, Beharrung, Ängste und Oppositionsverhalten im Unternehmen zu vermeiden, müssen Veränderungen, insbesondere solche mit weit reichenden Folgen wie beispielsweise Unternehmenszusammenschlüsse, aktiv gemanagt werden. Die offene und zeitnahe Kommunikation mit den Mitarbeitern spielt dabei eine wesentliche Rolle. Eine kalkulierte Lust am Risiko gehört ebenfalls dazu, wenn Veränderungen beherzt umgesetzt werden sollen.

Aufmerksamkeit

Nutzen Sie das folgende Beispiel als Anhaltspunkt, um in Ihrem Team zielführende Verhaltensweisen in Sachen Innovations- und Veränderungsfähigkeit zu identifizieren:

Der Idealfall: Einer Ihrer Mitarbeiter merkt in einer Besprechung an, dass es in der Kommunikation mit den Kollegen aus anderen Bereichen immer wieder zu Abstimmungsproblemen kommt und sich die Kollegen beklagen, dass man sich immer durch die halbe Abteilung fragen müsse, um eine Information zu bekommen. Das greift ein anderer Kollege auf, der schon ähnliche Erfahrungen gemacht hat und sich deshalb auch schon so einiges von den Kollegen anhören musste.

Nach einem kurzen gemeinsamen Brainstorming erklären sich zwei Mitarbeiter bereit, die Ergebnisse zusammenzufassen und mit den Kollegen aus den anderen Bereichen zu diskutieren. Beim nächsten Treffen präsentieren die beiden ihre Ergebnisse: Sie schlagen vor, die Zuständigkeiten im Team anders zu verteilen und eine Liste der Ansprechpartner für die Kollegen zu erstellen.

Einige der Teammitglieder fragen kritisch nach, weil deren Positionen besonders von dem neuen Vorschlag betroffen sind. Nach einer kurzen Diskussion, in deren Verlauf noch kleinere Änderungen eingearbeitet werden, akzeptiert die Gruppe das Ergebnis, da der Nutzen für alle klar auf der Hand liegt.

Warnsignale: Wenn Sie die folgenden Warnsignale mangelnder Innovations- und Veränderungsfähigkeit in Ihrem Team beobachten, ist es an der Zeit, verkrustete Strukturen aufzubrechen und lieb gewonnene Gewohnheiten ziehen zu lassen:

- Ihre Mitarbeiter regen kaum Verbesserungen an, welche die Arbeit effektiver, qualitativ hochwertiger oder innovativer machen würden.
- Wenn Sie Neuerungen in Ihrem Team einführen, melden sich auffällig viele Bedenkenträger zu Wort. Mitarbeiter fühlen sich bedroht und zeigen erst einmal die Risiken einer Veränderung auf, bevor sie – wenn überhaupt – deren positive Effekte berücksichtigen. »Das hat doch schon immer gut funktioniert, warum sollten wir das ändern!« oder: »Wie soll das denn jemals funktionieren?« sind Aussagen, die in Ihrem Team durchaus laut getroffen werden.
- Regeln und Vorschriften bestimmen das Handeln in größerem Umfang als Marktanforderungen und Möglichkeiten – Missstände werden zwar erkannt, sie werden jedoch nicht behoben. Sie hören immer wieder den Satz: »Das geht nicht, weil ...«.
- Ihre Mitarbeiter haben zwar eine Menge neuer Ideen und Vorschläge, die sich aber zum größten Teil als nicht praktikabel erweisen.
- Sie zeigen sich bei neuen, auch einfachen Aufgaben hilflos und überfordert.

Anerkennung

Bevor sich ein Zuviel an Zufriedenheit mit bewährten Methoden und Gewohnheiten in Ihrem Team breit macht, sollten Sie das Thema Innovation und Veränderung regelmäßig thematisieren. Dies gilt natürlich erst recht, wenn es mit der Innovations- und Veränderungsfähigkeit in Ihrem Team nicht zum Besten bestellt ist. Nutzen Sie die folgenden Fragen, um ins Gespräch zu kommen:

- Wie haben Sie den Veränderungsprozess so reibungslos bewältigt und was waren aus Ihrer Sicht die Erfolgsfaktoren?
- Sie schaffen es immer wieder, die Kollegen von Neuerungen zu überzeugen. Haben Sie dabei ein bestimmtes Vorgehen?
- Wo sehen Sie im Moment Veränderungsbedarf in unserem Bereich? Welche internen Strukturen und Prozesse können wir noch optimieren?
- Worin sehen Sie aktuell die stärksten Triebfedern aus dem Markt für Veränderungen in unserem Bereich?
- Wenn Sie Ihren eigenen Arbeitsbereich einmal kritisch hinterfragen, wo sehen Sie Möglichkeiten für Verbesserungen?
- Welche Vorschläge haben Sie, um diese Ideen in die Tat umzusetzen?
- Welche Folgen hat dieser Veränderungsprozess für unser Team und für Sie?
- Wie können Sie von dem aktuellen Veränderungsprozess auch persönlich profitieren?
- Was könnte schlimmstenfalls durch diese Veränderungen passieren? Was können wir tun, damit das nicht passiert?
- Welche Umstände sprechen aus Ihrer Sicht gegen diese Veränderung?
- Ich merke, dass Ihnen die Umstellungen nicht recht sind. Was macht es denn für Sie so schwer?
- Wie können Sie den Veränderungsprozess persönlich unterstützen?

Anregung

Günstige Rahmenbedingungen schaffen: Nicht umsonst spricht man von einem »innovationsfreudigen Klima«. Nutzen Sie die unten stehenden Tipps, um das für Ihr Team zu realisieren:

- Thematisieren Sie immer wieder einmal das Thema »Verbesserungen« mit Ihrem Team: Wo können wir noch besser werden und wie können wir Abläufe, Strukturen, Produkte und Services optimieren? Behalten Sie dabei die Unternehmensstrategie und übergeordnete Ziele im Blick.

- Zeigen Sie selbst immer wieder auf, wie Dinge in anderen Abteilungen oder Unternehmen auf eine andere Art und Weise ausgeführt werden und besprechen Sie die Vor- und Nachteile der jeweiligen Vorgehensweisen.
- Seien Sie offen für neue Entwicklungen, auf die Sie von Ihren Mitarbeitern angesprochen werden. Nur wenn die Vorschläge Ihrer Mitarbeiter generell auf Interesse stoßen, werden sie auch bemüht sein, weiterhin gute Ideen einzubringen.
- Seien Sie offen für Verbesserungsvorschläge, die von Ihren Mitarbeitern kommen. Auch wenn sich diese vielleicht auf den ersten Blick abwegig anhören, sprechen Sie darüber und erkundigen Sie sich, welche Ziele die Mitarbeiter damit verfolgen.
- Seien Sie experimentierfreudig und unterstützen Sie Ihre Mitarbeiter dabei, neue Vorschläge zumindest eine Zeit lang oder versuchsweise in der Praxis umzusetzen. Stellen Sie dazu die notwendigen Ressourcen zur Verfügung.
- Planen Sie von vornherein ein, dass sich nicht alle Vorschläge, die sich gut anhören, nach einer Testphase auch tatsächlich realisieren lassen. Kalkulieren Sie eine »Flopquote« mit ein.
- Stellen Sie sicher, dass Ihre Mitarbeiter über alle wesentlichen Strukturen und Prozesse in Ihrem Team und im Unternehmen informiert sind. Nur auf dieser Basis können Sie erfolgversprechende Ideen entwickeln.
- Bei Veränderungen, die von Ihrem Team nur noch umzusetzen sind, achten Sie besonders darauf, die Hintergründe umfassend zu erläutern und gehen Sie ausführlich auf die Fragen Ihrer Mitarbeiter ein.

Anregungen geben: Mit den folgenden Tipps können Sie Ihre Mitarbeiter individuell unterstützen, an ihrer Innovations- und Veränderungsfähigkeit zu arbeiten:

- Halten Sie Ihre Mitarbeiter dazu an, neue Entwicklungen in ihrem Bereich systematisch zu verfolgen. Geben Sie ihnen die Aufgabe, immer wieder einmal gezielt nach Fehlern und Optimierungspotenzial zu suchen.

- Ermutigen Sie Ihre Mitarbeiter, neue Ideen auszuprobieren und eigene Angewohnheiten und Vorgehensweisen bewusst zu hinterfragen.
- Schlagen Sie ihnen vor, sich für die Erarbeitung neuer Ideen und Vorschläge mit entsprechenden Techniken vertraut zu machen.
- Lassen Sie Ihre Mitarbeiter gemeinsam analysieren, unter welchen Bedingungen in der Vergangenheit erfolgreiche Innovationen entwickelt wurden und wie sich diese Bedingungen langfristig festigen lassen.
- Ermutigen Sie Ihre Mitarbeiter dazu, in größerem Umfang auf die Chancen von Veränderungsprozessen zu achten und Bedenken gegen Veränderungsprozesse offen zu äußern, denn das ist der erste Schritt zu einem konstruktiven Umgang mit den eigenen Ängsten.

Zum Weiterlesen: In den folgenden Literaturhinweisen finden Sie hilfreiche Ratgeber zum Thema Innovations- und Veränderungsfähigkeit:

Doppler, Klaus: *Der Change Manager. Sich selbst und andere verändern und trotzdem bleiben, wer man ist.* Frankfurt/New York: Campus 2003.

Kelley, Tom: *Das IDEO Innovationsbuch. Wie Unternehmen auf neue Ideen kommen.* Berlin: Econ 2002.

Schnetzler, Nadia: *Die Ideenmaschine. Methode statt Geistesblitz.* Weinheim: Wiley-VCH 2004.

Simon, Hermann: *Think. Strategische Unternehmensführung statt Kurzfrist-Denke.* Frankfurt/New York: Campus 2004.

Simon, Walter: *Lust aufs Neue. Werkzeuge für das Innovationsmanagement.* Offenbach: Gabal 2002.

Staden, Sven von: *30 Minuten für den souveränen Umgang mit Veränderungen.* Offenbach: Gabal 2004.

Steinmüller, Angela; Steinmüller, Karlheinz: *Wild Cards. Wenn das Unwahrscheinliche eintritt.* Hamburg: Murmann 2004.

Vahs, Dietmar; Burmester, Ralf: *Innovationsmanagement.* Stuttgart: Schäffer Poeschel 2005.

Verwandte Kompetenzen: Wenn Sie die Innovations- und Veränderungsfähigkeit eines Mitarbeiters entwickeln, können sich unter Umständen die Kompetenzen Fachkenntnis, Wettbewerbskenntnis, Kundenorientierung, Ergebnisorientierung, Überzeugungskraft und Durchsetzungsstärke ebenfalls verändern.

Kostenmanagement

Der Pfennig ist die Seele der Milliarde.
Grete Schickedanz

Ein straffes Kostenmanagement hat, für sich selbst genommen, sicher seine Grenzen als Erfolgstreiber eines Unternehmens. Im Zuge zunehmenden internationalen Wettbewerbs und wachsenden Kostenbewusstseins verschafft ein konsequent angewandtes Kostenmanagement einem Unternehmen allerdings berechenbare Vorteile und wird mitunter sogar zum Überlebensfaktor. Dabei sind die Auswirkungen von Kosteneinsparungen auf die Qualität als zweite Variable immer zu bedenken.

Aufmerksamkeit

Um Sparmöglichkeiten zu realisieren, bedarf es in vielen Fällen vor allem des Bewusstseins, dass die Kosten als Entscheidungsvariable stets im Blick zu behalten sind. So auch in unserem Beispiel, wo ein Mitarbeiter mit wenig Aufwand die Kosten einer Dienstreise limitiert:

Der Idealfall: Ihr Mitarbeiter plant eine Reihe von Dienstreisen, um Kunden und Kollegen aus anderen Niederlassungen zu treffen. Zunächst klärt er, welche seiner Gesprächspartner in nächster Zeit sowieso in der Stadt sind, sodass er diese Reise einsparen kann. Bei Reisen, die in die gleiche Gegend führen, koordiniert er die Termine so, dass diese möglichst alle auf einen Tag fallen und er dadurch eine zweite Anreise vermeidet; ebenso wählt er den ersten und letzten Termin jeweils so, dass er nach Möglichkeit am selben Tag an- und abreisen kann, sodass keine Übernachtung anfällt. Um die Termine möglichst kurz zu halten, bereitet er die Gespräche gut vor, stimmt eine Agenda ab und erledigt viele Aufgaben schon vorab per Telefon und E-Mail. Da Ihr Mitarbeiter weiß, dass sich die Reisezeiten oft verschieben, bucht er ein etwas teureres, aber flexibles Business Class Ticket. Beim Mietwagen hingegen begnügt er sich mit einem Kompaktwagen.

Warnsignale: Treten die folgenden Warnsignale in Ihrem Team auf, ist es an der Zeit, mehr oder weniger kräftig auf die Kostenbremse zu treten:

- Das Budget Ihrer Abteilung ist häufig überzogen.
- Auf die Kosten wird erst geachtet, wenn es zu spät ist, beispielsweise wenn ein Hinweis aus dem Controlling kommt.
- Mitarbeiter kennen die wichtigsten Kennzahlen nicht.
- Bei neuen Projekten oder Aufgaben wird der Kostenaspekt nie oder nur am Rande thematisiert.
- Kosten-Nutzen-Rechnungen werden nicht routinemäßig angestellt.
- Arbeiten sind schlecht abgestimmt, sodass häufig doppelt gearbeitet und Arbeitszeit ebenso wie Material verschwendet wird.
- Arbeiten sind schlecht geplant, Ziele ändern sich häufig und es wird viel für den Papierkorb produziert.
- Die Arbeitsqualität lässt zu wünschen übrig, sodass oft nachgearbeitet werden muss.
- Arbeiten werden aufgrund des hohen Sparzwangs nur noch in schlechter Qualität fertig gestellt.
- Es wird mehr Wert auf Status gelegt als auf Praktikabilität und Kosten. Beispielsweise muss es bei Dienstreisen immer das beste Haus am Platz sein.

Anerkennung

Beim Thema Kostensenkung ist meistens kein besonders langes Gespräch vonnöten, um den Punkt im Bewusstsein Ihrer Mitarbeiter zu verankern. Vielmehr macht sich hier eine gewisse Regelmäßigkeit positiv bemerkbar. Nutzen Sie die folgenden Fragen, um immer wieder einmal ins Gespräch mit Ihren Mitarbeitern zu kommen:

- Wie ist es Ihnen gelungen, die Kosten für dieses Projekt so gut im Griff zu haben?
- Welches sind in Ihrem Bereich die wesentlichen Indikatoren für effizientes Arbeiten?
- Welche Kennzahlen Ihres Bereichs haben Sie in Bezug auf die Kostenoptimierung regelmäßig im Blick?
- Wo sehen Sie in Ihrem Bereich noch Potenzial, die laufenden Kosten zu senken?
- Welche Ansatzpunkte sehen Sie zur Senkung der Fixkosten?
- Welche Erfahrung haben Sie in Bezug auf Kosteneinsparungen mit Outsourcing-Partnern gemacht?

- Welche e-Lösungen haben sich als kostensparend erwiesen?
- Wie schaffen Sie bei Ihren Mitarbeitern ein Kostenbewusstsein?
- Wie können wir sicherstellen, dass wir bei der Qualität trotz der Kostensenkungen keine Abstriche machen? Können wir die Qualität gar noch steigern?

Anregung

Günstige Rahmenbedingungen schaffen: Sie können so einiges dafür tun, dass das Thema Kostenmanagement in Ihrem Team präsent ist. Nutzen Sie dafür die folgenden Tipps:

- Thematisieren Sie das Thema Kostenkontrolle regelmäßig mit Ihren Mitarbeitern. Nur wenn Sie einen Fokus auf dieses Thema legen, werden es Ihre Mitarbeiter auch tun.
- Machen Sie das Thema Kosten für Ihre Mitarbeiter transparent, indem Sie regelmäßig über Kennzahlen und die Kostenentwicklung berichten.
- Schlüsseln Sie die Kosten Ihres Teams auf, sodass Ihre Mitarbeiter selbst Informationen und Ansatzpunkte haben, um über Sparpotenzial nachzudenken.
- Sprechen Sie mit einzelnen Mitarbeitern über die Kostentreiber ihrer Arbeitsplätze.
- Zeigen Sie Ihren Mitarbeitern auf, wofür finanzielle Ressourcen genutzt werden könnten, die woanders eingespart werden.
- Vermitteln Sie Ihren Mitarbeitern Controlling nicht als Feindbild. Nutzen Sie die Fachkompetenz und die Anregungen der Controller, indem Sie den direkten und offenen Austausch zwischen ihnen und Ihren Mitarbeitern fördern.

Anregungen geben: Die folgenden Tipps können Sie Ihren Mitarbeitern geben, um seinen Blick für die Kostenfrage zu schärfen:

- Regen Sie Ihre Mitarbeiter dazu an, in ihrem unmittelbaren Bereich Einsparungsmöglichkeiten zu identifizieren, diese umzusetzen und darüber Buch zu führen.
- Lassen Sie Ihre Mitarbeiter bei neuen Projekten oder größeren Aufgaben immer die wesentlichen Kostenblöcke identifizieren.

- Regen Sie Ihre Mitarbeiter dazu an, darüber nachzudenken, wie sie Zeit sparen können, beispielsweise durch Bündelung von Arbeiten, durch eine bessere Planung oder Abstimmung mit den Kollegen. Zeit ist ein wesentlicher Kostentreiber und die gesparte Zeit kommt zudem noch den Mitarbeitern selbst zugute.
- Beim Einkauf von Material oder Dienstleistungen halten Sie Ihre Mitarbeiter dazu an, sich mindestens zwei unterschiedliche Angebote einzuholen und die Leistungen genau zu vergleichen. Nicht immer muss das teuerste Produkt auch das beste sein.

Zum Weiterlesen: In den folgenden Literaturhinweisen finden Sie hilfreiche Ratgeber zum Thema Kostenmanagement:

Elben, Helmut; Handschuh, Martin: *Handbuch Kostensenkung. Methoden, Fallstudien, Konzepte und Erfolgsfaktoren.* Weinheim: Wiley-VCH 2004.

Franz, Klaus-Peter, Kajüter, Peter: *Kostenmanagement. Wettbewerbsvorteile durch systematische Kostensteuerung.* Stuttgart: Schäffer Poeschel 2002.

Joppe, Johanna; Ganowski, Christian; Ganowski, Josef: *Kosten senken, jetzt! Das A-Z Programm zur Umsetzung im Unternehmen.* Frankfurt/New York: Campus 2003.

Ossola-Haring, Claudia: *Die 144 besten Checklisten zur sinnvollen Kostensenkung,* München: Moderne Industrie 2004.

Verwandte Kompetenzen: Wenn Sie das Kostenmanagement eines Mitarbeiters entwickeln, können sich unter Umständen die Kompetenzen Innovations- und Veränderungsfähigkeit, Entscheidungskompetenz, Fachkenntnis, Wettbewerbskenntnis, Organisation und Planung ebenfalls verändern.

Nachwort: Die Triple-A-Methode im Alltag

Durch die Tipps und Übungen in Teil II und III sind Sie inzwischen gut mit der Triple-A-Methode vertraut. Ihre nächste Herausforderung ist es jetzt, Personalentwicklung auch langfristig in Ihren Führungsalltag zu integrieren. Es gilt, um nur einige Beispiele zu nennen, Ihre Aufmerksamkeit auch unter Anspannung auf die Fähigkeiten und Belange Ihrer Mitarbeiter zu richten, sich auch unter Termindruck die Zeit für ein positives Feedback zu nehmen und auch bei starker Arbeitsbelastung Entwicklungsmöglichkeiten für Ihre Mitarbeiter zu identifizieren. Dass sich Ihr Einsatz lohnen wird, haben wir in Teil I dargelegt: Nach einer kurzen Einarbeitungszeit in die Triple-A-Methode werden Sie feststellen, dass Ihre Mitarbeiter mit mehr Engagement und Einsatz an die Arbeit gehen und sich Arbeitsqualität und Ergebnisse verbessern. Jetzt sollte *Einfach führen* ein Leichtes sein: Das Ziel ist klar und Sie kennen konkrete Inhalte für die Umsetzung. Doch wissen wir auch, dass – was sich in einer ruhigen Stunde der Lektüre plausibel anhört – schnell wieder in Vergessenheit gerät, sobald das Tagesgeschäft einen wieder gefangen nimmt.

Wie jede angestrebte Verhaltensänderung funktioniert auch unsere Methode am besten, wenn sie peu à peu, aber dafür kontinuierlich angewandt wird. Denken Sie an die guten Vorsätze zu Neujahr: Mit Verve wird die Diät gestartet, das Sportprogramm absolviert oder mit dem Rauchen aufgehört. Doch mit schöner Regelmäßigkeit ist aller Elan meistens schon im Februar wieder verflogen. Man wollte einfach zu viel auf einmal. Deshalb raten wir Ihnen auch davon ab, die Triple-A-Methode gleich morgen umfassend und in all ihren Facetten einzusetzen. Vor lauter Personalentwicklung würden Sie in der Tat kaum noch zu anderen Aufgaben kommen – lassen Sie es deshalb langsam angehen und bleiben Sie am Ball. Um das richtige Maß bei der Umsetzung zu finden, unterstützen wir Sie mit unserem E-Mail-Coach. Über einen Zeitraum von etwa drei Monaten erinnern wir Sie mit kurzen Mails immer wieder daran, die Triple-A-Methode anzuwenden. Sie finden in jeder Mail einen Tipp, eine kleine Aufgabe oder kurze Anleitung, wie Sie einzelne Elemente der Triple-A-Methode sofort und ohne großen Aufwand umsetzen können. Wenn Sie so wollen, holen Sie sich mit dem E-Mail-Coach einen wohlmeinenden Berater ins Büro, der Sie daran erinnert, das Thema Personalentwicklung regelmäßig in Ihren Alltag einzubauen. Unter www.campus.de/isbn/359337689x können Sie sich kostenlos anmelden.

In diesem Sinn möchten wir Sie abschließend mit einem Zitat von Friedrich Dürrenmatt dazu ermutigen, die Triple-A-Methode Stück für Stück in Ihren Führungsalltag zu integrieren und wünschen Ihnen dabei viel Erfolg!

»Der Mensch vermag nicht das Große, er vermag nur das Kleine.
Und das Kleine ist wichtiger als das Große.«

Teil IV

Anhang

Danksagung

Wir bedanken uns sehr, sehr herzlich bei Christiane Kramer und Anne Stadler sowie bei allen Kollegen des Campus Verlags, die dieses Projekt ermöglicht und mit besonderem Engagement betreut haben. Durch Ihre professionelle Arbeit hat *Einfach führen* spürbar gewonnen und wir haben uns bei Ihnen jederzeit in den besten Händen gewusst.

Unser ganz besonderer Dank gilt Jutta Kömm, die unsere Zusammenarbeit in die Wege geleitet und das Projekt (wie schon bei *Die Besten entdecken*) mit großem Interesse und vielen guten Ratschlägen und Hinweisen begleitet hat. Danke Jutta!

Weiterhin gilt unser Dank unseren Kollegen, Freunden und unseren Familien, die *Einfach führen* durch ihr Interesse, anregende Diskussionen und weiterführende Denkanstöße unterstützt haben. Besonders bedanken wir uns bei Julio Gonzalez, Andreas Kullmann, Marianne McGeehan, Markus Schneider, Christian Schuster und Bettina Skrzypek.

Jochen Gabrisch und *Claudia Krüger*

Weiterführende Literatur

Badaracco, Joseph L.: *Leading Quietly. An Unorthodox Guide to Doing the Right thing*. Boston: Harvard Business School Publishing 2002

Becker, Manfred L.: *Personalentwicklung. Bildung, Förderung und Organisationsentwicklung*. 3. Aufl. Stuttgart: Schäffer-Poeschel 2002

Belbin, R. Meredith: *Team Roles at Work*. Oxford: Butterworth-Heinemann 1996

Bellabarba, Alexander; Radtke, Philipp; Wilmes, Dirk: *Management von Kundenbeziehungen*. München: Hanser 2002

Bents, Richard; Blank, Reiner: *Typisch Mensch. Einführung in die Typentheorie*. Göttingen: Beltz Test 1995

Berkel, Karl; Lochner, Dorette: *Führung: Ziele vereinbaren und Coachen. Vom Mit-Arbeiter zum Mit-Unternehmer*. Weinheim: Beltz 2001

Blanchard, Ken; Shula, Don: *Coaching. Erfolgsgeheimnisse aus Topmanagement und Spitzensport*. Wien/Frankfurt: Ueberreuter 2000

Brinkmann, Ralf D.: *Techniken der Personalentwicklung*. Heidelberg: Sauer 1999

Buckingham, Marcus; Clifton, Donald O.: *Entdecken Sie Ihre Stärken Jetzt! Das Gallup-Prinzip für individuelle Entwicklung und erfolgreiche Führung*. Frankfurt/New York: Campus 2002

Buckingham, Marcus; Coffman, Curt: First, *Erfolgreiche Führung gegen alle Regeln. Wie Sie wertvolle Mitarbeiter gewinnen, halten und fördern*. Frankfurt/New York: Campus 2001

Coffman, Curt; Gonzalez-Molina, Gabriel: *Managen nach dem Gallup-Prinzip. Entfesseln Sie das Potenzial Ihrer Mitarbeiter*. Frankfurt/New York: Campus 2003

Comelli, Gerhard; von Rosenstiel, Lutz: *Führung durch Motivation. Mitarbeiter für Organisationsziele gewinnen*. München: Vahlen 2003

Csikszentmihalyi, Mihaly: *Flow im Beruf. Das Geheimnis des Glücks am Arbeitsplatz*. Stuttgart: Klett-Cotta 2004

Cube, Felix von: *Lust an Leistung*. München: Piper 1998

Cube, Felix von; Dehner, Klaus; Schnabel, Andreas: *Führen durch Fordern. Die Bio-Logik des Erfolgs*. München: Piper 2003

Dehner, Ulrich: *Die alltäglichen Spielchen im Büro. Wie Sie Zeit- und Nervenfresser erkennen und wirksam dagegen vorgehen*. Frankfurt/New York: Campus 2001

Deltl, Johannes: *Strategische Wettbewerbsbeobachtung. So sind Sie Ihren Konkurrenten laufend einen Schritt voraus*. Wiesbaden: Gabler 2004

Doppler, Klaus: *Der Change Manager. Sich selbst und andere verändern und trotzdem bleiben, wer man ist.* Frankfurt/New York: Campus 2003

Elben, Helmut; Handschuh, Martin: *Handbuch Kostensenkung. Methoden, Fallstudien, Konzepte und Erfolgsfaktoren.* Weinheim: Wiley-VCH 2004

Erpenbeck, John; von Rosenstiel, Lutz (Hrsg.): *Handbuch Kompetenzmessung. Erkennen, verstehen und bewerten von Kompetenzen in der betrieblichen, pädagogischen und psychologischen Praxis.* Stuttgart: Schäffer Poeschel 2003

Etrillard, Stéphane: *Gekonnt gekontert. Souverän, schlagfertig und fair in jeder Situation.* Hamburg: Hoffmann und Campe 2004

Fisher, Roger; Ury, William; Patton, Bruce: *Das Harvard-Konzept. Der Klassiker der Verhandlungstechnik.* Frankfurt/New York: Campus 2003

Forsyth, Patrick: *30 Minuten für mehr Durchsetzungskraft.* Offenbach: Gabal 2000

Franz, Klaus-Peter, Kajüter, Peter: *Kostenmanagement. Wettbewerbsvorteile durch systematische Kostensteuerung.* Stuttgart: Schäffer Poeschel 2002

Gabrisch, Jochen: *Die Besten entdecken. Erfolgreiche Auswahlgespräche mit Fach- und Führungskräften.* München: Luchterhand 2003

Garten, Matthias: *Best Business Presentations. Expertenwissen für Multimediapräsentationen und professionelle Vorträge.* Wiesbaden: Gabler 2004

Goemann-Singer, Alja; Graschi, Petra; Weissenberger, Rita: *Recherchehandbuch Wirtschaftinformation. Vorgehen, Quellen, Praxisbeispiele.* Berlin: Springer 2004

Goleman, Daniel: *Emotionale Führung.* Berlin: Ullstein 2003

Goleman, Daniel: *What makes a Leader?* in: *Harvard Business Review on What Makes a Leader.* Boston: HBSP 2001

Greenberg, Jerald; Baron, Robert A.: *Behavior in Organizations. Understanding and Managing the Human Side of Work.* 8th Edition. New York: Prentcie Hall 2002

Haeske, Udo: *Beschwerden und Reklamationen managen. Kritische Kunden sind gute Kunden.* Weinheim: Beltz 2001

Haeske, Udo: *Team- und Konfliktmanagement.* Berlin: Cornelsen 2002

Hauser, Jürgen: *Kontrakte durch Kontakte. Networking für Verkäufer.* Wiesbaden: Gabler 2002

Heigl, Peter: *30 Minuten für faires Streiten und gute Konfliktkultur.* Offenbach: Gabal 2003

Hertel, Anita von: *Professionelle Konfliktlösung. Führen mit Mediationskompetenz.* Frankfurt/New York: Campus 2003

Herzlieb, Heinz-Jürgen: *Konflikte lösen. Konfliktpotenziale erkennen – In Konfliktsituationen souverän agieren.* Berlin: Cornelsen 2004

Homburg, Christian: *Kundenzufriedenheit. Konzepte – Methoden – Erfahrungen.* Wiesbaden: Gabler 2003

Homburg, Christian; Stock, Ruth: *Der kundenorientierte Mitarbeiter. Bewerten, begeistern, bewegen.* Wiesbaden: Gabler: 2000

Hossiep, Rüdiger; Paschen, Michael: *Das Bochumer Inventar zur berufsbezogenen Persönlichkeitsbeschreibung (BIP).* 2. Auflage. Göttingen: Hogrefe 1998

Hossiep, Rüdiger; Paschen, Michael; Mühlhaus, Oliver: *Persönlichkeitstests im Personalmanagement*. Göttingen: Hogrefe 2000

Katharina Dietze, Institut für Training und Beratung: *Mit PEP an die Arbeit. Das Personal Efficiency Program für den beruflichen Erfolg*. Frankfurt/New York: Campus 2005

Jiranek, Heinz; Edmüller Andreas: *Konfliktmanagement. Als Führungskraft Konflikten vorbeugen, sie erkennen und lösen*. München: Haufe 2003

Joppe, Johanna; Ganowski, Christian; Ganowski, Josef: *Kosten senken, jetzt! Das A-Z Programm zur Umsetzung im Unternehmen*. Frankfurt/New York: Campus 2003

Kelley, Tom: *Das IDEO Innovationsbuch. Wie Unternehmen auf neue Ideen kommen*. Berlin: Econ 2002

Kets de Vries, Manfred: *Das Geheimnis erfolgreicher Manager. Führen mit Charisma und emotionaler Intelligenz*. München: Financial Times Prentice Hall 2002

Kets de Vries, Manfred: *Führer, Narren, Hochstapler. Essays über die Psychologie der Führung*. Stuttgart: VIP 1998

Kieser, Alfred; Reber, Gerhard; Wunderer, Rolf: *Handwörterbuch der Führung*. 2. Auflage. Stuttgart: Schäffer Poeschel 1995

Klein, Stefan: *Die Glücksformel. Oder wie die guten Gefühle entstehen*. Reinbek: Rowohlt 2003

Koenig, Detlef; Roth, Susanne; Seiwert, Lothar J: *30 Minuten für optimale Selbstorganisation*. Offenbach: Gabal 2001

Kostka, Claudia; Mönch, Annette: *Change Management*. München: Hanser 2002

Kotter, John P.; Heskett, James L.: *Corporate Culture and Performance*. New York: The Free Press 1992

Kunz, Hannes: *Beziehungsmanagement. Kunden binden, nicht nur finden*. Zürich: Orell Füssli 1996

Küstenmacher, Werner Tiki; Seiwert, Lothar J.: *Simplify your life. Einfacher und glücklicher leben*. Frankfurt/New York: Campus 2004

Lencioni, Patrick: *Mein Traum-Team. Oder die Kunst, Menschen zu optimaler Zusammenarbeit zu führen*. Frankfurt/New York: Campus 2004

Lessel, Wolfgang: *Projektmanagement*. Berlin: Cornelsen 2002

Liepmann, Detlev (Hrsg.): *Motivation, Führung und Erfolg in Organisationen*. Frankfurt a. M.: Lang 2000

Malik, Fredmund: *Führen, Leisten, Leben. Wirksames Management für eine neue Zeit*. München: Heyne 2000

McNair, Frank: *Schick keine Enten in die Adlerschule. 119 erfrischende Tipps für smarte Manager*. München: moderne industrie 2002

Meister, Ulla; Meister, Holger: *Kundenzufriedenheit messen und managen*. München: Hanser 2002

Mentzel, Wolfgang: *Personalentwicklung*. 2. Aufl. München: DTV-Beck 2005

Münchhausen, Marco von: *So zähmen Sie Ihren inneren Schweinehund. Vom ärgsten Feind zum besten Freund*. Frankfurt/New York: Campus 2002

Münchhausen, Marco von: *Wo die Seele auftankt. Die besten Möglichkeiten, Ihre Ressourcen zu aktivieren.* Frankfurt/New York: Campus 2004
Nerdinger, Friedemann W.: *Kundenorientierung.* Göttingen: Hogrefe 2003
Nerdinger, Friedemann W.: *Grundlagen des Verhaltens in Organisationen.* Stuttgart: Kohlhammer 2003
Nerdinger, Friedemann W.: *Motivation und Handeln in Organisationen.* Stuttgart: Kohlhammer 1995
Nerdinger, Friedemann W.: *Motivation von Mitarbeitern.* Göttingen: Hogrefe 2003
Neuberger, Oswald: *Das Mitarbeitergespräch. Der Mensch im Unternehmen. Band 16.* 5. Aufl. Leonberg: Rosenberger Fachverlag 2004
Neuberger, Oswald: *Führen und führen lassen. Ansätze, Ergebnis und Kritik der Führungsforschung.* 6. Aufl. Stuttgart: UTB 2002
Neuberger, Oswald: *Personalentwicklung.* 2. Aufl. Stuttgart: Enke 1994
Noellke, Matthias: *Entscheidungen treffen. Schnell, sicher, richtig.* München: Haufe 2005
Nonaka, Ikujiro; Takeuchi, Hirotaka: *Die Organisation des Wissens. Wie japanische Unternehmen eine brachliegende Ressource nutzbar machen.* Frankfurt/New York: Campus 1997
Ossola-Haring, Claudia: *Die 144 besten Checklisten zur sinnvollen Kostensenkung.* München: Moderne Industrie 2004
Patrzek, Andreas: *Fragekompetenz für Führungskräfte. Handbuch für wirksame Gespräche mit Mitarbeitern.* Leonberg: Rosenberger 2003
Porter, Michael E.: *Wettbewerbsstrategie. Methoden zur Analyse von Branchen und Konkurrenten.* Frankfurt/New York: Campus 2002.
Prahalad, C. K.; Ramaswamy, Venkat: *Die Zukunft des Wettbewerbs. Einzigartige Werte mit dem Kunden gemeinsam schaffen.* Wien: Linde 2004
Probst, Gilbert J. B.; Raub, Steffen; Romhardt, Kai: *Wissen managen. Wie Unternehmen ihre wertvollste Ressource optimal nutzen.* Wiesbaden: Gabler 2003
Püttjer, Christian; Schnierda, Uwe: *Die heimlichen Spielregeln der Verhandlung. So trainieren Sie Ihre Überzeugungskraft.* Frankfurt/New York: Campus 2002
Riekhof, Hans-Christian (Hrsg.): *Strategien der Personalentwicklung.* 4. Aufl. Wiesbaden: Gabler 2001
Rosenstiel, Lutz von: *Motivation im Betrieb. Mit Fallstudien aus der Praxis. Der Mensch im Unternehmen Band 14.* 10. Aufl. Leonberg: Rosenberger Fachverlag 2001
Rosenstiel, Lutz von; Regnet, Erika; Domsch, Michael E. (Hrsg.): *Führung von Mitarbeitern. Handbuch für erfolgreiches Personalmanagement.* 5. Aufl. Stuttgart: Schäffer-Poeschel 2003
Rosenstiel, Lutz von; Pieler, Dirk; Glas, Peter (Hrsg.): *Strategisches Kompetenzmanagement. Von der Strategie zur Kompetenzentwicklung in der Praxis.* Wiesbaden: Gabler 2004
Roth, Susanne: *Einfach aufgeräumt. In 24 Stunden mit der simplify-Methode das Chaos besiegen.* Frankfurt/New York: Campus York 2005

Sarges, Werner (Hrsg.): *Management-Diagnostik*. Göttingen: Hogrefe 2000
Scheddin, Monika: *Erfolgsstrategie Networking*. Nürnberg: BW Verlag 2003
Schein, Edgar H.: *Organizational Culture and Leadership*. San Francisco: Jossey-Bass 1992
Schein, Edgar H.: *The Corporate Culture Survival Guide*. San Francisco: Jossey-Bass 1999
Schnetzler, Nadia: *Die Ideenmaschine. Methode statt Geistesblitz*. Weinheim: Wiley-VCH 2004
Schulz von Thun, Friedemann: *Miteinander reden*. Bd. I. Hamburg: Rowohlt 1996
Schwarz, Gerhard: *Konfliktmanagement. Konflikte erkennen, analysieren, lösen*. Wiesbaden: Gabler 2003
Seifert, Josef W.: *Visualisieren, Präsentieren, Moderieren*. Offenbach: Gabal 2004
Seifert, Matthias: *Vertrauensmanagement im Unternehmen. Eine empirische Studie über Vertrauen zwischen Angestellten und Führungskräften*. München: Hampp 2001
Seiwert, Lothar J.: *Life Leadership. Sinnvolles Selbstmanagement für ein Leben in Balance*. Frankfurt/New York: Campus 2001
Seßler, Helmut: *30 Minuten für aktives Beziehungsmanagement*. Offenbach: Gabal 2003
Simon, Hermann: *Think. Strategische Unternehmensführung statt Kurzzeitdenke*. Frankfurt/New York: Campus 2004
Simon, Walter: *Lust aufs Neue. Werkzeuge für das Innovationsmanagement*. Offenbach: Gabal 2002
Smith, Jane: *30 Minuten für die richtige Entscheidung*. Offenbach: Gabal 1998
Sonntag, Karlheinz (Hrsg): *Personalentwicklung in Organisationen. Psychologische Grundlagen, Methoden und Strategien*. 2. Aufl. Göttingen: Hogrefe 1999
Spieß, Erika: *Effektiv kooperieren. Wie aus lauter Solisten ein erfolgreiches Orchester wird*. Weinheim: Beltz 2003
Spitzer, Manfred: *Lernen. Gehirnforschung und die Schule des Lebens*. Heidelberg/Berlin: Spektrum 2002
Sprenger, Reinhard K.: *Aufstand des Individuums. Warum wir Führung komplett neu denken müssen*. Frankfurt/New York: Campus 2000
Sprenger, Reinhard K.: *Das Prinzip Selbstverantwortung. Wege zur Motivation*. Frankfurt/New York: Campus 2004
Sprenger, Reinhard K.: *Mythos Motivation. Wege aus der Sackgasse*. Frankfurt/New York: Campus 1997
Sprenger, Reinhard K.: *Vertrauen führt. Worauf es im Unternehmen wirklich ankommt*. Frankfurt/New York: Campus 2002
Sprenger, Reinhard K.: *Die Entscheidung liegt bei Dir. Wege aus der alltäglichen Unzufriedenheit*. Frankfurt/New York: Campus 2004
Staden, Sven von: *30 Minuten für den souveränen Umgang mit Veränderungen*. Offenbach: Gabal 2004
Stehling, Wolfgang: *Ja zum Stress*. München: Piper 2003

Steinmüller, Angela; Steinmüller, Karlheinz: *Wild Cards. Wenn das Unwahrscheinliche eintritt.* Hamburg: Murmann 2004

Stroebe, Rainer W.: *Grundlagen der Führung. Mit Führungsmodellen.* 11. Aufl. Heidelberg: Sauer 2002

Stroebe, Rainer W.: *Motivation.* 9. Aufl. Heidelberg: Sauer 2004

Templeton, Timothy L.; Rutledge Stephenson, Lynda: *Networking, das sich auszahlt.* Offenbach: Gabal 2004

Thomann, Christoph: *Klärungshilfe. Konflikte im Beruf. Methoden und Modelle klärender Gespräche bei gestörter Zusammenarbeit.* Hamburg: Rowohlt 1998

Vahs, Dietmar; Burmester, Ralf: *Innovationsmanagement.* Stuttgart: Schäffer Poeschel 2005

Wetterer, Eva-Christiane: *Die Kunst der richtigen Entscheidung. 40 Methoden die funktionieren.* Hamburg: Murmann 2005

Wottawa, Heinrich; Gluminski, Iris: *Psychologische Theorien für Unternehmen.* Göttingen: Verlag für angewandte Psychologie 1995

Wunderer, Rolf: *Führung und Zusammenarbeit. Beiträge zu einer Führungslehre.* 5. Aufl. Neuwied: Luchterhand 2003

Wunderer, Rolf; Küpers, Wendelin: *Demotivation – Remotivation. Wie Leistungspotenziale blockiert und reaktiviert werden.* München: Luchterhand 2003

Register

Abstimmungsprobleme 203
Abstraktes Stellenprofil 67
Abstufungen im Leistungsbereich 84
Anerkennung 17 f., 45–48, 60, 79–81, 84–89, 98, 112 f., 134, 137, 143, 149 f., 154, 157, 165, 171, 175 f., 180 f., 186, 193 f., 199 f., 204 f., 209 f.
– Definition 46
Anerkennungsbilanz 84 f.
Anerkennungsinstrumente 89
Anerkennungslücke 79 f.
Anforderungen 23, 123, 125, 128
Angst 22 f.
Anregung 45–48, 80, 99–102, 104, 113, 134, 138, 143, 145, 149, 151, 154 f., 159 f., 166 f., 171 f., 176–178, 181, 183, 187, 189, 194–196, 200–202, 205–207, 210 f.
– Definition 46
Arbeitsklima/-umfeld 17, 20, 24, 159
– Einfluss der Führungskraft 24
Aufgaben delegieren 103
Aufmerksamkeit 45–48, 51–53, 78, 80 f., 104–106, 134 f., 141, 147, 152, 156, 163, 169, 174, 179, 185, 191, 197, 203, 208, 212
– Definition 45

Beförderung 88 f., 113
Belastbarkeit 57, 133, 135, 146, 156–163
Bestätigende Informationen 54
Brainstorming 140, 185, 203

Coach/Coaching 78, 129
Controlling 209 f.

Demotivation 19, 34
Differenziertes Feedback 84

Eigene Emotionen 75
Eigene Schwächen 47, 76, 111
Eigene Stärken 47, 76
Eisenhower-Prinzip 145
E-Mail-Coach 48, 212 f.
Entscheidungsbaum 140
Entscheidungskompetenz 57, 133, 135–141, 152, 156, 197, 211
Erfolgsdruck 29
Erfolgsfaktoren 18
Ergebnisorientierung 57, 133, 141, 146–152, 156, 163, 178, 184, 197, 202, 207
Explizite Anregung 99 f., 113
Explorierender Erfahrungsaustausch/ Exploration 80, 82 f., 85 f., 98

Fachkenntnis 57, 133, 135, 163–168, 173, 197, 207, 211
Fähigkeiten 22 f., 128
Fähigkeiten der Mitarbeiter 45, 51–53, 56, 59, 61, 63, 66, 77–79, 104, 125, 133, 166, 212
Feedback 28, 35 f., 38 f., 46 f., 63, 80–

98, 140, 152, 177, 182, 189, 199, 212
– Grundlagen/Regeln 81
– Verhältnis positives-negatives Feedback 83
Feedback von Mitarbeitern/Kollegen 32, 37, 39, 42
Feedbackgespräch 38f., 83, 95
– schwierige Situationen 95–98
Fehler, Reaktion 109f.
Flow 22f., 128f.
Flow-Stepping 129
Fluktuation 95
Fördernder Führungsstil 16–18, 24, 26, 36, 102
Fremdbild 66
Freundlichkeit 110–112
Führungskraft
– Beurteilung durch Mitarbeiter 19f.
– Führungsaufgabe Mitarbeiterentwicklung 25, 27f.
– als Rollenmodell 101
– Selbsterkenntnis 75
– Standortbestimmung 36–42, 47
Führungskräfteentwicklung 105

Ganzheitlichkeit 123f.
Gehaltserhöhung 88
Gespräch mit Mitarbeitern 54, 69f., 80, 82, 85f., 130, 158, 166
Gestaltungsmotivation 61

Harte Ziele 26, 29f.
Hierarchie 87
Hierarchiegefälle 54

Implizite Anregung 99–101, 113
Impulsfrage 82
Incentivierung 24
Informationen abstimmen 52
Informationsverhalten, eigenes 116
Initiative und Verantwortung 57, 133, 152–156, 168
Innovations- und Veränderungsfähigkeit 58, 133, 141, 156, 168, 202–207, 211

Job-Design 99f.

Kernkompetenzen/Kompetenzen, eigene 76, 112
Kernkompetenzen/Kompetenzen der Mitarbeiter 56–59, 65f., 112, 125–127, 129, 130, 133, 150
– Gliederung 133
– Kompetenzprofil 123, 167
Kollegen 15, 62
Kommunikation 30, 52, 67–70, 72, 78, 188, 203
– Missverständnisse 30, 69
Kommunikationsfluss 69
Konflikt 37, 47, 169, 179–181, 183
– Lösungsmöglichkeiten 47
Konfliktfähigkeit 58, 133, 163, 178–184, 190
Konsequenz 106–108
Konstruktive Unternehmenskultur 16f.
Kontinuierliche Kommunikation 68f.
Kontrollierende Führung 24f.
Kostenmanagement 58, 133, 208–211
Kosten-Nutzen-Analyse/-Rechnung 140, 209
Kreativitätspotenzial der Mitarbeiter 118
Kritik 79, 95, 139, 143, 183, 195
Kritik üben 39, 46
Kritisches Feedback 81, 89–92, 139
– Regeln 90
– zeitnah geben 90–92
Kundenorientierung 58, 146, 152, 173, 197–202, 207
Kundenzufriedenheit 15–18, 50, 106, 117, 197–202

Langeweile 22f.

Leistungserwartungen an Mitarbeiter 119
Leistungsexzellenz 119–121
Leistungsmotivation 61
Lernfelder der Mitarbeiter 125, 127
Lernpunkte 77, 94, 128, 138, 159, 165
Lernziele vereinbaren 127, 189
Lob 79, 86 f., 112
Lösungsorientiertes Feedback 94 f.

Management-Appraisal 101
Materialisierte Anerkennung 88 f.
Mentoring 104, 129, 166
Mikrobotschaften 70–74, 81, 178
Mind-Maps 140
Misstrauen 102 f.
Mitarbeiter
– Erwartungen 119
– informieren 115–117
– Kenntnis der Eigenschaften 51
– Kreativität und Ideenreichtum 62
– Machtorientierung 62
– Neugier und Wissensdurst 62
– Selbstkritik 95
– Tagesform 55 f.
Mitarbeitereinschätzung 53 f.
– Beobachtung/Wahrnehmung 53 f., 67, 80, 82, 94
– Bewertung 53 f., 59, 80, 94
– Erklärung 53 f., 94
– Wahrnehmungsfehler 54, 69
Mitarbeiterengagement 20 f., 23 f., 124
Mitarbeiterentwicklung 15, 25–29, 36, 45, 121, 212
Mitarbeiterförderung 15, 27, 29, 56
Mitarbeitergespräch 13, 25 f., 33, 38, 49, 118
Mitarbeitermotivation 20 f., 34, 67, 121–123
Mitarbeiterzufriedenheit 17
Motivation über Vergütung 24
Motivatoren 59
Motive der Mitarbeiter 56, 60, 65 f., 95, 121
Myers-Briggs-Typenindikator (MBTI) 59 f., 66, 188 f.

Negatives Feedback 82 f., 89, 92–94, 98, 182
Networking 57, 133, 169–173, 178

Offenheit 110
Optimierungspotenzial 128
Organisation und Planung 57, 133, 135, 141–146, 152, 163, 211
Orientierung 113
Out-of-the-Box-Thinking 140
Outsourcing 26

Performance-Indikatoren von Unternehmen 18
Performance-Management-Systeme 24 f., 28
Personalauswahl 28, 57, 83
Persönliche Präferenzen 59 f., 63, 66 f.
Persönlichkeitsmerkmale der Mitarbeiter 56, 59 f., 65 f.
Persönlichkeitsmodell 59 f.
Peter-Prinzip 89
Positionsprofile 67
Positives Feedback 81–89
– Gelegenheiten 84 f.
– von Fremden 87
Potenzialanalyse 51
Privatleben 160, 162
Projektplanung 185
Pünktlichkeit 105, 111
Pygmalion-Effekt 119

Recruiting 15, 27, 123

Say-do-Gap 106
Schwächen der Mitarbeiter 125 f.
Selbstbild 66
Selbsteinschätzung 77

Selbstmanagement 75
Sinnzusammenhang 114 f.
Small Talk 69, 110, 126, 173
SMART-Kriterien 117
Soziale Beziehungen 61
Stabile Persönlichlichkeitsmerkmale 54
Stärken der Mitarbeiter 45, 51, 53, 55 f., 63, 65–67, 78, 95, 120–123, 125 f., 133, 160
Stärkenportfolio, eigenes 76 f.
Statusorientierung von Mitarbeitern 63
Streitkultur 179, 181
SWOT-Analyse 140

Talente der Mitarbeiter 45, 51, 62, 121, 123, 125
Task-Assignment 99, 121–123
Team 35, 37 f., 52, 56, 58, 63, 73, 75 f., 78, 87 f., 101 f., 110, 112, 118, 124, 133, 170–172, 175, 179–182, 184–189, 205 f.
– Erfolge gemeinsam feiern 88
– Interaktion 52
Teamarbeit 61, 110, 125, 184–189
Teamfähigkeit 58, 133, 156, 173, 178, 184–190
Teamrollen der Mitarbeiter 56, 63–67, 188
– Klassifizierung 63–65
Training 99 f., 129
Training-on-the-Job 126
Triple-A-Methode 33, 36, 41, 45–50, 80, 98, 120, 130, 134, 212 f.
– Fortschritt bei der Umsetzung 49 f.
– Gesetz des Minimums 47 f.
– persönliche Ausprägung 47 f.
– Praxistransfer 48

Überzeugungskraft und Durchsetzungsstärke 58, 133, 141, 173–178, 184, 190, 207
Unpünktlichkeit 105, 111
Unternehmenskultur 18, 100, 110
Unternehmensmission 115
Unternehmensziele 20, 22, 128, 154
Unterstützung von Kollegen/Mitarbeitern 112, 128 f., 159 f., 170–172, 186

Verbesserungsorientierung 61
Verhalten/Verhaltensweisen 57, 59, 63, 99, 101 f., 105, 108–110, 113, 134, 136, 142, 148 f., 157, 159
Verhaltensanker 57
Verhaltensweisen fördern 105
Vertrauen 68, 102–104, 161
Vetrauensdividende 104
Vorbild/Vorbildfunktion 32, 40, 76, 85, 99, 102, 106, 109, 144, 156
Vorgefasste Meinungen 51

Walt-Disney-Methode 140
Weiche Ressourcen 26, 29 f.
Wertschöpfungskette 200
Wettbewerbskenntnis 58, 133, 168, 191–197, 202, 207, 211
Wettbewerbsorientierung 62

Zielerreichung 20, 49 f., 62, 80, 118, 150
Zielvereinbarung 99, 117 f.
Zuhören 69 f.